Deutsche
Forschungsgemeinschaft

Lebensmittel
und Gesundheit II
Food and Health II

Sammlung der Beschlüsse
und Stellungnahmen
Opinions
(1997–2004)

Deutsche
Forschungsgemeinschaft

Lebensmittel und Gesundheit II
Food and Health II

Sammlung der Beschlüsse und Stellungnahmen Opinions (1997–2004)

Herausgegeben von der Senatskommission
zur Beurteilung der gesundheitlichen
Unbedenklichkeit von Lebensmitteln, SKLM
Gerhard Eisenbrand (Vorsitzender)

Mitteilung 7 / Report 7

WILEY-
VCH

WILEY-VCH Verlag GmbH & Co. KGaA

Deutsche Forschungsgemeinschaft
Geschäftsstelle: Kennedyallee 40, D-53175 Bonn
Postanschrift: D-53170 Bonn
Telefon: ++49/228/885-1
Telefax: ++49/228/885-2777
E-Mail: postmaster@dfg.de
Internet: http://www.dfg.de

Bibliografische Information Der Deutschen Bibliothek
Die Deutsche Bibliothek verzeichnet diese Publikation in der Deutschen Nationalbibliografie; detaillierte bibliografische Daten sind im Internet über http://dnb.ddb.de abrufbar.

ISBN-13: 978-3-527-27519-9
ISBN-10: 3-527-27519-3

© 2005 WILEY-VCH Verlag GmbH & Co. KGaA, Weinheim

Gedruckt auf säurefreiem Papier.

Umschlaggestaltung und Typographie: Dieter Hüsken
Satz: hagedorn kommunikation, Viernheim

Inhalt

Lebensmittel und Gesundheit II/Food and Health II
DFG, Deutsche Forschungsgemeinschaft
Copyright © 2005 WILEY-VCH Verlag GmbH & Co. KGaA, Weinheim
ISBN: 3-527-27519-3

Inhalt

Inhalt

Inhalt

Contents

Contents

Contents

Contents

Lebensmittel und Gesundheit II

Lebensmittel und Gesundheit II/Food and Health II
DFG, Deutsche Forschungsgemeinschaft
Copyright © 2005 WILEY-VCH Verlag GmbH & Co. KGaA, Weinheim
ISBN: 3-527-27519-3

Vorwort

Die DFG-Senatskommission zur Beurteilung der gesundheitlichen Unbedenklichkeit von Lebensmitteln (SKLM) veröffentlicht in größeren zeitlichen Abständen Sammelbände zu Beschlüssen und anderen Verlautbarungen, die aus der Arbeit der Kommission erwachsen sind. Das jetzt vorgelegte neue Sammelwerk „Lebensmittel und Gesundheit II" setzt diese Reihe lückenlos fort und fasst die Arbeitsergebnisse der SKLM aus den vergangenen acht Jahren (1997–2004) zusammen.

Konkrete Themen für die Arbeit der SKLM ergeben sich u. a. aus aktuellen Anfragen des Bundesministeriums für Verbraucherschutz, Ernährung und Landwirtschaft (BMVEL). Fragen von besonderer Bedeutung für den Verbraucherschutz werden von der Kommission auch direkt aufgegriffen. Die Senatskommission formuliert Bewertungen und Empfehlungen, die die zu beratenden Stellen in die Lage versetzen, in eigener Verantwortung sachgerechte Entscheidungen zu treffen. Die Senatskommission arbeitet in wissenschaftlicher Freiheit und Unabhängigkeit und ist in der Auswahl und Prioritätensetzung der Themen ihres Aufgabenbereichs nicht an Weisungen gebunden.

Die wissenschaftliche Bewertung von lebensmittelrelevanten Stoffen und Verfahren in Bezug auf gesundheitliche Unbedenklichkeit ist das Grundthema der Arbeit der SKLM. Über das Kerngebiet der Sicherheitsbewertung hinaus ist die SKLM zunehmend mit neuen Bewertungsfragen konfrontiert, z. B. in Bezug auf funktionelle Eigenschaften von Lebensmitteln. Die SKLM hat mit einem internationalen Symposium die Basis für die Erstellung ihres Grundsatzpapiers „Kriterien zur Beurteilung Funktioneller Lebensmittel" gelegt. Diese Stellungnahme verdeutlicht, zusammen mit den anderen Arbeitsergebnissen der Kommission, das gewachsene Aufgabenspektrum der SKLM.

Die Kommissionsarbeit der letzten Jahre war geprägt von der zunehmenden Vernetzung nationaler Gremien mit entsprechenden internationalen Einrichtungen. Diese Entwicklung unter-

Lebensmittel und Gesundheit II/Food and Health II
DFG, Deutsche Forschungsgemeinschaft
Copyright © 2005 WILEY-VCH Verlag GmbH & Co. KGaA, Weinheim
ISBN: 3-527-27519-3

streicht die Bedeutung nationaler Expertengremien wie der SKLM für die Vorbereitung von Entscheidungen auf europäischer Ebene.

Der Vorsitzende der Kommission dankt den Mitgliedern, ständigen Gästen und den in den Arbeitsgruppen und Ad-hoc-Gruppen mitarbeitenden Kollegen für die Arbeitskraft, die sie regelmäßig in die Kommission eingebracht haben. Ohne dieses große persönliche Engagement wäre eine erfolgreiche Arbeit nicht möglich gewesen. Das wissenschaftliche Sekretariat mit Dr. S. Guth, Dr. M. Habermeyer, Dr. M. Kemény und Dr. D. Wolf und ebenso die ehemaligen Mitarbeiter Dr. M. Hofer, Dr. E. Fabian und Dr. M. Baum haben wesentlich zum Zustandekommen dieser Beschlüssesammlung beigetragen. Ihnen gilt mein herzlicher Dank, ebenso der Leiterin des Fachreferats Frau Dr. Heike Velke.

Prof. Dr. Gerhard Eisenbrand

Vorsitzender der DFG-Senatskommission zur Beurteilung der gesundheitlichen Unbedenklichkeit von Lebensmitteln

1 Toxikologische Beurteilung α,β-ungesättigter aliphatischer Aldehyde in Lebensmitteln

Im Rahmen ihres Satzungsauftrags berät die SKLM Parlamente und Behörden, greift aber auch selbständig aktuelle Themen der Sicherheit von Lebensmitteln auf. Ein thematischer Schwerpunkt ist das mögliche gesundheitliche Risiko, welches von Stoffen und Stoffgruppen ausgeht, die mit Lebensmitteln aufgenommen werden. Infolgedessen hat die SKLM α,β-ungesättigte aliphatische Aldehyde (2-Alkenale), die in Lebensmitteln natürlicherweise weit verbreitet sind und zum Teil als Aromastoffe zugesetzt werden, hinsichtlich ihrer gesundheitlichen Unbedenklichkeit in Lebensmitteln bewertet. Nach eingehender Diskussion hat die Kommission am 18./19. April 2002 folgenden Beschluss gefasst:

1.1 Vorkommen

2-Alkenale werden bei Zerstörung der Zellstruktur in vielen pflanzlichen Geweben gebildet. Ausgangsprodukte sind aus Glykolipiden enzymatisch freigesetzte ungesättigte Fettsäuren, die durch Lipoxygenasen enzymatisch-oxidativ gespalten werden. Die so gebildeten Fettsäurehydroperoxide werden in Pflanzen weiter durch Lyasen abgebaut, wodurch eine Vielzahl von Stoffen entsteht, die u. a. wesentlich zum Aroma von Obst und Gemüsen beitragen. 2-Alkenale entstehen auch als Zwischenprodukte der Maillard-Reaktion und beim Strecker-Abbau von Aminosäuren.

Kurzkettige Vertreter, wie Acrolein oder Crotonaldehyd, werden außerdem bei Erhitzungs- und Verbrennungsprozessen gebildet und sind deshalb auch in Verbrennungsabgasen, im Tabakrauch und in erhitzten Ölen zu finden.

Lebensmittel und Gesundheit II/Food and Health II
DFG, Deutsche Forschungsgemeinschaft
Copyright © 2005 WILEY-VCH Verlag GmbH & Co. KGaA, Weinheim
ISBN: 3-527-27519-3

1.1.1   Natürliche Gehalte in Lebensmitteln

Ein bedeutender Vertreter der 2-Alkenale ist 2-Hexenal (Blätter-aldehyd), das als natürliche Aromakomponente in zahlreichen Früchten und Gemüsen vorkommt. Relativ hohe Gehalte sind z. B. mit 20–24 mg/kg in Äpfeln [1], 42 mg/kg in Bananen [2] und 40–150 mg/kg in Endivien [3] gefunden worden.

Andere 2-Alkenale wie Acrolein, Crotonaldehyd und 2,6-No-nadienal kommen im Allgemeinen in geringeren Mengen vor. Acrolein ist in Spirituosen, beispielsweise in Whisky in Gehalten von 0,67–11,1 µg/l und in Rotwein mit bis zu 3,8 mg/kg gefunden worden [4]. Acrolein kommt auch in zahlreichen Früchten, bei-spielsweise Himbeeren, Trauben, Erdbeeren und Brombeeren (0,01–0,05 mg/kg) und in Gemüsen wie Kohl, Möhren und Toma-ten ($\leq$ 0,59 mg/kg), aber auch in tierischen Lebensmitteln wie Fisch (0,1–0,9 mg/kg) und Käse (0,29–1,3 mg/kg) vor [4, 5]. Acro-lein wird auch in erhitzten Pflanzenölen gebildet. So wurden nach Erhitzen auf 240–280 °C in Rapsöl 391,8 µg/l und in Sojaöl 442,7 µg/l gemessen. In der Raumluft von Küchen wurden wäh-rend des Erhitzens von Frittierfett Konzentrationen bis zu 0,55 mg/m^3 Luft nachgewiesen [6].

Crotonaldehyd wurde in zahlreichen Gemüsen gefunden, z. B. in Kohlarten bis zu 0,1 mg/kg [7], in Wein 0,3–0,7 mg/kg [8], aber auch in Muscheln bis 11,5 mg/kg [9].

2,6-Nonadienal kommt vor allem in Gurken in Gehalten bis 4,6 mg/kg vor [10].

1.1.2   Gehalte in aromatisierten Lebensmitteln

Die Mengen an 2-Alkenalen, die Lebensmitteln zur Aromatisie-rung zugesetzt werden, liegen etwa in der gleichen Größenord-nung wie die natürlichen Gehalte. So existieren Angaben zu An-wendungsmengen für 2-Hexenal in Backwaren in Gehalten bis 17 mg/kg und in nichtalkoholischen Getränken bis 14 mg/kg [11]. Für 2,4-Nonadienal, 2,4-Decadienal und 2-Decenal werden Anwendungsmengen von 20–36 mg/kg, für andere Alkenale von < 25 mg/kg, für andere Alkadienale von < 10 mg/kg genannt [12].

1.2 Exposition

Eine aktuelle Schätzung ergab eine tägliche Aufnahme von 2,9 mg an natürlicherweise in Lebensmitteln vorhandenem 2-Hexenal pro Person unter Berücksichtigung mittlerer Gehalte und mittlerer Lebensmittelverzehrsmengen sowie von 13,8 mg/Person unter Annahme maximaler Verzehrsmengen [13]. Andere Schätzungen ergaben im Mittel 2,0 mg/Person und Tag bzw. maximal 10,7 mg/Person und Tag [14].

In den USA ist auf der Basis eines anderen Verfahrens, nämlich aus den jährlichen Einsatzmengen zur Aromatisierung von Lebensmitteln und der Zahl der Verbraucher die Summe der täglichen Aufnahme an 2-Alkenalen, 2-Alkenolen und 2-Alkensäuren über aromatisierte Lebensmittel im statistischen Durchschnitt auf 5,3 µg/kg Körpergewicht (KG) geschätzt worden (entspricht 0,3 mg/Person und Tag [12]). Die tatsächliche Aufnahmemenge wird jedoch maßgeblich durch die individuellen Ernährungsgewohnheiten beeinflusst.

2-Alkenale können jedoch auch endogen beim Lipidstoffwechsel als Folge der Lipidperoxidation gebildet werden, so dass von einer regelmäßigen endogenen Hintergrundexposition des Organismus mit 2-Alkenalen auszugehen ist [15–17].

1.3 Toxikologische Daten

1.3.1 Stoffwechsel

2-Alkenale werden insbesondere durch Aldehyddehydrogenasen zu den entsprechenden Alkensäuren oxidiert. Diese unterliegen anschließend der β-Oxidation zu kürzerkettigen Carbonsäuren [18]. So wird z. B. aus Crotonaldehyd Crotonsäure gebildet, die im Fettsäurestoffwechsel weiter abgebaut wird [19]. Ebenso wird die Reduktion zu den entsprechenden Alkenolen und die entweder direkt oder nach Epoxidierung erfolgende Konjugation mit Glutathion beobachtet. Als Ausscheidungsprodukte der Glutathionkonjugate im Urin treten entsprechende Mercaptursäuren auf [18, 20].

Biotransformation von Acrolein in Rattenleberhomogenat führte zur Bildung von Acrylsäure bzw. durch Epoxidierung zu Glycidaldehyd und weiter zum Glycerinaldehyd [21].

1.3.2   Akute Toxizität

Die akute Toxizität ist am größten bei den kurzkettigen 2-Alkenalen. Für Acrolein wurde bei Ratten eine orale LD_{50} im Bereich von 39–56 mg/kg KG angegeben [22], für Crotonaldehyd von 200–300 mg/kg KG [23]. Für 2-Hexenal ergaben sich Werte von 850–1130 mg/kg KG bei Ratten und von 1550–1750 mg/kg KG bei Mäusen [24, 25]. Die orale LD_{50} von 2,4-Hexadienal an Ratten wurde mit 300 mg/kg KG [26] und 730 mg/kg KG [27] angegeben. Die orale LD_{50} von 2-Alkenalen mit neun und mehr C-Atomen liegt bei Nagetieren, soweit Angaben vorhanden, bei > 5000 mg/kg KG [12].

1.3.3   Subchronische Toxizität

Verabreichung von Crotonaldehyd mittels Schlundsonde über 13 Wochen an Ratten verursacht Entzündungen der Nasenhöhle und einen Anstieg der Mortalität ab 5 mg/kg KG/Tag sowie Läsionen des Vormagens ab 10 mg/kg KG/Tag.

Bei Mäusen traten die Vormagenläsionen erst bei 40 mg/kg KG/Tag auf [28].

Mit 2-Hexenal wurde in einer 90-Tage-Fütterungsstudie an Ratten in Dosen bis zu 80 mg/kg KG/Tag keine nachteilige Wirkung beobachtet [24].

Keine nachteiligen Wirkungen wurden in subakuten und subchronischen Fütterungsstudien an Ratten beobachtet, denen 2,4-Hexadienal (2,2 mg/kg KG) bzw. 2,4-Decadienal (≤ 34 mg/kg KG) jeweils über 13 Wochen sowie 2,6-Dodecadienal (2 mg/kg KG) und 2,4,7-Tridecatrienal (31 mg/kg KG) täglich als Gemisch in Mikrokapseln über 4 Wochen verabreicht wurde [29–31].

Bei Hunden, die Acrolein (0,1, 0,5 und 1,5–2 mg/kg KG/Tag) in Gelatinekapseln über 53 Wochen erhielten, trat dosisabhängig vermehrtes Erbrechen auf [32].

1.3.4 Chronische Toxizität

Daten zur chronischen Toxizität und Kanzerogenität sind nur für die kurzkettigen Alkenale Acrolein und Crotonaldehyd verfügbar.

Acrolein (0, 0,05, 0,5 und 2,5 mg/kg KG/Tag, verabreicht mit der Schlundsonde über 102 Wochen) bewirkte an Ratten eine Abnahme der Creatininphosphokinase im Serum in allen Dosisgruppen und einen Anstieg der Mortalität in den beiden höheren Dosisgruppen. Andere Wirkungen, insbesondere ein signifikanter Anstieg an Tumoren, waren nicht erkennbar [33]. Mäuse (0, 0,5, 2,0 und 4,5 mg/kg KG/Tag, verabreicht mit der Schlundsonde über 18 Monate) zeigten verminderte Körpergewichtszunahme und erhöhte Mortalität bei männlichen Tieren in der höchsten Dosisgruppe, aber ebenfalls keine erhöhte Tumorhäufigkeit [34]. In einer Langzeitstudie an Ratten (0, 100, 250, 625 mg Acrolein/ Liter Trinkwasser bis zu maximal 124 Wochen) wurde keine dosisbezogene signifikant erhöhte Tumorinzidenz gegenüber der Kontrollgruppe beobachtet [35].

Nach Verabreichung von Crotonaldehyd an Ratten mit dem Trinkwasser (0, 42 und 421 mg/l) während 113 Wochen wurden bei 23 von 27 Tieren der Niedrigdosisgruppe präneoplastische Foci und neoplastische Knoten in der Leber induziert, 2 der behandelten Tiere hatten hepatozelluläre Karzinome. Bei den Tieren der Hochdosisgruppe traten toxische Leberschäden auf, Lebertumore wurden dagegen nicht gefunden. In dieser Gruppe wurde eine erhöhte Zahl präneoplastischer Foci bei 13 von 23 Tieren ohne begleitende Leberschäden beobachtet, 10 Tiere wiesen hingegen schwere Leberschäden ohne begleitende präneoplastische bzw. neoplastische Läsionen auf [36]. IARC bewertete dieses Ergebnis wegen fehlender Dosisabhängigkeit als „inadequate evidence for carcinogenicity" [37].

1.3.5 Genotoxizität

2-Alkenale sind in der Lage, im Sinne einer Michael-Addition mit Nucleophilen wie DNA, Proteinen und Glutathion zu reagieren, und können daher auch genotoxisches Potenzial besitzen.
Acrolein zeigte im Ames-Test mit *S. typhimurium* TA 104 ohne externe metabolische Aktivierung mutagenes Potenzial [38], ebenso mit *S. typh.* TA 1535 nach metabolischer Aktivierung [39]. Mit *E. coli* WP 2 uvrA wurde ohne metabolische Aktivierung schwache Mutagenität beobachtet [40]. Bei Verwendung der *S. typhimurium*-Stämme TA 98 und TA 100 wurde je nach Testbedingungen sowohl über positive als auch negative Ergebnisse berichtet [41]. Acrolein induzierte *in vitro* in humanen Bronchialepithelzellen Schwester-Chromatid-Austausch-Ereignisse (SCEs) [42] und DNA-Einzelstrangbrüche [43, 44]. Es war stark mutagen gegenüber isolierten Fibroblasten von Xeroderma-pigmentosum-Patienten (mit defektem Nukleotid-Exzisions-Reparatursystem), während in normalen humanen Fibroblasten keine Mutagenität beobachtet wurde [45].

In einer Reihe von Studien wurde für Crotonaldehyd mit und ohne externe metabolische Aktivierung mutagenes Potenzial in Bakteriensystemen (*S. typhimurium*-Stämme BA 9, TA 104, TA 100) bei Präinkubation der Bakterien mit der Testsubstanz beobachtet [38, 46, 47], während bei Anwendung des Platteninkorporationsverfahrens keine Mutagenität auftrat (*S. typhimurium*-Stämme TA 98, TA 100, TA 1535, TA 1537, TA 1538 [48, 49]. Im SOS-Chromotest mit *E. coli* PQ 37 war Crotonaldehyd mit und ohne Aktivierung nicht genotoxisch [50].

In einer Reihe von Säugerzellsystemen zeigte Crotonaldehyd mutagenes Potenzial. Crotonaldehyd war im HPRT-Test mit CHO-Zellen nicht aktiv bis 1 mM im Kulturmedium [51]. Andererseits führte Crotonaldehyd-Behandlung zu einer Zunahme an Chromosomenaberrationen (mit und ohne aktivierendes System) bei CHO- und Namalva-Zellen sowie von SCEs in Namalva-Zellen [52, 53]. Im UDS-Assay mit Rattenhepatozyten [54] wurde dagegen keine Aktivität beobachtet. Mittels Einzelzell-Gelelektrophorese (Comet-Assay) wurden in primären Kolonmucosazellen und Magenmucosazellen der Ratte ab 400 μM DNA-Schäden nachgewiesen [2].

Reaktion von Crotonaldehyd mit DNA *in vitro* führt zu zyklischen Addukten mit Desoxyguanosin [2, 51, 55–57]. *In vivo* konnte im sog. „host-mediated assay" an CD-1-Mäusen (orale Gabe von 8–80 mg Crotonaldehyd/kg KG; i. v. Injektion von *S. typh.* TA 100) mutagene Wirkung nachgewiesen werden [58]. Crotonaldehyd induzierte jedoch keine Mikrokerne im Knochenmark weiblicher NMRI-Mäuse bei oraler Gabe von 0,8–80 mg/kg KG.

Auch 2-Hexenal zeigte im zellfreien System Reaktionen mit Nukleophilen [59]. Es war mutagen wirksam in Bakterien und V79-Säugerzellen, allerdings nur in relativ hohen Konzentrationen und zum Teil erst in der Nähe des zytotoxischen Bereichs [38, 60–62]. Glutathiondepletion tritt schon bei relativ niedrigen Konzentrationen von 10–50 µM auf [13]. Signifikante Induktion von DNA-Addukten und DNA-Schäden wurde in der Regel erst bei deutlich höheren Konzentrationen beobachtet. In Namalva-Zellen wurden mittels ^{32}P-Postlabelling $1,N^2$-Propano-dG-Addukte bei einer Konzentration von 200 µM nachgewiesen [2], in V79-Zellen und CaCo 2-Zellen waren DNA-Schäden (Comet-Assay) ab 150 µM, in primären Rattenhepatozyten ab 200 µM sichtbar [63]. Erhöhte oxidative DNA-Schädigung sowie erhöhte Sensitivität gegenüber Oxidantien (H_2O_2) wurden nach Inkubation von V79-Säugerzellen mit 2-Hexenal im Kulturmedium (100 µM) nachgewiesen [13, 64].

In-vitro-Untersuchungen zur Induktion von Genotoxizität durch 2-Hexenal und Crotonaldehyd wurden mit primären Kolonmucosazellen von Ratte und Mensch durchgeführt. Sowohl Crotonaldehyd als auch Hexenal erzeugten signifikante DNA-Schäden in Kolonzellen der Ratte bei Konzentrationen von 400 µM im Zellkulturmedium. In primären Zellen der Magenschleimhaut der Ratte war Hexenal nur schwach aktiv und erzeugte DNA-Schäden erst ab einer Konzentration von 800 µM im Kulturmedium [2]. In humanen Kolonzellen erzeugte 2-Hexenal bei 400 µM signifikant DNA-Schäden [2, 67].

Crotonaldehyd, 2-Hexenal und 2,6-Nonadienal bewirkten einen dosisabhängigen Anstieg von SCEs und Mikronuklei in primären menschlichen Lymphozyten und Namalva-Zellen. Strukturelle Chromosomenaberrationen wurden in diesen Zellen aber nur durch Crotonaldehyd induziert, während die längerkettigen Verbindungen Aneuploidie erzeugten. Crotonaldehyd agierte demnach mehr als Klastogen, während 2-Hexenal und 2,6-Nonadienal bevorzugt aneugene Effekte zeigten [53].

Nach oraler Gabe von 2-Hexenal (320 mg/kg KG) an Ratten waren DNA-Addukte ($1,N^2$-Propano-dG) im untersuchten Zeitraum von 16 h nach Applikation nicht nachweisbar. Ebenso wurden keine DNA-Addukte unter vergleichbaren Versuchsbedingungen in Magenmukosazellen der Ratte nach oraler Gabe von 160 mg/kg KG gefunden [2]. In einer anderen Studie, bei der ein größerer zeitlicher Abstand zur Applikation eingehalten wurde, wurden $1,N^2$-Propano-dG-Addukte (maximale Adduktbildung nach 48 h) nach oraler Gabe von 2-Hexenal (50, 200 und 500 mg/kg KG) detektiert, vor allem in Vormagen, Leber und Speiseröhre und nach Gabe von Crotonaldehyd (200 und 300 mg/kg KG) vor allem in Leber, aber auch in Lunge, Niere und Kolon [14, 65].

In einer Probandenstudie (sieben gesunde Nichtraucher) wurde nach täglich viermaliger Mundspülung mit wässriger 2-Hexenallösung (1 mg/100 ml) über mehrere Tage ein signifikanter Anstieg der Mikronukleifrequenz in abgeschabten Mundschleimhautzellen ab dem vierten Applikationstag nachgewiesen [66].

1.4 Bewertung

2-Alkenale sind wie andere α,β-ungesättigte Carbonylverbindungen besonders reaktionsfähige Substanzen. Sie reagieren einerseits leicht mit Proteinen und DNA, was zu zytotoxischen und genotoxischen Wirkungen führen kann, werden aber andererseits schnell durch Oxidation oder Reduktion sowie Glutathionkonjugation detoxifiziert. Darin sind sie mit vielen anderen Naturstoffen vergleichbar, denen der Mensch seit jeher ausgesetzt ist und für die in vielen Fällen effiziente Entgiftungsmechanismen existieren. Die bisher vorliegenden Daten sind für eine vollständige Risikobeurteilung unzureichend. Sie deuten aber darauf hin, dass nur dann, wenn bei genügend hohen Dosen solche Entgiftungsmechanismen überlastet sind, mit Toxizität und unter Umständen mit Genotoxizität zu rechnen ist. Allerdings muss davon ausgegangen werden, dass Dosen, die zu einer solchen Überlastung führen, nicht nur von Substanz zu Substanz, sondern auch zelltyp- und gewebeabhängig variieren.

Die kurzkettigen 2-Alkenale Acrolein und Crotonaldehyd sind erheblich toxischer als die längerkettigen Verbindungen. Dies trifft nicht nur für die akute Toxizität zu, sondern vor allem auch für die Toxizität nach wiederholter Verabreichung. So wurde nach täglicher oraler Verabreichung von 2-Hexenal über 13 Wochen an Ratten bei 80 mg/kg KG keine Wirkung beobachtet, während im Fall des Crotonaldehyds unter ähnlichen Bedingungen schon ab 5 mg/kg KG die Mortalität erhöht war. Dosen ohne Wirkung lassen sich derzeit für Acrolein und Crotonaldehyd nicht angeben. Dies muss zwar nicht bedeuten, dass die Aufnahme von Acrolein und Crotonaldehyd als natürliche Lebensmittelbestandteile mit einem Risiko verbunden ist, andererseits ist aber auch nicht nachgewiesen, dass ihre zusätzliche Aufnahme als Aromastoff als unbedenklich angesehen werden kann.

Für längerkettige 2-Alkenale ist die Situtation anders. Zumindest in einigen Fällen liegen tierexperimentelle Studien zur subchronischen Wirkung mit Angaben zu unschädlichen Dosierungen vor. Diese liegen erheblich über den bei maximalen Verzehrsmengen zu erwartenden Aufnahmemengen aus Lebensmitteln. Für 2-Hexenal liegt dieser Abstand im Bereich von 2–3 Zehnerpotenzen.

Die Relevanz der verfügbaren Daten zur Genotoxizität ist unklar. Zellen des Gastrointestinaltrakts, die bei oraler Exposition unmittelbar der Substanzwirkung ausgesetzt sind, wären von der direkten genotoxischen Wirkung der 2-Alkenale besonders betroffen. Untersuchungen mit Crotonaldehyd und 2-Hexenal an primären Kolonmucosazellen der Ratte haben allerdings signifikante DNA-Schäden erst ab Konzentrationen von 400 µM im Kulturmedium erkennen lassen. Ebenso wurden in humanen primären Kolonmucosazellen bei einer Konzentration von 400 µM Hexenal DNA-Schäden induziert. In primären Magenmucosazellen der Ratte wurde mit Hexenal eine geringe Induktion von DNA-Schäden erst bei einer Konzentration von 800 µM beobachtet.

Erste *in-vivo*-Untersuchungen an Ratten haben gezeigt, dass mit 2-Hexenal in hohen oralen Dosen (160 bzw. 320 mg/kg KG) bis zu 16 h nach Applikation weder in der Magen- noch in der Kolonmucosa DNA-Schäden nachweisbar waren [2]. Daher scheint die mit einer Schleimschicht überzogene Mucosa *in vivo* besser vor unmittelbaren genotoxischen Wirkungen der applizierten Substanz geschützt zu sein als isolierte Zellen. Dennoch deutet der Nachweis von DNA-Addukten mittels ^{32}P-Postlabelling zu späteren Zeitpunkten (1–2 Tage) nach Applikation von 2-Hexenal und Crotonaldehyd an Ratten darauf hin [14], dass Adduktbildung unter Umständen als Folge intermediärer Glutathionkonjugation zwar verzögert, möglicherweise jedoch nicht generell verhindert werden kann.

Die vorliegenden limitierten toxikologischen Daten erlauben auch für die längerkettigen 2-Alkenale noch keine abschließende Bewertung der gesundheitlichen Bedeutung ihrer Aufnahme mit Lebensmitteln. Bisher kann jedoch nicht auf ein erhöhtes gesundheitliches Risiko durch die Aufnahme dieser Stoffe in den gegenwärtig vorliegenden Konzentrationen in Lebensmitteln geschlossen werden.

1.5   Forschungsbedarf

Zur Bewertung der Belastung mit 2-Alkenalen fehlen ausreichende Daten zu deren Vorkommen in verzehrsfertigen Lebensmitteln sowie zum Einfluss von Verarbeitungs- und Zubereitungsprozessen (wie Braten oder Frittieren).

Für klare Aussagen zur Sicherheitsbewertung fehlen wesentliche toxikologische Daten. Dies gilt besonders für Acrolein und Crotonaldehyd: Es fehlen chronische und subchronische Studien, aus denen ein NO(A)EL abgeleitet werden kann. Für die längerkettigen 2-Alkenale liegen keine Untersuchungen zur krebserzeugenden Wirkung vor. Auch fehlen Daten zur Bioverfügbarkeit von 2-Alkenalen, zum Metabolismus und zu den Stoffkonzentrationen, die nach der Aufnahme 2-Alkenal-haltiger Nahrung im Gastrointestinaltrakt zu erwarten sind. Das gleiche gilt für *in-vivo*-Daten zur Induktion von Genotoxizität, insbesondere bei direktem Kontakt mit Zellen des Gastrointestinaltrakts.

Glossar

CaCo2-Zellen	humane Kolonkarzinomzellen
CHO-Zellen	Ovarzellen des Chinesischen Hamsters
2,4-Decadienal	(E-2-E-4)-Decadienal
2-Decenal	(E-2)-Decenal
2,6-Dodecadienal	(E-2-Z-6)-Dodecadienal
2,4-Hexadienal	(E-2-E-4)-Hexadienal
2-Hexenal	(E)-2-Hexenal
Namalva-Zellen	humane Lymphoblastomazellen
2,4-Nonadienal	(E-2-E-4)-Nonadienal
2,6-Nonadienal	(E-2-Z-6)-Nonadienal
2,4,7-Tridecatrienal	(E-2-Z-4-Z-7)-Tridecatrienal
V79-Zellen	Lungenfibroblasten des Chinesischen Hamsters

Literatur

1. Drawert F., Tressel R., Heimann W., Emberger R., Speck M. (1973) Über die Biogenese von Aromastoffen bei Pflanzen und Früchten XV*; Enzymatisch-oxidative Bildung von C6-Aldehyden und Alkoholen und deren Vorstufen bei Äpfeln und Trauben. Chem. Mikrobiol. Technol. Lebensm. **2**, 10–22.
2. Gölzer P., Janzowski C., Pool-Zobel B. L., Eisenbrand G. (1996) (E)-2-Hexenal-induced DNA damage and formation of cyclic $1,N^2$-(1,3-propano)-2'-deoxyguanosine adducts in mammalian cells. Chem. Res. Toxicol. **9**, 1207–1213.
3. Götz-Schmidt E. M., Wenzel M., Schreier P. (1986) C6-Volatiles in homogenates from green leaves: localization of hydroperoxide lyase activity. Lebensm. Wiss. U.-Technol. **19**, 152–155.
4. Feron V. J., Til H. P., deVrijer F., Woutersen R. A., Cassee F. R., van Bladeren P. J. (1991) Aldehydes: Occurrence, carcinogenic potential, mechanism of action and risk assessment. Mutation Research **259**, 363–385.
5. Collin S., Osman M., Delcambre S., El Zayat A., Dufour J. P. (1993) Investigation of volatile flavour compounds in fresh and ripened Domiati cheeses. J. Agric. Food Chem. **41**, 1659–1663.

15

6. Schuh C. (1992) Dissertation: Entwicklung eines Meßverfahrens zur Bestimmung kurzkettiger aliphatischer Aldehyde in Küchendämpfen und Expositionsmessungen in Küchen. Kaiserslautern.

7. Maarse H., Boelens M. H. (1990) The TNO database „Volatile Compounds in Food": past, present and future (Hrsg. Bessiere Y., Thomas A. F.) Wiley, Chichester.

8. Sponholz W. R. (1982) Analysis and occurrence of aldehydes in wines. Z. Lebensm. Unters. Forsch. **174**, 458–462.

9. Yasuhara A., Morita M. (1987) Identification of volatile organic components in mussel. Chemsphere **16**, 2559–2565.

10. Schieberle P., Ofner S., Grosh W. (1990) Evaluation of potent odorants in cucumbers and muskmelons by aroma extraction dilution analysis. J. Food Sci. **55**, 193–195.

11. Fenaroli G. (1995) Fenaroli's handbook of flavour ingredients (Hrsg. Burdock G. A.) Vol. II, 3rd ed., CRC Press.

12. FEMA (1994) Summary of linear aliphatic acyclic α,β-unsaturated alcohols, aldehydes and acids used as flavour ingredients. Unpublished Report.

13. Glaab V., Collins A. R., Eisenbrand G., Janzowski C. (2001) DNA damaging potential and glutathione depletion of 2-cyclohexene-1-one in mammalian cells, compared to food relevant 2-alkenals. Mutation Research **497**, 185–197.

14. Eder E., Schuler D., Budiawan (1999) Cancer risk assessment for crotonaldehyde and 2-hexenal. An approach. In: Exocyclic DNA Adducts in Mutagenesis and Carcinogenesis (Singer B., Bartsch H.) IARC Scientific Publications No. 150.

15. Ghissassi F. E., Barbin A., Nair J., Bartsch H. (1995) Formation of 1,N6-ethenoadenine and 3,N4-ethenocysteine by lipid peroxidation products and nucleic acid bases. Chem. Res. Toxicol. **8**, 278–283.

16. Bartsch H., Nair J., Owen R. W. (1999) Dietary polyunsaturated fatty acids and cancers of the breast and colorectum: emerging evidence for their role as risk modifiers. Carcinogenesis **20**; 2209–2218.

17. Nair J., Fürstenberger G., Bürger F., Marks F., Bartsch H. (2000) Promutagenic etheno-DNA adducts in multistage mouse skin carcinogenesis: correlation with lipoxygenase-catalyzed arachidonic acid metabolism. Chem. Res. Toxicol. **13**, 703–709.

18. Schuhmacher J. (1990) Dissertation: Untersuchungen zur Gentoxizität und zum Metabolismus aromawirksamer α,β-ungesättigter Aldehyde. Kaiserslautern.

19. Brabec M. J. (1981) Aldehydes and acetals; Patty's Industrial Hygiene and Toxicology, 3rd ed., 2A, 2629–2637.

20. Eisenbrand G., Schumacher J., Gölzer P. (1995) The influence of glutathione and detoxifying enzymes on DNA damage induced by 2-alkenals in primary rat hepatocytes and human lymphoblastoid cells. Chem. Res. Toxicol. **8**, 40–46.

21. Patel J. M., Wood J. C., Leibman K. C. (1980) The biotransformation of allyl alcohol and acrolein in rat liver and lung preparations. Drug Metabolism and Disposition **8** (5), 305–308.
22. Smyth H. F. Jr., Carpenter C. P., Weil C. S. (1951) Range-finding toxicity data: List IV, Arch. Ind. Hyg. Occup. Med. **4**, 119–122.
23. Smyth H. F. Jr., Carpenter C. P. (1944) The place of the range finding test in the industrial toxicolcogy laboratory. J. Ind. Hyg. Tox. **26**, 269–273.
24. Gaunt I. F., Colley J., Wright M., Creasey M., Grasso P., Gangolli S. D. (1971) Acute and short-term toxicity studies on trans-2-hexenal. Food Cosmet Toxicol. **9**, 775–786.
25. Moreno O. (1973) Unpublished results, quoted by FEMA (1994).
26. Moreno O. (1980) Unpublished results, quoted by FEMA (1994).
27. Smyth H. F. Jr., Carpenter C. P., Weil C. S., Pozzani U. C. (1954) Range-finding toxicity DATA List V. Arch. Ind. Hyg. **10**, 61–58.
28. Wolfe G. W., Rodwin M., French J. E., Parker G. A. (1987) Thirteen week subchronic toxicity study of crotonaldehyde (CA) in F344 rats and B6C3F1 mice. Toxicologist **7**, 209, Abstr. 835.
29. Mecler F. J., Craig D. K. (1980) trans,trans-2,4-Hexadienal. Unpublished results quoted by FEMA (1994).
30. Damske D. R., Mechler F. J., Beliles R. P., Liverman J. L. (1980) 2,4-Decadienal Unpublished results, quoted by FEMA (1994).
31. Edwards K. B. (1973) Acute toxicity evaluation of tridecatrienal. Unpublished results quoted by FEMA (1994).
32. Parent R. A., Caravello H. E., Balmer M. F., Shellenberg T. E., Long J. E. (1992) One-year Toxicity of orally administered acrolein to the beagle dog. J. Appl. Toxicol. **12** (5), 311–316.
33. Parent R. A., Caravello H. E., Hoberman A. M. (1992) Reproductive study of acrolein on two generations of rats. Fundam. Appl. Toxicol. **19** (2), 228–237.
34. Parent R. A., Caravello H. E., Long J. E. (1991) Oncogenicity study of acrolein in mice. Journal of the American college of Toxicology **10** (6), 647–659.
35. Lijinski W., Reuber M. D. (1987) Chronic carcinogenesis studies of acrolein and related compounds. Toxicology and Industrial Health **3**, No. 3, 337–345.
36. Chung F. L., Tanaka T., Hecht S. S. (1986) Induction of liver tumours in F344 rats by crotonaldehyde. Cancer Research **46** (3), 1285–1289.
37. IARC (1995) IARC Monographs on the evaluation of the carcinogenic risk of chemicals to humans **63**, Lyon, 373–391.
38. Marnett L. J., Hurd H. K., Hollstein M. C., Levin D. E., Esterbauer H., Ames B. N. (1985) Naturally occurring carbonyl compounds are mutagens in Salmonella tester strain TA 104. Mutation Research **148**, 25–34.
39. Hales B. (1982) Comparison of the mutagenicity and teratogenicity of cyclophosphamide and its active metabolites, 4-hydroxycyclophospha-

mide, phophoramide mustard, and acrolein. Cancer Research **42**, 3016–3021.

40. Hemminki K., Falck K., Vainio H. (1980) Comparison of alkylation rates and mutagenicity of directly acting industrial and laboratory chemicals. Epoxides, glycidyl ethers, methylating and ethylating agents, halogenated hydrocarbons, hydrazine derivates, aldehydes, thiuram and dithiocarbamate derivates. Arch. Toxicol. **46**, 277–285.

41. Haworth S., Lawlor T., Mortelmans, K., Speck, W., Zeiger E. (1983) Salmonella mutagenicity test results for 250 chemicals. Environ. Mutag. **Suppl. 1**, 3–142.

42. Au W., Sokova O. I., Kopnin B., Arrighi F. E. (1980) Cytogenetic toxicity of cyclophosphamide and its metabolites *in vitro*. Cytogenet. Cell genet. **26**, 108–116.

43. Grafström R. C., Edman C. C., Sundqvist K., Liu Y., Hybbinette S. S., Atzori L., Nicotera P., Dypbukt J. (1986) Cultured human bronchial cells as a model system in lung toxicology and carcinogenesis: implications from studies with acrolein. Altern. Lab. Anim. **16**, 231–243.

44. Grafström R. C., Dypbukt J. M., Willey J. C., Sundqvist K., Edman C., Atzori L., Harris C. (1988) Pathobiological effects of acrolein in cultured human epithelial cells. Cancer Research **48**, 1717–1721.

45. Curren R. D., Yang L. L., Conklin P. M., Grafstrom R. C., Harris C. C. (1988) Mutagenesis of xeroderma pigmentosum fibroblasts by acrolein. Mutation Research **209**, 17–22.

46. Ruiz-Rubio M., Hera C., Pueyo C. (1984) Comprison of a forward and reverse mutation assay in *Salmonella typhimurium* measuring L-arabonose resistance and histidine prototrophy. EMBO Journal **3** (6), 1435–1140.

47. Cooper K., Witz G., Wilmer C. (1987) Mutagenicity and toxicity studies of several α,β-unsaturated aldehydes in the *Salmonella typhimurium* mutagenicity assay. Environmental Mutagenesis **9**, 289–295.

48. Simmon V., Kauhanen K., Tardiff R. (1977) Mutagenic activity of chemicals identified in drinking water, progress in genetic toxicology, Elsevier/North Holland. Biomedical Press, 249–285.

49. Florin I., Rutberg L., Curvall M., Enzell C. (1980) Screening of tobacco smoke constituents for mutagenicity using the Ames test. Toxicology **18**, 219–232.

50. Von der Hude W., Behm C., Gürtler R., Basler A. (1988) Evaluation of the SOS chromotest. Mutation Research **203**, 81–94.

51. Foiles P., Akerkar A., Miglietta I., Chung F. L. (1990) Formation of cyclic deoxyguanosine adducts in Chinese hamster ovary cells acrolein and crotonaldehyde. Carcinogenesis **11** (11), 2059–2061.

52. Galloway S. M., Armstrong M. J., Reuben C., Colman S., Brown B., Cannon C. (1987) Chromosome aberrations and sister hamster chromatid exchanges in Chinese hamster ovary cells. Evaluation of 108 chemicals. Environmental and Molecular Mutagenesis **10** (10), 1–175.

53. Dittberner U., Eisenbrand G., Zankl H. (1995) Genotoxic effects of the α,β-unsaturated aldehydes 2-trans-butenal, 2-trans-hexenal and 2-trans-6-cis-nonadienal. Mutation Research **335**, 259–265.
54. Williams G. M., Mori H., McQuenn C. (1989) Structure-activity relationships in the rat hepatocyte DNA-repair test for 300 chemicals. Mutation research **221**, 263–286.
55. Chung F. L., Young R., Hecht S. S. (1984) Formation of cyclic $1,N^2$- propanodeoxyguanosine adducts in DNA upon reaction with acrolein or crotonaldehyde. Cancer Research **44**, 990–995.
56. Chung F. L., Hecht S. (1983) Formation of Cyclic $1,N^2$-adducts by Reaction of Deoxyguanosine with α-Acetoxy-N-nitrosopyrrolidine, 4-(carethoxynitrosamino) butanal, or Crotonaldehyde. Cancer Research **43**, 1230–1235.
57. Eder E., Schekenbach S., Deiniger C., Hoffman C. (1993) The possible role of α,β-unsaturated carbonyl compounds in mutagenesis and carcinogenesis. Toxicology Letters **67**, 87–103.
58. Jagannath D. R. (1980) Intra-sanguineous mouse host-mediated assay of crotonaldehyde. Unveröffentlichter Bericht (LBI Project No. 20998) der Litton Biocosmetics, Inc. Kensington, MD, USA (im Auftrag der Gewerbetoxikologie der HOECHST AG, Frankfurt/Main, Bericht Nr. 06/81), 1–17.
59. Kautiainen A. (1992) Determination of hemoglobin adducts from aldehydes formed during lipid peroxidation *in vitro*. Chem.-Biol. Interactions **83**, 55–63.
60. Eder E., Deininger C., Neudecker T., Deininger D. (1992) Mutagenicity of β-alkyl substituted acrolein congeners in the *Salmonella typhimurium* strain TA100 and genotoxicity testing in the SOS chromotest. Environmental and Molecular Mutagenesis **19**, 338–345.
61. Canonero R., Martelli A., Marinari U. M., Brambilla G. (1990) Mutation induction in Chinese hamster lung V79 cells by five alk-2-enals produced by lipid peroxidation. Mutation Research **244**, 153–156.
62. Eder E., Hoffman S., Sporer S., Scheckenbach S. (1993) Biomonitoring studies and susceptibility markers for acrolein congeners and allylic and benzyl compounds. Environmental Health Perspectives **99**, 245–247.
63. Janzowski C., Glaab V., Samimi E., Schlatter J., Eisenbrand G. (2000) 5-Hydroxymethlfurfural. Assessment of mutagenicity. DNA damaging potential and reactivity towards cellular glutathione. Food Chemical Toxicol. **38**, 801–809.
64. Glaab V., Müller C., Eisenbrand G., Janzowski C. (2000) α,β-Unsaturated carbonyl compounds: inducers of oxidative DNA modifications? Archives of Pharmacology Suppl. to Vol 361, No 4, R 155.
65. Eder E., Schuler D. (1999) Detection of $1,N^2$-propanodeoxyguanosine adducts of 2-hexenal in organs of Fischer 344 rats by a ^{32}P-postlabelling technique. Carcinogenesis **20**, 1345–1350.

66. Dittberner U., Schmetzer B., Gölzer P., Eisenbrand G., Zankl H. (1997) Genotoxic effects of 2-trans-hexenal in human buccal mucosa cells *in vivo*. Mutation Research **390**, 161–165.

67. Janzowski C., Glaab V., Samimi E., Schlatter J., Pool-Zobel B. L., Eisenbrand G. (2000) Food relevant α,β-unsaturated carbonyl compounds. *In vitro* toxicity, genotoxic (mutagenic) effectiveness and reactivity towards glutathione. In: Carcinogenic and Anticarcinogenic Factors in Food (Hrsg. Eisenbrand G., Dayan A. D., Elias P. S., Grunow W., Schlatter J.) 469–473.

2 Stellungnahme zu Algentoxinen

Die DFG-SKLM hat das gesundheitliche Risiko durch Aufnahme von Algentoxinen beraten. Nach Prüfung der zur Verfügung stehenden Daten wurde das Thema am 10./11. April 2003 abschließend diskutiert und folgender Beschluss gefasst:

Zu den toxinbildenden Algen werden Dinoflagellaten (Dinophycea), Blaualgen (Cyanophyceae), *wegen ihrer Ähnlichkeit zu Bakterien auch Cyanobakterien genannt,* Kieselalgen (Bacillariophyceae) und Prymnesiophycea gezählt.

Toxinbildende Algen finden sich in den meisten Regionen der Erde sowohl in Salz- als auch in Süßwasser. Sie werden von bestimmten Organismen als Nahrung aufgenommen, wobei diese nicht notwendigerweise selbst geschädigt werden müssen. So kann es zu einer unmittelbar oder über Nahrungsketten ablaufenden Toxinanreicherung kommen. Dies gilt in erster Linie für Meeresfrüchte, wie beispielsweise Muscheln, aber auch für verschiedene (sub)tropische Speisefische.

Die Belastung von Muscheln mit Algentoxinen wird in Deutschland derzeit nach den Anforderungen der Fischhygiene-Verordnung vom 8. Juni 2000 überwacht. Diese schreibt die Prüfung auf Algentoxine bei Muscheln mittels Tierversuch (sog. Maus-Bioassay) bzw. chemischen Analyseverfahren vor. Grenzwerte für wasserlösliche Algentoxine PSP (Paralytic Shellfish Poisoning), fettlösliche Algentoxine DSP (Diarrhetic Shellfish Poisoning) und ASP (Amnestic Shellfish Poisoning) sind dort zu finden.

Seit März 2002 sind in der Richtlinie 91/492/EWG des Rats die Grenzwerte und Analysemethoden für marine Biotoxine der DSP-Gruppe, Azaspirsäure (AZA), Yessotoxinen (YTX) und Pectenotoxinen (PTX) aufgeführt. Von der Kommission der Europäischen Gemeinschaften wurde ausdrücklich dazu aufgerufen, alternative Nachweismethoden zu den gegenwärtig angewandten biologischen Methoden zu entwickeln [1].

Lebensmittel und Gesundheit II/Food and Health II
DFG, Deutsche Forschungsgemeinschaft
Copyright © 2005 WILEY-VCH Verlag GmbH & Co. KGaA, Weinheim
ISBN: 3-527-27519-3

Zur Häufigkeit und Schwere von Intoxikationen des Menschen mit Algentoxinen liegen mit Ausnahme von PSP und DSP nur wenig Informationen vor. Milde Intoxikationen werden vermutlich häufig nicht erkannt, da sich die Symptomatik oft kaum von jener unterscheidet, die als Folge des Verzehrs mikrobiell verdorbener Lebensmittel auftreten kann.

Seit einiger Zeit finden Produkte auf Algenbasis als Lebensmittel bzw. Nahrungsergänzungsmittel zunehmend Verwendung. Die Kommission äußert Besorgnis, dass damit das Risiko einer bedenklichen Exposition gegenüber Algentoxinen verbunden sein kann, da entsprechende Produkte meist in größeren Mengen aufgenommen werden. Beispielsweise haben Untersuchungen von Nahrungsergänzungsmitteln auf Algenbasis nennenswerte Kontaminationen mit Mikrocystinen in Produkten aus blaugrünen Algen ergeben [2].

Werden Oberflächengewässer zur Trinkwassergewinnung verwendet, ist die Abwesenheit von Algentoxinen sicherzustellen. Am Beispiel der Mikrocystine ergaben sich Hinweise, dass eine angemessene Ozonbehandlung im Verbund mit geeigneten Filtrationstechniken hierzu geeignet ist. Allerdings ist es dabei unerlässlich, den Erfolg der Maßnahmen zur Toxinentfernung beständig zu überwachen [3]. Von der Weltgesundheitsorganisation (WHO) wird für Mikrocystin, basierend auf Mikrocystin-LR, ein Grenzwert von 1 µg pro Liter Trinkwasser empfohlen [4]. Dieser Wert wird in Deutschland eingehalten.

Für viele Algentoxine fehlen Daten zur:

- Belastung von Fischereierzeugnissen
- Inzidenz von Vergiftungen
- Toxizität und deren Mechanismen

Besonderer Forschungsbedarf besteht:

- an der Entwicklung von Screening-Methoden zum Ersatz des sog. Maus-Bioassays
- an der Entwicklung von empfindlichen und strukturselektiven Verfahren zum Nachweis und zur Bestimmung von Algentoxinen, die schwerwiegende gesundheitlich nachteilige Effekte auslösen

- an der Erfassung von Daten zur Toxizität und der Aufklärung der zugrunde liegenden Wirkungsmechanismen
- an der Identifizierung toxizitätsrelevanter Strukturen
- an der Erfassung der Expositionssituation unter Berücksichtigung von Algenprodukten und Nahrungsergänzungsmitteln

Erst diese Daten ermöglichen die Durchführung der notwendigen Risikobewertung.

Schlussfolgerung

Die Datenlage zu Algentoxinen wird von der SKLM insgesamt als unzureichend eingestuft. Für viele Algentoxine stehen keine ausreichenden toxikologischen Daten, insbesondere zu Langzeiteffekten, zur Verfügung. Ebenso existieren kaum gesicherte Daten zur Belastung von Lebensmitteln und zur verlässlichen Abschätzung der Exposition des Verbrauchers. Eine fundierte Risikoabschätzung ist daher nach Ansicht der SKLM zur Zeit nicht möglich.

Literatur

1. Amtsblatt der Europäischen Gemeinschaft; Entscheidung der Kommission vom 15. März 2002 mit Durchführungsbestimmungen zur Richtlinie 91/492/EWG des Rates hinsichtlich der Grenzwerte und der Analysemethoden für bestimmte marine Biotoxine in lebenden Muscheln, Stachelhäutern, Manteltieren und Meeresschnecken (2002/225/EG).
2. Gilroy DJ, Kauffmann KW, Hall RA, Huang X, Chu FS (2000) Assessing potential health risks from microcystin toxins in blue-green algae dietary supplements. Environmental Health Perspectives **108**, 435–439.
3. Hoeger SJ, Dietrich DR, Hitzfeld BC (2002) Effect of ozonation on the removal of cyanobacterial toxins during drinking water treatment. Environmental Health Perspectives **110** (11), 1127–1132.
4. Guidelines for drinking-water quality, 2nd ed. Addendum to Vol. 1. Recommendations. Geneva, World Health Organization, 1998.

3 Vorkommen von Arsen in Meeralgen

Die Kommission hat sich mehrfach mit dem Vorkommen, der Bioverfügbarkeit sowie der toxikologischen Relevanz von Arsenverbindungen in Meeralgen beschäftigt und in der Sitzung am 14./15. Dezember 1998 folgenden Beschluss gefasst:

In verschiedenen Meeralgen, wie z. B. den Braunalgen *Laminaria sp.* und *Hizikia fusiforme*, sind Gesamtarsengehalte bis über 100 mg/kg Trockengewicht gefunden worden.

Die Kommission ist besorgt, dass ein relevanter Anteil des Gesamtarsengehalts als anorganisches Arsen vorliegen könnte. Die Erarbeitung zuverlässiger analytischer Daten zu Gehalten an anorganischem Arsen in solchen Produkten ist deshalb dringend erforderlich.

Die Kommission sieht außerdem erheblichen Forschungsbedarf hinsichtlich einer Abschätzung der biologischen bzw. gesundheitlichen Wirkungen von organischen Arsenverbindungen, insbesondere von Arsenozuckern. Wissenslücken bestehen u. a. hinsichtlich der Identität dieser organischen Arsenverbindungen, des Verhaltens im Stoffwechsel sowie möglicher toxischer Wirkungen.

Lebensmittel und Gesundheit II/Food and Health II
DFG, Deutsche Forschungsgemeinschaft
Copyright © 2005 WILEY-VCH Verlag GmbH & Co. KGaA, Weinheim
ISBN: 3-527-27519-3

4 Biogene Amine in Käse und Fisch sind unterschiedlich zu bewerten

Die Kommission hat in der Sitzung am 14./15. Dezember 1998 folgenden Beschluss gefasst:

Biogene Amine wie Histamin, Tyramin, Phenylethylamin, Tryptamin, Cadaverin, Putrescin entstehen durch Decarboxylierung von Aminosäuren und können natürlicherweise in vielen fermentierten Lebensmitteln wie Käse, Sauerkraut oder Wein vorkommen. Hart- und Schnittkäse können besonders hohe Konzentrationen von biogenen Aminen aufweisen; der Gehalt kann aber innerhalb des gleichen Käsetyps in weiten Bereichen variieren. Dabei stehen mengenmäßig Histamin und Tyramin im Vordergrund [1], wobei bei 2–3 % der Käseproben mit Gehalten > 1000 mg/kg zu rechnen ist. Phenylethylamin wird gelegentlich in Mengen von 10–100 mg/kg gefunden. Ein Zusammenhang zwischen Gehalt an biogenen Aminen und Käsequalität besteht aufgrund der bisherigen Erfahrungen nicht.

Biogene Amine können auch als Zersetzungsprodukte in bakteriell verdorbenen Lebensmitteln auftreten, hauptsächlich in Fisch und in Fischprodukten, welche leicht abbaubare Proteine mit hohem Histidingehalt aufweisen, insbesondere bei Thunfisch und Makrelen („scombroid fish"). Die in solchen Fällen gefundenen Histamingehalte liegen oft bei > 1000 mg/kg. Im Unterschied zu verdorbenem Fisch, wo bei Histamingehalten im Bereich von 400–500 mg/kg schon mit Vergiftungserscheinungen zu rechnen ist, wird beim Normalverbraucher der Verzehr von Käse mit Histamingehalten > 1000 mg/kg jedoch ohne Unverträglichkeit toleriert.

Die besonders in Hart- und Schnittkäse typischerweise anzutreffenden Konzentrationen von Histamin führen beim Verzehr von 100 g Käse zur Aufnahme von 20–100 mg Histamin. Solche Aufnahmemengen liegen in einem Dosisbereich, in dem nach Literaturangaben eigentlich mit Wirkung beim Menschen zu rech-

DFG, Deutsche Forschungsgemeinschaft

nen wäre: Die orale Aufnahme von 8–40 mg reinem Histamin soll leichte Unverträglichkeitsreaktionen hervorrufen wie Hitzegefühl, Hautjucken, erhöhter Speichel- und Tränenfluss. Gaben von 70–1000 mg sollen mittelgradige Erscheinungen wie Schwindelgefühl, Übelkeit und Erbrechen sowie Blutdruckabfall auslösen [2–5]. Andererseits wird aber über Unverträglichkeiten von Käse in der Literatur nur selten berichtet. In der Schweiz wurden 22 verschiedene Käseproben mit hohem Histamin-, Tyramin- oder Phenylethylamingehalt an gesunden, freiwilligen Probanden geprüft. Nach dem Verzehr von bis zu 140 g Käse pro Person, entsprechend einer Aufnahme von bis zu 210 mg Histamin, 240 mg Tyramin oder 130 mg Phenylethylamin, traten bei keinem Probanden durch biogene Amine verursachte Unverträglichkeitsreaktionen auf. Eine Erklärung dafür könnte sein, dass biogene Amine aus Käse im Magen-Darm-Trakt nur relativ langsam freigesetzt werden. Diese Befunde, zusammen mit langjährigen Erfahrungen mit dem Käseverzehr zeigen, dass die Schwellendosis für die Histaminwirkung bei Aufnahme mit Käse offensichtlich höher ist und die normalerweise in Käse vorkommenden Konzentrationen an Histamin und anderen biogenen Aminen für den gesunden Menschen keine Gefahr darstellen. Deshalb ist eine Übertragung der für Makrelen- und Heringsfische geltenden Höchstmengen von 200 mg Histamin/kg (Fischhygiene-Verordnung) auf Käse nicht zulässig. Im Unterschied zu Fisch können wissenschaftlich begründete Aussagen über gesundheitsschädliche Histaminkonzentrationen in Käse nach gegenwärtigem Kenntnisstand nicht gemacht werden.

Untersuchungen geben Hinweise darauf, dass erhöhte Histamingehalte in Fischen, die zu Vergiftungserscheinungen führen („scombroid fish poisoning"), nicht die alleinige Ursache für die beobachteten Effekt sind. Die typische Symptomatik einer Fischvergiftung ließ sich bei gesunden, freiwilligen Probanden durch Histaminzugabe zu Fisch nicht auslösen [6–8]. Darüber hinaus ist bekannt, dass der Effekt eines spezifischen biogenen Amins durch die Anwesenheit weiterer Verbindungen beeinflusst werden kann. Davon unberührt bleibt, dass der Histamingehalt in Fisch ein geeigneter Indikator für den Verderb ist.

Grundsätzlich anders als bei gesunden Verbrauchern ist die Situation von Patienten einzuschätzen, die mit Mono- oder Diaminooxidaseinhibitoren behandelt werden. Durch solche Medikamente wird die oxidative Desaminierung gehemmt, ein wichtiger Entgiftungsweg der biogenen Amine in der Darmschleimhaut und Leber, so dass größere Mengen der Amine die Darmschleimhaut passieren und systemisch wirksam werden können. Die Einnahme derartiger Medikamente erhöht die Empfindlichkeit nicht nur gegenüber Käse, sondern gegenüber allen Lebensmitteln, die biogene Amine enthalten. Deshalb sollte den betroffenen Patienten vom Verzehr aminreicher Lebensmittel abgeraten werden.

Literatur

1. Sieber, R.; Lavanchy, P.: Gehalt an biogenen Aminen in Milchprodukten und in Käse. Mitt. Gebiete Lebensm. Hyg. **81**, 82–105 (1990).
2. Henry, M.: Dosage biologique de l'histamine dans les aliments. Ann. Falsif. Exp. Chim. **53**, 24–33 (1960).
3. Peeters, E.: La présence d'histamine dans les aliments. Arch. belg. Méd. Soc. **7**, 451–462 (1963).
4. Rice, S.; Eitenmiller, R.; Koehler, P.: Biologically active amines in food: a review. J. Milk Food Technol. **39**, 353–358 (1976).
5. Sinell, H.-J.: Biogene Amine als Risikofaktoren in der Fischhygiene. Arch. Lebensm. Hyg. **29**, 201–240 (1978).
6. Clifford, M.; Walker, R.; Wright, J.; Hardy, R.; Murray, C.: Studies with volunteers on the role of histamine in suspected scombrotoxicosis. J. Sci. Food Agric. **47**, 365–375 (1989).
7. Clifford, M.; Walker, R.; Ijomah, P.; Wright, J.; Murray, C.; Hardy, R.: Is there a role for amines other than histamines in the aetiology of scombrotoxicosis? Food Add. Contam. **8**, 641–652 (1991).
8. Ijomah, P.; Clifford, M.; Walker, R.; Wright, J.; Hardy, R.; Murray, C.: The importance of endogenous histamine in the aetiology of scombrotoxicosis. Food Add. Contam. **8**, 531–542 (1991).

5   2-Cyclohexen-1-on

Die AG „Kontaminanten" der SKLM beschäftigte sich auf der Sitzung am 15./16. Oktober 1996 und am 12. Februar 1997 in Zürich mit der Problematik 2-Cyclohexen-1-on, das in süßstoffhaltigen Erfrischungsgetränken nachgewiesen wurde. Die Kommission fasste auf ihrer Sitzung am 2./3. Juni 1997 folgenden Beschluss:

2-Cyclohexen-1-on ist als schwaches Mutagen in Untersuchungen mit *Salmonella typhimurium* beschrieben. Für die zu den α,β-ungesättigten Carbonylverbindungen gehörende Substanz konnte *in vitro* die Bildung kovalenter DNA-Addukte (cyclisches 1,N^2-Desoxyguanosinaddukt) gezeigt werden. Resultate von kürzlich durchgeführten Cytotoxitäts-, Genotoxitäts- und Mutagenitätstests in Säugerzellen zeigten deutlich geringe Effekte durch 2-Cyclohexen-1-on im Vergleich zu parallel mitgetesteten bekannten Michael-Adduktbildnern wie (E)-2-Hexenal und (2E,6Z)-2,6-Nonadienal. Daten zur Genotoxizität von 2-Cyclohexen-1-on *in vivo* liegen bislang noch nicht vor. Die Ergebnisse einer 1996 begonnenen NTP-Kanzerogenitätsstudie, allerdings mit inhalativer Expostion, stehen ebenfalls noch aus.

Als mögliche Quelle für das Vorkommen von 2-Cyclohexen-1-on in Erfrischungsgetränken wird Cyclamat diskutiert. Diesem Hinweis wurde durch Untersuchungen an Modelllösungen nachgegangen. Die Bildung von 2-Cyclohexen-1-on findet danach ausschließlich in Gegenwart von Cyclamat und bevorzugt im Sauren statt. Andere Süßstoffe oder Zitronenöl sind an der Bildung nicht beteiligt. Die 2-Cyclohexen-1-onbildung ist temperaturabhängig und nicht durch Licht induziert. Der Mechanismus der Entstehung aus Cyclamat ist jedoch nach wie vor unklar. Die Aufklärung der Bildungsmechanismen sollte vorangetrieben werden, um eventuell Präventionsmaßnahmen ergreifen zu können. Die Datenlage zur gesundheitlichen Bewertung von 2-Cyclohexen-1-on sollte verbessert werden.

28   Lebensmittel und Gesundheit II/Food and Health II
     DFG, Deutsche Forschungsgemeinschaft
     Copyright © 2005 WILEY-VCH Verlag GmbH & Co. KGaA, Weinheim
     ISBN: 3-527-27519-3

Die gefundenen Gehalte in Erfrischungsgetränken lassen eine akut toxische Wirkung nach oraler Aufnahme nicht erwarten. Eine umfassende Risikobewertung, insbesondere im Hinblick auf mögliche Effekte nach chronischer Aufnahme, ist aufgrund der heutigen, unzureichenden Datenlage nicht möglich. Die Ergebnisse zur Toxizität bekannter Michael-Adduktbildner wie z. B. (E)-2-Hexenal, die natürlichen Ursprungs sind und teilweise als Aromastoffe in Lebensmitteln eingesetzt werden, lassen aber vermuten, dass die gefundenen Gehalte an 2-Cyclohexen-1-on in Erfrischungsgetränken kein vordringliches gesundheitliches Problem darstellen.

6 Beschluss über Flüssigrauchpräparate

Die Kommission hat sich erneut mit der Bewertung von Flüssigrauchpräparaten für die Behandlung von Lebensmitteln befasst und festgestellt, dass die früheren Stellungnahmen der Kommission vom 5./6. Dezember 1985 bzw. vom 7./8. April 1988 der technologischen Entwicklung der Gewinnung von Flüssigrauchpräparaten anzupassen sind. Außerdem sind die seitdem erschienenen Guidelines des Expertenkomitees Aromastoffe des Europarats (1992) und der vom Wissenschaftlichen Lebensmittelausschuss der EU erarbeitete Bericht über Raucharomen (1993) zu berücksichtigen.

Unterschiedliche Holzarten und Herstellungsverfahren führen zu erheblicher Variabilität in der chemischen Zusammensetzung der Flüssigrauchpräparate. Unterschiede zwischen den Herstellungsverfahren bestehen z. B. bei der Pyrolysetemperatur, der Gegenwart oder dem Ausschluss von Luftsauerstoff, der Rauchkondensation und Abtrennung der Teerphase sowie der Reinigung, Konzentrierung und Aufbringung auf Trägerstoffe. Einige Präparate werden sogar aus der Teerphase gewonnen.

Nach ausführlichen Beratungen kommt die Kommission auf ihrer Sitzung am 29./30. Juni 2000 in Berlin zu folgendem Beschluss:

1. Flüssigrauchpräparate können nicht pauschal bewertet werden, sondern bedürfen einer Einzelfallbetrachtung.
2. Zur Herstellung von Flüssigrauchpräparaten sind nur naturbelassene Hölzer von unbehandelten Pflanzen zu verwenden.
3. Das Herstellungsverfahren ist genau zu beschreiben.
4. Inhaltsstoffe der Präparate sind nach dem Stand der Technik mit anerkannten Verfahren chemisch-analytisch zu charakterisieren. Dabei ist neben der Angabe des Gesamtgehalts bestimmter Substanzgruppen, wie Phenole, Carbonylverbindungen und Säuren, die möglichst weitgehende quantitative

Lebensmittel und Gesundheit II/Food and Health II
DFG, Deutsche Forschungsgemeinschaft
Copyright © 2005 WILEY-VCH Verlag GmbH & Co. KGaA, Weinheim
ISBN: 3-527-27519-3

Erfassung einzelner flüchtiger und nichtflüchtiger Bestandteile zu gewährleisten. Der Anteil nicht identifizierter Inhaltsstoffe im wasserfreien Kondensatanteil ist anzugeben.

5. In gleicher Weise ist auch die Stabilität der Flüssigrauchpräparate in ihrer Zusammensetzung für den vorgesehenen Verwendungszeitraum zu untersuchen.

6. Die 16 PAK-Einzelverbindungen nach US-EPA*) sollen erfasst werden.

7. Der Gehalt der Flüssigrauchpräparate an Benzo(a)pyren darf 10 µg/kg nicht überschreiten. Der Gehalt an Benzo(a)anthracen soll unter 20 µg/kg liegen. Die Anwendungsmengen müssen so bemessen sein, dass sie zu weniger als 0,03 µg Benzo(a)pyren bzw. 0,06 µg Benzo(a)anthracen pro kg verzehrsfertiges Lebensmittel führen.

8. Für die toxikologische Beurteilung der Flüssigrauchpräparate sind die folgenden Studien erforderlich:
   – Prüfung auf Genmutationen in Bakterien und Säugerzellen
   – Prüfung auf Chromosomenschädigung *in vitro* und/oder *in vivo*
   – 90-Tage-Fütterungsstudie
   Bei der Durchführung dieser Tests müssen die entsprechenden OECD-Richtlinien und GLP-Vorschriften eingehalten werden. Die chemische Zusammensetzung des Testmaterials muss dem verwendeten Flüssigrauchpräparat entsprechen. In Abhängigkeit vom Ergebnis dieser Studien müssen möglicherweise weitere Untersuchungen durchgeführt werden. Wenn die chemische Charakterisierung eine toxikologische Bewertung im Vergleich zu bereits untersuchten Präparaten erlaubt, kann das Ausmaß an toxikologischen Untersuchungen reduziert werden.

9. Flüssigrauchpräparate sollen Pökellaken oder Pökelpräparaten nicht zugesetzt werden.

---

*) W.R. Mabey, J.H. Smith, R.T. Podoll, H.L. Johnson, T. Mill (1982) Aquatic Fate Process Data for Organic Priority Pollutants, US EPA Report No. 440/4-81-014, United States Environmental Protection Agency, Washington D.C.

7 Vorkommen von Fumonisine in Lebensmitteln

Die Kommission hat mehrfach intensiv über Fumonisine in Lebensmitteln beraten und in der Sitzung am 17./18. Juni 1999 zu dem Vorkommen und der toxikologischen Bewertung von Fumonisinen wie folgt Stellung genommen:

Die Aufnahme von Fumonisinen mit Lebensmitteln erfolgt nach dem derzeitigen Kenntnisstand im Wesentlichen durch den Verzehr von Mais und Maisprodukten. Andere Lebensmittel wie z. B. exotische Reissorten, in denen diese Mykotoxine ebenfalls nachgewiesen wurden, sind nach heutigen Erkenntnissen für die Aufnahme von Fumonisinen von untergeordneter Bedeutung. Für die Bewertung der Fumonisinkontamination eines Lebensmittels ist nach gegenwärtigem Kenntnisstand vor allem der Gehalt an Fumonisin B_1 von Bedeutung.

Bei hohen Dosen liegen neben akut toxischen Effekten Hinweise auf einen Zusammenhang der Fumonisin-B_1-Exposition des Menschen mit dem Auftreten von Krebserkrankungen der Speiseröhre vor. Insgesamt stellt sich die toxikologische Datenlage zu Fumonisin B_1 jedoch als unvollständig dar.

Derzeitige Erkenntnisse lassen darauf schließen, dass hohe Fumonisin-B_1-Gehalte in Maisprodukten (> 1 mg/kg) durch die Auswahl geeigneter Rohstoffe und „Gute Herstellungspraxis" vermeidbar sind. Bei Verzehr von etwa 100 g Mais pro Tag entspricht dies einer täglichen Aufnahmemenge im Bereich von etwa 0,001–0,002 mg/kg Körpergewicht. Dies ist etwa um den Faktor 1000 niedriger als Dosen, die an Tieren noch Effekte gezeigt haben.

Die Ableitung eines Fumonisin-B_1-Grenzwerts in Lebensmitteln ist aufgrund der derzeit unzureichenden Datenlage nicht möglich. Aus Vorsorgegründen sollte jedoch die Herstellung von Maisprodukten nach „guter Herstellungspraxis" erfolgen und der Gehalt an Fumonisin B_1 einen Wert von 1 mg/kg im Lebensmittel nicht überschreiten.

Lebensmittel und Gesundheit II/Food and Health II
DFG, Deutsche Forschungsgemeinschaft
Copyright © 2005 WILEY-VCH Verlag GmbH & Co. KGaA, Weinheim
ISBN: 3-527-27519-3

8 Kriterien zur Beurteilung Funktioneller Lebensmittel

Die Senatskommission zur Beurteilung der gesundheitlichen Unbedenklichkeit von Lebensmitteln (SKLM) der Deutschen Forschungsgemeinschaft (DFG) hat vom 5. bis 7. Mai 2002 unter Beteiligung von Experten aus dem In- und Ausland ein Symposium zu Funktionellen Lebensmitteln abgehalten, bei dem der thematische Schwerpunkt auf den Sicherheitsaspekten lag. Mit dem Grundsatzpapier „Kriterien zur Beurteilung Funktioneller Lebensmittel" hat die Senatskommission den Rahmen für eine Beurteilung des Nutzens und des Risikos Funktioneller Lebensmittel geschaffen.

8.1 Vorbemerkung

Die Senatskommission der Deutschen Forschungsgemeinschaft (DFG) zur Beurteilung der gesundheitlichen Unbedenklichkeit von Lebensmitteln (SKLM) hat diese Empfehlung „Kriterien zur Beurteilung Funktioneller Lebensmittel" mit dem Ziel erarbeitet, Mindestanforderungen für die Bewertung der gesundheitlichen Unbedenklichkeit von Funktionellen Lebensmitteln (FLM) und für den wissenschaftlichen Nachweis ihrer Funktionalität zu definieren.

Die SKLM bezieht in der hier vorgelegten Empfehlung weder zu unter Abschnitt 8.2 zusammengefassten rechtlichen Aspekten von Funktionellen Lebensmitteln Stellung, noch sieht sie sich veranlasst, zu einer rechtlichen oder rechtsähnlichen Bewertung von gesundheitsbezogenen Auslobungen (sog. „Health Claims") Stellung zu nehmen. Dazu wird auf die einschlägigen Bemühungen anderer Gremien (Codex Alimentarius Kommission, Europarat) sowie auf die Initiative der EU-Kommission zur Erstellung einer

Lebensmittel und Gesundheit II/Food and Health II
DFG, Deutsche Forschungsgemeinschaft
Copyright © 2005 WILEY-VCH Verlag GmbH & Co. KGaA, Weinheim
ISBN: 3-527-27519-3

Rechtsverordnung auf europäischer Ebene verwiesen. Fällt das FLM in den Geltungsbereich der Novel Food Verordnung der EU (Nr. 258/97), unterliegt das Inverkehrbringen des Produkts dem spezifischen Antragsverfahren [1].

Die SKLM geht davon aus, dass die Kriterien zur Beurteilung „Funktioneller Lebensmittel" nach dem jeweiligen Stand der Wissenschaft zu modifizieren bzw. zu ergänzen sind.

8.2 Abgrenzung von Funktionellen Lebensmitteln gegenüber anderen Lebensmitteln und Produkten

8.2.1 Funktionelle Lebensmittel

Bisher gibt es keine rechtlich verbindliche Definition für FLM. Die SKLM lehnt sich daher an die Definition eines im Rahmen einer EU-Initiative erarbeiteten Consensus Documents der sog. FUFOSE-Arbeitsgruppe an [2]. Danach kann ein Lebensmittel als „funktionell" angesehen werden, wenn es über adäquate ernährungsphysiologische Effekte hinaus einen nachweisbaren positiven Effekt auf eine oder mehrere Zielfunktionen im Körper ausübt, so dass ein verbesserter Gesundheitsstatus oder gesteigertes Wohlbefinden und/oder eine Reduktion von Krankheitsrisiken erzielt wird. Funktionelle Lebensmittel werden ausschließlich in Form von Lebensmitteln angeboten und nicht wie Nahrungsergänzungsmittel in arzneimittelähnlichen Darreichungsformen. Sie sollten integraler Bestandteil der normalen Ernährung sein und ihre Wirkungen bei üblichen Verzehrsmengen entfalten. Ein Funktionelles Lebensmittel kann ein natürliches Lebensmittel sein oder ein Lebensmittel, bei dem ein Bestandteil angereichert bzw. hinzugefügt oder abgereichert bzw. entfernt worden ist. Es kann außerdem ein Lebensmittel sein, in dem die natürliche Struktur einer oder mehrerer Komponenten modifiziert oder deren Bioverfügbarkeit verändert wurde. Ein Funktionelles

Lebensmittel kann für alle oder für definierte Bevölkerungsgruppen funktionell sein (z. B. definiert nach Alter oder genetischer Konstitution).

8.2.2 Nährstoffangereicherte Lebensmittel

Nährstoffangereicherte Lebensmittel sind laut einer Definition der Codex Alimentarius Kommission Lebensmittel, denen essenzielle Nährstoffe, d. h. Stoffe, für die allgemein akzeptierte Zufuhrempfehlungen vorliegen, in Form einer Anreicherung oder Ergänzung zugesetzt wurden mit dem Ziel, einem Mangel an einem oder mehreren Nährstoffen in der Bevölkerung oder bestimmten Bevölkerungsgruppen vorzubeugen [3]. Eine derartige Modifikation eines Lebensmittels im Rahmen anerkannter, von Fachgesellschaften ausgesprochener Ernährungsempfehlungen bietet jedoch keine funktionelle Wirkung über die „übliche" Ernährung hinaus, die sich entsprechend den nachfolgend beschriebenen Kriterien nachweisen ließe. Aus diesem Grunde kann die einfache Anreicherung mit essenziellen Nährstoffen nicht als funktionelles Prinzip im Sinne der Definition für Funktionelle Lebensmittel (siehe oben) gelten. Ähnliche Überlegungen treffen auch für die Abreicherung zu.

8.2.3 Nahrungsergänzungsmittel

Nahrungsergänzungsmittel sind nach einer Richtlinie des Europäischen Parlaments und des Rats Lebensmittel, die aus Einfach- oder Mehrfachnährstoffkonzentraten bestehen, in dosierter Form in den Verkehr gebracht werden und dazu bestimmt sind, die Zufuhr dieser Nährstoffe im Rahmen der normalen Ernährung zu ergänzen [4]. Der Begriff Nährstoffe umfasst in diesem Entwurf lediglich Vitamine und Mineralstoffe. „In dosierter Form" bedeutet in arzneimittelähnlichen Darreichungsformen wie z. B. Kapseln, Tabletten, Pillen, Ampullen.

8.3   Bewertung der gesundheitlichen Unbedenklichkeit

8.3.1   Allgemeine Anforderungen

FLM müssen für den Verbraucher gesundheitlich unbedenklich sein und sind in dieser Hinsicht einer eingehenden Prüfung und Bewertung zu unterziehen. Ist nach aktuellem Kenntnisstand kein Anhaltspunkt für ein gesundheitliches Risiko erkennbar, können gezielte Untersuchungen zur funktionellen Wirkung am Menschen beginnen.

Die Sicherheitsbewertung sollte den Empfehlungen über neuartige Lebensmittel des Wissenschaftlichen Lebensmittelausschusses (Scientific Committee on Food, SCF) der EU-Kommission folgen [5], unabhängig davon, ob das FLM in den Definitionsbereich der Verordnung (EG) Nr. 258/97 bzw. ihrer Nachfolgeverordnungen über neuartige Lebensmittel und Lebensmittelzutaten fällt oder nicht [1].

Nach diesen Empfehlungen wird das neuartige Lebensmittel unter dem Gesichtspunkt der wesentlichen Gleichwertigkeit bzw. Unterschiedlichkeit beurteilt, d. h. auf der Basis eines Vergleichs mit einem entsprechenden traditionellen Produkt. In der Regel wird sich ein FLM durch die An- oder Abwesenheit bzw. die erhöhte oder verminderte Konzentration bzw. Bioverfügbarkeit eines oder mehrerer funktioneller Bestandteile von einem vergleichbaren Produkt unterscheiden. In diesen Fällen kann sich die Bewertung der gesundheitlichen Unbedenklichkeit auf die funktionell wirksamen Bestandteile konzentrieren. Der Einfluss der Lebensmittelmatrix ist gegebenenfalls zusätzlich zu berücksichtigen. Aufgrund der zu erwartenden Verschiedenartigkeit von FLM bzw. der Produktzusätze ist eine Einzelfallbetrachtung erforderlich.

Art und Umfang der erforderlichen Untersuchungen hängen von den Eigenschaften der funktionellen Bestandteile bzw. des Wirkprinzips sowie der zu erwartenden Exposition der Zielgruppe bzw. potenzieller Risikogruppen ab. Eine systematische Zusammenstellung der gesamten relevanten Vorinformationen zu den Eigenschaften der funktionellen Bestandteile bzw. zu den möglichen nachteiligen Wirkungen ist unerlässlich. Dabei sollten auch Daten aus nicht publizierten bzw. nicht nach anerkannten Kriterien durchgeführten Studien mit berücksichtigt werden, wie es beispielsweise auch für bestimmte diätetische Lebensmittel gefordert wird [6]. Erfahrungen am Menschen, beispielsweise aus langjährigem Verzehr in anderen Kulturkreisen, aus epidemiologischen Studien oder aus anderen Studien am Menschen sind hierbei besonders zu berücksichtigen. Auf der Grundlage von Verzehrsdaten sollte die erwartete Exposition der Bevölkerung sowie der Zielgruppe des FLM unter Einschluss potenzieller Risikogruppen abgeschätzt werden. In diese Abschätzung ist auch der Gesamtverzehr gleichartiger oder auf ähnlichem Wirkprinzip basierender funktioneller Bestandteile mit einzubeziehen.

8.3.2 Einzelsubstanzen, Substanzgemische und Extrakte

Die SKLM empfiehlt, die Prüfanforderungen zur Beurteilung der gesundheitlichen Unbedenklichkeit von funktionellen Bestandteilen an international anerkannten Prüfkriterien für Zusatzstoffe auszurichten, wie sie in einer Stellungnahme des SCF veröffentlicht worden sind:

● Guidance on submissions for food additive evaluations by the Scientific Committee on Food [7]

Im Wesentlichen wird eine hinreichende Charakterisierung der funktionellen Bestandteile gefordert, d. h. die Beschreibung ihrer chemischen Zusammensetzung, der physikalisch-chemischen und der mikrobiologischen Eigenschaften sowie eine Beschreibung ihrer Herkunft, ihrer Isolierung bzw. ihres Herstellungsprozesses. Darüber hinaus sind Spezifikationen, Reinheitskriterien und praktikable Analysenmethoden vorzulegen. Erforderlich sind auch Informationen zur Stabilität im Lebensmittel, zu möglichen Abbau- und Reaktionsprodukten sowie zu möglichen Inter-

aktionen mit Nährstoffen und zur Beeinflussung ihrer Bioverfügbarkeit.

Für eine Sicherheitsbewertung sind die in den SCF-Leitlinien
[7] aufgeführten toxikologischen Eckdaten vorzulegen. Gegebenenfalls können im Einzelfall ergänzende Studien, wie sie ebenfalls in den Leitlinien beschrieben sind, erforderlich werden.

8.3.3 Enzyme

Werden Enzyme bzw. Enzympräparate über eine rein technologische Anwendung hinaus als funktionelle Bestandteile zugesetzt,
empfiehlt die SKLM, die Prüfkriterien zur Bewertung der Unbedenklichkeit im Rahmen einer Einzelfallbetrachtung an den nachfolgend aufgeführten Leitlinien auszurichten:

- Leitlinien des SCF zur Vorlage von Daten über Enzyme für
  Lebensmittel [8]
- Empfehlungen der SKLM zur Bewertung von Starterkulturen
  und Enzymen für die Lebensmitteltechnik [9]
- Empfehlungen der SKLM zur Beurteilung von neuen Proteinen, die durch gentechnisch modifizierte Pflanzen in Lebensmittel gelangen können [10]

Nach der SCF-Leitlinie [8] sind Informationen zu Herkunft und
Herstellungsverfahren, zur katalytischen Aktivität und zur Stabilität im Produkt sowie zum Verwendungszweck des Produkts erforderlich. Für eine Sicherheitsbewertung sind die in den SCF-Leitlinien für Enzyme unterschiedlicher Herkunft jeweils genannten
toxikologischen Eckdaten vorzulegen.

Da die katalytische Funktion des Enzyms sowohl Veränderungen im Lebensmittel herbeiführen als auch nach der Aufnahme in den Verdauungstrakt auf Verdauungsprozesse und die
Bioverfügbarkeit der Nährstoffe wirken kann, ist auch dies zu
prüfen.

Nach den Empfehlungen der SKLM [10] ist die gesundheitliche Unbedenklichkeit in Form einer Einzelfallbetrachtung
durch eine Kombination verschiedener Untersuchungen zu bele-

gen. Dazu können auch Homologievergleiche zu bekannten toxischen Proteinen und Allergenen dienen. Notwendig sind weiterhin Informationen zur Abbaubarkeit des Proteins im Gastrointestinaltrakt.

8.3.4 Mikroorganismenkulturen

Sofern die Wirkung eines FLM auf der Anwesenheit von Mikroorganismenkulturen beruht, empfiehlt die SKLM die Prüfkriterien zur Bewertung der gesundheitlichen Unbedenklichkeit an den folgenden Empfehlungen und Leitlinien auszurichten:

- Empfehlung der SKLM zu Starterkulturen und Enzymen für die Lebensmitteltechnik [9]
- BgVV-Empfehlung zu Probiotischen Mikroorganismenkulturen in Lebensmitteln [11]
- FAO/WHO-Leitlinie zur Beurteilung von Probiotika in Lebensmitteln [12]

Bevorzugt sind Stämme solcher Spezies zu verwenden, die sich während ihres langfristigen Einsatzes in der Lebensmittelproduktion, beim Verzehr durch den Menschen oder als Kommensale im menschlichen Intestinaltrakt als sicher erwiesen haben. Erforderlich sind die Charakterisierung der taxonomischen Position sowie Informationen zur möglichen Infektiosität, zur Virulenz sowie zur Persistenz.

In-vitro-Tests zur Sicherheitsprüfung sind in der FAO/WHO-Leitlinie genannt [12]. Zum Ausmaß der Anforderungen an den Beleg der Sicherheit von probiotischen Mikroorganismenstämmen wird in der FAO/WHO-Richtlinie darauf hingewiesen, dass historisch Lactobazillen und Bifidobakterien in Lebensmitteln immer als sicher angesehen worden sind und dass ihr Vorkommen als normale Kommensale im menschlichen Intestinaltrakt sowie der nachgewiesenermaßen sichere Einsatz in Lebensmitteln und Nahrungsergänzungsmitteln diese Annahme stützt. Jedoch können theoretisch Nebenwirkungen wie eine systemische Infektion, nachteilige metabolische Aktivitäten, exzessive Immunstimulation bei empfindlichen Individuen und ein möglicher Gentransfer ausgelöst werden, auf die gegebenenfalls zu prüfen ist.

Darüber hinaus können Prüfungen hinsichtlich spezifischer, potenziell nachteiliger Stoffwechselleistungen oder Eigenschaften erforderlich werden. Beispiele sind die Bildung von biogenen Aminen oder Toxinen, die Aktivierung von Prokanzerogenen, die Beeinflussung der Blutgerinnung bzw. eine mögliche hämolytische Aktivität, die Verursachung von allergischen Reaktionen sowie Wirkungen auf das Immunsystem.

8.4 Funktionalität und Auslobung

Ein FLM muss – entsprechend der angestrebten Auslobung – eine oder mehrere Wirkungen aufweisen, die über diejenigen hinausgehen, die durch vergleichbare Produkte und mit vergleichbaren Verzehrsmengen im Rahmen einer ausgewogenen Ernährung erreicht werden.

Der Nachweis der besonderen Wirkung ist Voraussetzung für die angestrebte Auslobung. Die Auslobung stellt die sprachliche Fixierung der produktspezifischen Eigenschaften dar, die über die Eigenschaften eines vergleichbaren Lebensmittels hinausgehen. Sie dient damit als Grundlage für die Festlegung von Art und Umfang der notwendigen Studien.

Für den wissenschaftlichen Nachweis der Funktionalität ist nach Sicherstellung der gesundheitlichen Unbedenklichkeit die Durchführung von prospektiven Studien am Menschen erforderlich. Der Beleg der ausgelobten Wirkung muss am Produkt geführt werden. Für den wissenschaftlichen Nachweis einer Funktionalität muss a priori eine Studienhypothese formuliert sein. Vorläufige Pilotstudien sind oftmals nützlich zur Festlegung des endgültigen Studiendesigns und der Zielparameter, analog zu Forderungen aus Aggett et al. [6].

Art und Umfang der notwendigen Studien am Menschen sind dabei jeweils in Abhängigkeit vom konkreten FLM, seinem funktionellen Prinzip und der angestrebten Auslobung festzulegen. Erwünscht sind mindestens zwei unabhängige Studien, unabdingbar ist mindestens eine Studie am Menschen, möglichst nach Art einer kontrollierten, randomisierten Doppelblindstudie gegen ein nichtfunktionelles vergleichbares Produkt. Die Wahl des Studienkollektivs richtet sich nach der angestrebten Zielgruppe. Darüber hinaus sind übliche Verzehrsmengen zugrunde zu legen und Bedingungen zu wählen, die für die entsprechende Zielgruppe eine charakteristische Ernährungsweise darstellen.

Die Planung der Studie muss so ausgelegt sein, dass das Studienziel mit ausreichender Genauigkeit erreicht werden kann. Insgesamt zeigen solche Studien prinzipielle Parallelen zu Studien, wie sie für die Zulassung von Arzneimitteln erforderlich sind. Zwar können Art und Umfang der Studien bei FLM von denen bei Medikamenten abweichen, doch darf ihre Qualität hinsichtlich Konzeption, Durchführung und Auswertung nicht hinter jener bei der Arzneimittelprüfung zurückstehen. Sie müssen auf der Basis allgemein akzeptierter wissenschaftlicher Kriterien und unter Einhaltung der aktuellen wissenschaftlichen Qualitätsstandards erfolgen. Bei solchen Humanstudien sind GLP- und GCP-Bedingungen [13] zu beachten („good laboratory practice", „good clinical practice"). Die Studien sollten so angelegt sein, dass auch unerwünschte Wirkungen erfasst werden können. Um Art und Ausmaß unerwünschter Wirkungen zuverlässig abschätzen zu können, müssen hinreichend viele Beobachtungen an genügend Probanden vorliegen. Die SKLM empfiehlt, den Nachweis der funktionellen Wirkung probiotischer Lebensmittel an den Kriterien der BgVV-Arbeitsgruppe „Probiotische Mikroorganismenkulturen in Lebensmitteln" [11] auszurichten.

Wesentliche Qualitätskriterien von Humanstudien zum Nachweis der funktionellen Wirkung eines Lebensmittels sind, in Stichworten:

- hypothesengeleitetes Vorgehen
- prospektiver Charakter
- vor Beginn der Studien festgelegte Prüfparameter der Wirkung
- Kontrollgruppen
- Studienplan
- Biometrie
- ausreichende „Power" (Macht der Studie)
- Probandeneinwilligung („informed consent"), Ethikvotum
- Randomisation
- Doppelblindstudie

- Stratifikation nach Einflussfaktoren der Wirkung, z.B. Alter, Geschlecht, Ernährungs- und Gesundheitsstatus oder sonstiger, die gewählten Endpunkte definierender Einflussgrößen.
- Abbruchkriterien
- „Compliance", d.h. Einhaltung von Verzehrsmenge und -häufigkeit sowie Dokumentation der Parameter (Konkordanz)
- begrenzte Ausfallrate in Studienkollektiven
- adäquate biometrische Auswertung
- Monitoring zur Sicherung der Diätenqualität
- Berücksichtigung nachteiliger Wirkungen
- Bericht der Studienergebnisse nach anerkannten Kriterien, „CONSORT-statement" [14]

Fragen, die zur Bewertung von Relevanz und Validität der Ergebnisse im Vordergrund stehen:

- Sind alle relevanten Befunde und Erkenntnisse aus der verfügbaren Literatur und anderen Quellen hinreichend berücksichtigt und nach welchen Kriterien wurden sie zusammengestellt?
- Stehen die Studienergebnisse in direkter Beziehung zur Hypothese?
- Gibt es Belege für die beobachtete Funktionalität – auch aus tierexperimentellen Studien?
- Wenn der Befund die Beeinflussung eines sog. Surrogat Markers betrifft, ist der Bezug des Surrogat Markers zur Hypothese gesichert und validiert?
- Ist die untersuchte Personengruppe repräsentativ für die Zielgruppe des Produkts?
- Liegt eine Bestätigung von Art und Stärke des Effekts durch eine oder mehrere nach anerkannten Kriterien durchgeführte Studie(n) vor?
- Gibt es vergleichbare Studien mit negativen Befunden?
- Wurde das Langzeitverhalten der Prüfparameter unter besonderer Berücksichtigung von Adaptation des Organismus bzw. Reversibilität von Effekten erfasst?

8.5 Beobachtung nach Markteinführung

Das Marktbeobachtungsverfahren muss geeignet sein, Konsumentengruppen und deren tatsächliche Verzehrsmengen zu erfassen. Auf der Grundlage dieser Daten ist ein Vergleich von tatsächlicher und erwarteter Verzehrsmenge sowie der Zielgruppenspezifität des Produkts durchzuführen. Nach der Markteinführung eines FLM kann die Erfassung von funktionellen Wirkungen und gegebenenfalls auftretenden unerwünschten Wirkungen sinnvoll sein ("Post-Launch-Monitoring").

8.6 Schlussbemerkung

Die SKLM hat diese Kriterien zur Bewertung der gesundheitlichen Unbedenklichkeit Funktioneller Lebensmittel sowie zum wissenschaftlichen Nachweis ihrer funktionellen Wirkung auf dem Erkenntnisstand des Jahres 2002 zusammengestellt. Die SKLM ist sich bewusst, dass diese Stellungnahme einer ständigen Aktualisierung nach dem jeweiligen Stand der Wissenschaft bedarf.

Literatur

1. Verordnung (EG) Nr. 258/97 des europäischen Parlaments und des Rates vom 27. Januar 1997 über neuartige Lebensmittel und neuartige Lebensmittel-zutaten; Amtsblatt Nr. L 043 vom 14/02/1997 S. 1–6.
2. Diplock AT, Aggett PJ, Ashwell M, Bornet F, Fern EB, Roberfroid MB (1999) Scientific Concepts of Functional Foods in Europe: Consensus Document. British Journal of Nutrition **81** Suppl. 1.
3. General Principles for the Addition of Essential Nutrients to Foods. 1987 (amended 1989, 1991). Codex Alimentarius Commission CAC/GL 09-1987
4. Richtlinie 2002/46/EG des Europäischen Parlaments und des Rates vom 10. Juni 2002 zur Angleichung der Rechtsvorschriften der Mitgliedstaaten über Nahrungsergänzungsmittel. Amtsblatt der Europäischen Gemeinschaften 183/51 vom 12.7.2002.

5. 97/618/EG: Empfehlung der Kommission vom 29. Juli 1997 zu den wissen-schaftlichen Aspekten und zur Darbietung der für Anträge auf Genehmigung des Inverkehrbringens neuartiger Lebensmittel und Lebensmittelzutaten erforderlichen Informationen sowie zur Erstellung der Berichte über die Erstprüfung gemäß der Verordnung (EG) Nr. 258/97 des Europäischen Parlaments und des Rates; Amtsblatt Nr. L 253 vom 16/09/1997 S. 1–36.

6. Aggett PJ, Agostini C, Goulet O, Hernell O, Koletzko B, Lafeber HL, Michaelsen KF, Rigo J, Weaver LR (2001) The Nutritional and Safety Assessment of Breast Milk Substitutes and Other Dietary Products for Infants: A Commentary by the ESPGHAN Committee on Nutrition. Journal of Pediatric Gastroenterology and Nutrition **32**, 256–258.

7. Guidance on submissions for food additive evaluations by the Scientific Committee on Food, SCF 12. Juli 2001.

8. Report of the Scientific Committee for Food 27th series, 1992: Guidelines for the presentation of data on food enzymes (Opinion expressed on 11 April 1991).

9. Starterkulturen und Enzyme für die Lebensmitteltechnik. DFG, Deutsche Forschungsgemeinschaft. Wiley-VCH-Verlag, Weinheim 1987; ISBN 3-527-27362-X.

10. Beschluss der SKLM vom 2./3. Juni 1997: Beurteilungskriterien neuer Proteine, die durch gentechnisch modifizierte Pflanzen in Lebensmittel gelangen können. Siehe Beschluss 20.

11. Probiotische Mikroorganismenkulturen in Lebensmitteln, Arbeitsgruppe „Probiotische Mikroorganismenkulturen in Lebensmitteln" am Bundesinstitut für gesundheitlichen Verbraucherschutz und Veterinärmedizin (BgVV), Berlin. Ernährungs-Umschau **47**, 191–195, 2000.

12. Guidelines for the Evaluation of Probiotics in Food. Report of a Joint FAO/WHO Working Group on Drafting Guidelines for the Evaluation of Probiotics in Food. London, Ontario, Canada, April 30 and May 1, 2002.

13. ICH Topic E6; Guideline for Good Clinical Practice. http://www.emea.eu.int/pdfs/human/ich/013595en.pdf

14. Moher D, Schulz KF, Altmann DG (2001) CONSORT GROUP (Consolidated Standards of Reporting Trials). The CONSORT statement: revised recommendations for improving the quality of reports of parallel-group randomized trials. Ann Intern Med **134**, 657–662. http://www.consort-statement.org

9 Hauptschlussfolgerungen und Empfehlungen zum Symposium „Funktionelle Lebensmittel: Sicherheitsaspekte, 2002"

Die Senatskommission zur Beurteilung der gesundheitlichen Unbedenklichkeit von Lebensmitteln (SKLM) der Deutschen Forschungsgemeinschaft (DFG) hat vom 5. bis 7. Mai 2002 unter Beteiligung von Experten aus dem In- und Ausland ein Symposium zu Funktionellen Lebensmitteln abgehalten, bei dem der thematische Schwerpunkt auf den Sicherheitsaspekten lag. Ziel war eine kritische Bestandsaufnahme und Bewertung des gegenwärtigen Erkenntnisstandes. In Wahrnehmung ihres Beratungsauftrages hat die SKLM hierzu folgende Schlussfolgerungen und Empfehlungen erarbeitet:

9.1 Einleitung

Das Interesse an Funktionellen Lebensmitteln und das entsprechende Marktangebot wachsen weltweit. Auch in Europa spielen Funktionelle Lebensmittel eine zunehmende Rolle, wie das Beispiel der Einführung Phytosterolester-angereicherter Brotaufstriche zur Reduktion des Plasmacholesterolspiegels bei entsprechend disponierten Personen zeigt. Funktionelle Lebensmittel sollen gegenüber herkömmlichen Lebensmitteln über den Ernährungszweck hinausgehende, gesundheitsförderliche bzw. das Erkrankungsrisiko vermindernde Wirkungen aufweisen. Das Ziel einer günstigen Beeinflussung bestimmter Körper- und Organfunktionen, aber auch spezifischer Erkrankungsrisiken, stellt hohe Anforderungen, sowohl an den wissenschaftlichen Nachweis solcher in Form von sog. „Health Claims" ausgelobten Effekte, als auch an eine wissenschaftlich fundierte Bewertung. Darüber hinaus gilt für Funktionelle Lebensmittel als Grundvoraussetzung,

DFG, Deutsche Forschungsgemeinschaft
Copyright © 2005 WILEY-VCH Verlag GmbH & Co. KGaA, Weinheim
ISBN: 3-527-27519-3

dass sie ebenso wie alle anderen Lebensmittel im Rahmen des empfohlenen bzw. abzusehenden Verzehrs gesundheitlich unbedenklich sein müssen. Wie dieses generell akzeptierte Grunderfordernis im Einzelnen aber zu sichern bzw. plausibel zu verifizieren ist, ist bisher nicht angemessen diskutiert und einheitlich geregelt. Für diese Diskussion bedarf es klarer Definitionen, z. B. auch hinsichtlich einer Unterscheidung zwischen Funktionellen Lebensmitteln und Nahrungsergänzungsmitteln.

Im asiatischen Raum ist die Nutzung von Nahrungsmitteln bzw. ihrer Bestandteile zur Beeinflussung des gesundheitlichen Wohlbefindens von Alters her in der sog. traditionellen Medizin verankert. Erste systematische und marktorientierte Ansätze zur Entwicklung von Lebensmitteln mit gesundheitsförderndem Effekt stammen aus Japan. Standardisierung und Sicherheit solcher Lebensmittel mit festgelegtem Nutzen für die Gesundheit, den sog. FOSHU („Food for Specified Health Uses"), werden seit 1991 per Gesetz geregelt. Jedes Produkt durchläuft ein individuelles Genehmigungsverfahren, bei dem wissenschaftliche Daten zu Funktionalität, Sicherheit und der abgeschätzten täglichen Aufnahme vorzulegen sind. Die FOSHU Regelung erfasst nur Lebensmittel, die im Rahmen der üblichen Ernährung verzehrt werden, jedoch keine Nahrungsergänzungsmittel. Weitergehende Informationen finden sich im Beitrag „Functional Food Research and Regulation in Japan" von Dr. Watanabe [1].

In den USA sind Funktionelle Lebensmittel im Gegensatz zu Nahrungsergänzungsmitteln keine eigenständig geregelte Lebensmittelkategorie. Sie werden dort den allgemeinen Lebensmitteln zugerechnet, die bei vorgesehener Verwendung den üblichen Sicherheitsanforderungen („reasonable certainty of no harm") genügen müssen. „Health Claim" und entsprechende Kennzeichnung werden im Rahmen gesetzlicher Regelungen bewertet. Allerdings gelten diese – anders als in Japan – nicht nur für spezielle Produkte (Funktionelle Lebensmittel), sondern beziehen sich auf allgemein anerkannte Eigenschaften von Inhaltsstoffen, die Lebensmitteln zugesetzt werden („generic health claims"). Nahrungsergänzungsmittel sind als „dietary supplements" mit der Verabschiedung des „Dietary Supplement Health and Education Act" von 1994 (DSHEA) gesetzlich geregelt. Im Jahre 2002 hat das Institute of Medicine (IOM) der National Academy of Sciences (NAS) im Auftrag der Food and Drug Administration

(FDA) Verfahren und Vorgehensweisen zur systematischen Sicherheitsbewertung von Nahrungsergänzungsmitteln erarbeitet. Ausführlichere Informationen sind im Beitrag „Regulatory Framework for Functionality and Safety: A North American Perspective" von Dr. Schneeman [1] sowie im Internet [2] zu finden.

In Europa beschäftigen sich Expertengremien bisher vor allem mit Anforderungen an den wissenschaftlichen Nachweis für gesundheitsfördernde bzw. das Erkrankungsrisiko vermindernde Wirkungen. Ein erstes Konsenspapier eines Expertengremiums, FUFOSE („Functional Food Science in Europe"), das sich mit der wissenschaftlichen Basis für die Entwicklung von Funktionellen Lebensmitteln und mit den verschiedenen darauf bezogenen Health Claims beschäftigt, wurde 1999 veröffentlicht [3]. Auf diesem Konzept aufbauend hat die Diskussion zu den wissenschaftlichen Anforderungen an solche Health Claims in verschiedenen Gremien, u. a. des Europarats und der EU-Kommission (PASSCLAIM, „A Process for the Assessment of Scientific Support for Claims on Foods"), begonnen und entsprechende Kriterien werden derzeit entwickelt. Seit Mitte 2002 besteht eine EU-Richtlinie zur einheitlichen Regelung des Zusatzes von Vitaminen und Mineralstoffen zu Nahrungsergänzungsmitteln [4]. Als erster Schritt wurden in dieser Richtlinie für Vitamine und Mineralstoffe Positivlisten erstellt, Kennzeichnungsregeln erlassen sowie die Vorgehensweise für die Festsetzung von Höchst- und gegebenenfalls Mindestmengen definiert.

Die SKLM hielt eine gründliche wissenschaftliche Diskussion auch von potenziellen Risiken Funktioneller Lebensmittel für notwendig und hat aus diesem Grund den Schwerpunkt des Symposiums auf die Sicherheitsaspekte gelegt. Als Resultat ihrer eigenen gründlichen wissenschaftlichen Beratungen und unter Berücksichtigung der Ergebnisse des Symposiums hat die SKLM darüber hinaus eine Stellungnahme „Kriterien zur Beurteilung Funktioneller Lebensmittel" erarbeitet (siehe Kapitel 8) die Sicherheitsaspekte in den Vordergrund stellt.

9.2 Allgemeine Aspekte der Sicherheitsbewertung

Lebensmittel sind meist komplexe Mischungen von Makro- und Mikrobestandteilen, deren Unbedenklichkeit und Nährwert gemeinhin außer Frage stehen. Die Vorgehensweise zur Sicherstellung der gesundheitlichen Unbedenklichkeit von Lebensmitteln ist von dieser Grundvoraussetzung geleitet und konzentriert sich deshalb klassischerweise auf die Bewertung von Zusatzstoffen, Hilfsmitteln für die Verarbeitung, Kontaminanten und anderen Begleitstoffen sowie auf Herstellungs- bzw. Verarbeitungsverfahren [5]. Neuere Regelungen betreffen neuartige Lebensmittel, unabhängig davon, ob sie gesundheitliche Wirkungen beanspruchen oder nicht. Marktentwicklungen mit dem Ziel, Lebensmittel neuartig zusammenzusetzen bzw. Lebensmitteln Stoffe mit ernährungsphysiologischer bzw. gesundheitsförderlicher Zweckbestimmung zuzusetzen, werfen neue Fragen, insbesondere nach der Sicherheitsbewertung dieser Stoffe bzw. Lebensmittel, auf.

Rein ernährungswissenschaftliche Beurteilungen solcher Lebensmittel oder Kostformen können in der Regel nicht als Grundlage für die Bewertung der gesundheitlichen Unbedenklichkeit dienen. Für Funktionelle Lebensmittel ist daher eine Sicherheitsbewertung nach generell akzeptierter Vorgehensweise erforderlich. Die einzelnen Schritte der Sicherheitsbewertung sind allerdings den speziellen Anforderungen an die Bewertung Funktioneller Lebensmittel anzupassen. Basis ist zunächst die Problemdefinition und die Sammlung von Vorwissen unter Einbezug der Erfahrungen aus dem Verzehr in anderen Kulturkreisen. Darauf aufbauend erfolgt die Ermittlung sicherheitsrelevanter Daten, die Expositionsabschätzung und die Risikocharakterisierung als Grundlage für die Sicherheitsbewertung.

Auch bei Funktionellen Lebensmitteln, die nur für spezielle Zielgruppen bestimmt sind, ist die gesundheitliche Unbedenklichkeit für alle Gruppen zu sichern, die als potenzielle Konsumenten in Frage kommen, insbesondere für Risikogruppen wie z. B. Kleinkinder, Schwangere und stillende Mütter sowie ältere und chronisch kranke Menschen. Prospektive Abschätzungen verbrauchergruppenspezifischer Expositionen können dabei beispielsweise anhand zuverlässiger Markt- und Verzehrsanalysen bereits im Handel befindlicher Vergleichsprodukte vorgenommen werden, wobei besonderes Augenmerk auf den Gesamtverzehr funktioneller Bestandteile aus verschiedenen wirkungsähnlichen Produkten zu richten ist.

Nach Inverkehrbringen eines Funktionellen Lebensmittels ist dessen Verzehr auf geeignete Weise zu überprüfen („Post-Launch-Monitoring"). Dieses sollte ermöglichen, vorhergesagte Exposition und Zielgruppenspezifität zu verifizieren sowie u. U. eintretende Veränderungen von Ernährungsgewohnheiten frühzeitig zu erkennen. Das Post-Launch-Monitoring soll nicht dem Wirksamkeitsnachweis dienen. Es ist jedoch wünschenswert, das Post-Launch-Monitoring dazu zu nutzen, funktionelle Eigenschaften zu überprüfen bzw. zu verifizieren und gegebenenfalls sogar eventuell zu beobachtende unerwünschte Begleitwirkungen frühzeitig aufzudecken.

Epidemiologische Studien zur Erfassung von langfristigen Auswirkungen Funktioneller Lebensmittel sollten die vorliegenden Informationen ergänzen. Besonders erwünscht ist die Entwicklung und Validierung geeigneter Biomarker für Wirkung und für Exposition, die eine frühzeitige Erfassung auch minimaler Effekte und eine genauere Darstellung der Exposition ermöglichen.

9.3 Spezielle Aspekte der Sicherheitsbewertung

Funktionelle Inhaltsstoffe können eine Vielzahl biologischer Wirkungen auslösen, die über verschiedene zelluläre Wege vermittelt werden. Zu nennen sind beispielsweise die Beeinflussung von zellulären Signalketten, von Enzymen des Fremdstoffmetabolismus oder von Proteinen des transmembranären Transports, darüber hinaus die Beeinflussung der Integrität des Erbmaterials bzw. der Aktivität DNA-prozessierender Enzyme, des Immunsystems sowie der Homöostase zwischen pro- und antioxidativen Wirkungen. Ebenso kann die Beeinflussung der hormonellen Homöostase, z. B. von Biosynthese, Stoffwechsel und Ausscheidung von Hormonen sowie die Interaktion mit Transport- bzw. Rezeptorproteinen von Bedeutung sein. Potenzielle Interaktionen mit Resorption, Verteilung, Stoffwechsel und Ausscheidung von Nährstoffen sowie Arzneimitteln sind zu berücksichtigen. Werden einem Produkt mehrere funktionelle Inhaltsstoffe zugesetzt, sind potenzielle Wechselwirkungen zwischen den einzelnen Komponenten zu untersuchen.

In der Regel sind solche biologischen Wirkungen dosis- bzw. konzentrationsabhängig und werden somit in erster Linie von der jeweiligen Aufnahmemenge und der Bioverfügbarkeit der Stoffe bestimmt. Ob sich eine Beeinflussung der genannten zellulären Angriffspunkte negativ oder positiv auf die Gesundheit auswirkt, ist nicht immer klar zu beantworten, denn die Balance zwischen den einzelnen Wirkungen unterliegt *in vivo* komplexen Regelsystemen. Auch können sich bei manchen Stoffen nichtlineare Dosis-Wirkungsbeziehungen ergeben oder sogar Wirkqualitäten umkehren, z. B. von antioxidativen zu prooxidativen Wirkungen. Die Vielfalt an biologischen Angriffspunkten mit gesundheitlich relevanten Auswirkungen erfordert eine dosisbezogene wirkmechanistische Analyse, um eine zuverlässige Datenbasis für die Sicherheitsbewertung zu erarbeiten.

Neben der Aufnahmemenge bestimmen im wesentlichen Absorption, Verteilung, Metabolismus und Ausscheidung die Bioverfügbarkeit eines Stoffs und damit die Konzentration am Wirkort bzw. die resultierende Wirkqualität. Zusätzlich zu berücksichtigende individuelle Einflussgrößen sind genetische bzw. funktionelle Polymorphismen, aber auch Alter, Geschlecht und Ernährungsstatus. Darüber hinaus sind auch weitere, vom Individuum unabhängige Einflussgrößen wie beispielsweise die Matrix des Lebensmittels, die Interaktion mit anderen Lebensmittelinhaltsstoffen sowie mit bestimmten Arzneimitteln zu untersuchen.

Detaillierte Ausführungen zur Vielfalt der biologischen Wirkungen sowie zu Kinetik und Bioverfügbarkeit funktioneller Lebensmittelinhaltsstoffe sind in einer exemplarischen Stellungnahme der SKLM „Aspekte potenziell nachteiliger Wirkungen von Polyphenolen/Flavonoiden zur Verwendung in isolierter oder angereicherter Form (siehe Beschluss/Kapitel 19) beschrieben.

Bei Funktionellen Lebensmitteln deren funktionelle Bestandteile Einzelsubstanzen, Substanzgemische und Extrakte darstellen, sind anerkannte toxikologische Untersuchungs- und Bewertungsmethoden wie sie beispielsweise für Zusatzstoffe in Lebensmitteln beschrieben sind, anzuwenden [5]. Die Vorgehensweise im Einzelnen ist im „Kriterien zur Beurteilung Funktioneller Lebensmittel"(siehe Kapitel 8) genauer erläutert.

Bei Funktionellen Lebensmitteln mit präbiotischen, d. h. mit mehr oder weniger unverdaulichen Stoffen, die das Wachstum bestimmter Bakteriengruppen in der Mikroflora des Darms fördern sollen, ist die Vorhersage von selektiven Effekten auf eine einzelne, definierte Gruppe von Mikroorganismen in der Regel nicht möglich.

Funktionelle Lebensmittel mit probiotischen Mikroorganismen, die die Balance der Darmflora erhalten und verbessern sollen, befinden sich bereits seit einigen Jahren auf dem Markt. Da es beim Verzehr solcher Lebensmittel zur Aufnahme von lebenden Bakterien kommt, ist die Absicherung der Unbedenklichkeit dieser Mikroorganismen von essenzieller Bedeutung. Die Auswirkungen einer Aufnahme von probiotischen Bakterien hängen sowohl vom Wirtsorganismus als auch vom Bakterium ab, insofern kann es grundsätzlich kein Null-Risiko für den jeweiligen Wirtsorganismus geben. Insgesamt aber ist das Gesundheitsrisiko durch probiotische Mikroorganismen aufgrund von Langzeiterfahrungen am Menschen als vergleichsweise gering einzustufen. Richtlinien zur Bewertung von Mikroorganismenkulturen zur Verwendung als oder in sog. probiotischen Lebensmitteln sind von einer „Joint FAO/WHO Working Group" herausgegeben worden. In diesen wird darauf hingewiesen, dass historisch Lactobazillen und Bifidobakterien in Lebensmitteln immer als sicher angesehen worden sind [6].

9.4 Erkenntnislücken und Empfehlungen zum Forschungsbedarf für die Sicherheitsbewertung

Die wissenschaftliche Diskussion im Rahmen des Symposiums hat eine Reihe von Erkenntnislücken und den sich hieraus ergebenden Forschungsbedarf aufgezeigt, der im Folgenden näher erläutert werden soll.

9.4.1 Expositionsermittlung

Forschungsbedarf wird hinsichtlich der Entwicklung neuer, zuverlässiger und geeigneter Marktbeobachtungsverfahren gesehen, die es ermöglichen sollen, Verzehrsmengen von Produkten sowie von Produktgruppen mit ähnlicher Wirkung durch bestimmte Zielgruppen und Risikogruppen zuverlässig zu erfassen. Entwicklung und Evaluierung von „Biomarkern der Exposition", die eine indirekte Erfassung von Verzehrsmengen sowie ein personenbezogenes Monitoring ermöglichen, sind für die Expositionsermittlung von besonderer Bedeutung.

9.4.2 Wirkungsanalyse

Die Kenntnis der dosisabhängigen Wirkungen funktioneller Lebensmittelbestandteile und deren Mechanismen ist neben der zuverlässigen Ermittlung der Exposition die Grundlage der Sicherheitsbewertung. Der Schwerpunkt weiterer Forschungsarbeit sollte auf der Erfassung und dem zuverlässigen Ausschluss potenziell gesundheitlich nachteiliger Wirkungen für den Menschen liegen. Zu berücksichtigen sind dabei auch potenzielle Wechselwirkungen zwischen mehreren funktionellen Inhaltsstoffen oder zwischen funktionellen Inhaltsstoffen und anderen Nahrungsbestandteilen. Wirkmechanistische Untersuchungen können anhand von *in vitro* und von tierexperimentellen Modellen wesentliche Erkenntnisse liefern, die Plausibilität für den Menschen ist dabei aber zu sichern, z. B. durch Vergleich mit geeigneten Humansystemen wie Biopsiematerial [7]. Innovative Ansätze, z. B. solche, die den Einfluss von Stoffen auf spezifische Gruppen von Genen (Nährstoff/Gen-Interaktionen) untersuchen, sowie die Weiterentwicklung von Biomarkern können neue mechanistische Einblicke verschaffen und u. a. das Verständnis für individuelle Empfindlichkeiten vertiefen. Diese neuen Techniken bieten nicht nur die Möglichkeit, die Plausibilität experimenteller Ergebnisse für den Menschen zu zeigen, sondern darüber hinaus auch ein großes Potenzial für die Entwicklung von „Biomarkern der Wirkung" für molekular-epidemiologische Studien.

9.4.3 Stoffkinetik

Stoffspezifische Parameter, wie z. B. Absorptions- und Eliminationsrate, Bioverfügbarkeit, Metabolismus, Gewebespiegel, Bindungsverhalten sowie eine möglicherweise gewebespezifische Akkumulation von Stoffen sind bisher häufig noch unzureichend geklärt.

Weitere Forschung ist erforderlich zur Abklärung der Bedeutung individuell bestimmter Einflussgrößen für Stoffkinetik und Bioverfügbarkeit, beispielsweise genetischer bzw. funktioneller Polymorphismen. Zu berücksichtigen sind aber auch Alter, Geschlecht oder Ernährungs- und hormoneller Status. Ebenso ist die Untersuchung anderer Einflussgrößen, die nicht in erster Linie durch das exponierte Individuum bestimmt werden, erforderlich. Zu nennen sind beispielsweise Einflüsse auf die Bioverfügbarkeit durch die Lebensmittelmatrix oder als Folge einer Therapie mit bestimmten Arzneimitteln, aber auch Interaktionen mit anderen Lebensmittelinhaltsstoffen. Nicht zuletzt ist die Beeinflussung der Stoffkinetik durch die Darmflora und deren Beitrag zum Metabolismus von Belang.

9.4.4 Epidemiologie

Forschungsbedarf besteht hinsichtlich der Entwicklung aussage-kräftiger Verfahren zur Analyse der Wirkungsweise eines Funk-tionellen Lebensmittels beim Menschen. Die Entwicklung, Stan-dardisierung und Validierung von „Biomarkern der Wirkung", die durch funktionelle Inhaltsstoffe induziert bzw. beeinflusst wer-den und die möglichst auch eine zuverlässige Aussage über sicherheitsrelevante Wirkungsmuster zulassen sollten, ist beson-ders vordringlich. Ein weiterer Schwerpunkt der Forschung sollte auf die Identifizierung genetischer oder lebensstilbedingter Prä-dispositionen und entsprechender molekularer Marker (Biomar-ker) gelegt werden, um das frühzeitige Erkennen von Risikogrup-pen zu ermöglichen.

Literatur

1. Eisenbrand G. (Hrsg.): Functional Food: Safety Aspects. Symposium. Deutsche Forschungsgemeinschaft, ISBN 3-527-27765-X, Wiley-VCH, Weinheim 2004.
2. Proposed Framework for Evaluating the Safety of Dietary Supplements – For Comment (2002); http://www.nap.edu/books/NI000760/html/
3. Diplock AT, Aggett PJ, Ashwell M, Bornet F, Fern EB, Roberfroid MB: Scientific Concepts of Functional Foods in Europe: Consensus Docu-ment. *British Journal of Nutrition* **81** Suppl. 1, 1999.
4. Richtlinie 2002/46/EG des Europäischen Parlaments und des Rates vom 10. Juni 2002 zur Angleichung der Rechtsvorschriften der Mitgliedstaa-ten über Nahrungsergänzungsmittel, Amtsblatt Nr. L 183 vom 12/07/2002 S. 0051–0057.
5. Guidance on submissions for food additive evaluations by the Scientific Committee on Food, SCF 12. Juli 2001. http://europa.eu.int/comm/food/fs/sc/scf/out98en.pdf
6. Guidelines for the Evaluation of Probiotics in Food. Report of a Joint FAO/WHO Working Group on Drafting Guidelines for the Evaluation of Probiotics in Food, London, Ontario, Canada, April 30 and May 1, 2002.
7. Eisenbrand G, Pool-Zobel B, Baker V, Balls M, Blaauboer BJ, Boobis A, Carer A, Kevekordes S, Lhuguenot JC, Pieters R, Kleiner J: Methods of *in vitro* toxicology. *Food Chem Toxicol* **40** (2/3) 193–236, 2002.

10 Toxikologische Beurteilung von Furocumarinen in Lebensmitteln

Die DFG-Senatskommission zur Beurteilung der gesundheitlichen Unbedenklichkeit von Lebensmitteln (SKLM) hat sich aufgrund der vermehrten Verwendung von Pastinaken, die phototoxische Furocumarine enthalten können, in Haushalt und Industrieprodukten mit der toxikologischen Bewertung von Furocumarinen in Lebensmitteln beschäftigt und dabei Daten zu Exposition, Stoffwechsel, Kinetik, Toxizität, Kanzerogenität, Reproduktions- und Entwicklungstoxizität sowie dem Einfluss auf den Fremdstoffmetabolismus ausgewertet. Nach Prüfung der zur Verfügung stehenden Daten wurde das Thema am 23./24. September 2004 abschließend diskutiert und folgender Beschluss gefasst:

10.1 Einleitung

Furocumarine sind Verbindungen, bei denen ein Cumarin mit einem Furanring verbunden ist. Je nach Stellung des Furanrings lassen sich Furocumarine vom Psoralen- und vom Angelicintyp unterscheiden (Tab. 10.1). Sie weisen in Kombination mit UVA-Strahlung phototoxische Eigenschaften auf und können dabei cytotoxische und mutagene Wirkungen auslösen [1–3]. Einige Verbindungen wie 5- und 8-Methoxypsoralen (5- und 8-MOP) werden in Kombination mit UVA-Strahlung in der sog. PUVA-Therapie (Psoralen + UVA) zur Behandlung von Hauterkrankungen wie Vitiligo (Pigmentdefekt) und Psoriasis (Schuppenflechte) eingesetzt [3].

Copyright © 2005 WILEY-VCH Verlag GmbH & Co. KGaA, Weinheim
ISBN: 3-527-27519-3

Tab. 10.1: Beispiele für Furocumarine vom Psoralen- und Angelicintyp [3, 4].

Psoralentyp	R_1	R_2
Psoralen (P)	H	H
5-Methoxypsoralen; Bergapten (5-MOP)	OCH_3	H
8-Methoxypsoralen; Xanthotoxin (8-MOP)	H	OCH_3
Isopimpinellin (IP)	OCH_3	OCH_3
Imperatorin (I)	H	$OCH_2-CH=C(CH_3)_2$
Isoimperatorin (I)	$OCH_2-CH=C(CH_3)_2$	H
Heraclenin (H)	$OCH_2CH-C(CH_3)_2$ (Epoxid)	H
Oxypeucedanin (O)	(Epoxidstruktur)	H

Tab. 10.1: (Fortsetzung)

Angelicintyp

	R_1	R_2
Phellopterin (Ph)	OCH_3	$O-CH_2-CH=C(CH_3)_2$
6,7'-Dihydroxy-bergamottin (DHP)	[Struktur]	H
Bergamottin (B)	[Struktur]	H
Angelicin (A)	H	H
Pimpinellin (Pi)	OCH_3	OCH_3
Isobergapten (IB)	H	OCH_3
Sphondin (S)	OCH_3	H

Furocumarine kommen in einer Reihe von Früchten und Gemüsen natürlich vor und finden sich in kalt gepressten Ölen von Zitrusfrüchten. Durch Verwendung dieser Öle können sie in aromatisierte Lebensmittel und kosmetische Mittel gelangen. In jüngerer Zeit werden die Knollen der Furocumarin-haltigen Pastinake wegen ihres würzigen, süßlichen Geschmacks vermehrt zur häuslichen Zubereitung und in Fertigprodukten, insbesondere in Babynahrung verwendet. Dies hat die Senatskommission zur Beurteilung der gesundheitlichen Unbedenklichkeit von Lebensmitteln (SKLM) der Deutschen Forschungsgemeinschaft zum Anlass genommen, Furocumarine hinsichtlich ihrer gesundheitlichen Unbedenklichkeit in Lebensmitteln zu bewerten. In dieser Stellungnahme beschäftigt sich die Senatskommission ausschließlich mit der oralen Aufnahme von Furocumarinen über Lebensmittel. Zunächst wird anhand der verfügbaren Daten ein orientierender Überblick über Furocumaringehalte in Lebensmitteln und die Expositionssituation gegeben. Ausführungen zu Stoffwechsel, Kinetik und Toxikologie der Furocumarine stützen sich vor allem auf Daten zu 5- und 8-MOP, die als Therapeutika eingesetzt werden und daher bereits gut untersucht sind. Ferner werden nach Auswertung der Datenlage eine Risikoabschätzung vorgenommen und Schlussfolgerungen gezogen sowie Forschungsbedarf definiert.

10.2 Vorkommen und Gehalte

10.2.1 Früchte und Gemüse

Furocumarine sind natürliche Inhaltsstoffe einer Vielzahl von Pflanzenarten. Sie finden sich besonders häufig in Doldenblütlern (*Apiaceae, Umbelliferae*) wie *Ammi* (Knorpelmöhre), *Pimpinella* (Bibernelle), *Angelika* (Engelwurz) und Bärenklau (*Heracleum*), in Schmetterlingsblütlern (*Fabaceae*) und Rautengewächsen (*Rutaceae*) [5, 6]. Es handelt sich um sekundäre Pflanzenmetaboliten (Phytoalexine), die insbesondere als Reaktion der

Pflanze auf Schädlingsbefall und andere Stressereignisse gebildet werden.

Auch Früchte und Gemüse, die als Lebensmittel verwendet werden, können Furocumarine enthalten, z. B. Sellerie (*Apium graveolens L.*), Pastinaken (*Pastinaca sativa*), Petersilie (*Petroselinum crispum*), Möhren (*Daucus carota L.*), Orangen (*Citrus sinensis L.*), Zitronen (*Citrus limon*) und Limetten (*Citrus aurantifolia*) [6]. Erhebliche Mengen an Furocumarinen können in vielen Zitrusölen vorkommen, die z. B. aus den Schalen der Bergamotte, Orange, Limette oder Grapefruit kalt gepresst wurden. Einen Überblick über natürliche Furocumaringehalte in Lebensmitteln gibt Tabelle 10.2.

Tab. 10.2: Beispiele für Furocumaringehalte in Lebensmitteln.

Lebensmittel	Furocumarin-gehalt [mg/kg]	Analysierte Furocumarine	Ref.
Sellerie, erntefrisch	bis zu 1,3	P, IP, 5-MOP, 8-MOP	[7]
	1,8	P, 5-MOP, 8-MOP	[8]
Sellerie, im Handel	bis zu 25,2	P, 5-MOP, 8-MOP	[9]
	0,08–0,24	5-MOP	[10]
	0,9–8	P, 5-MOP, 8-MOP	[11]
Sellerie, gezielt mikrobiell infiziert	43,8	P, 5-MOP, 8-MOP	[8]
Selleriesalat	0,3–0,7	P, 5-MOP, 8-MOP	[9]
Selleriesaft	0,9–2,2	P, 5-MOP, 8-MOP	[9]
Pastinaken, erntefrisch	1–2,5	P, A, IP, 5-MOP, 8-MOP	[12]
	3,3	P, A, IP, 5-MOP, 8-MOP	[13]
Pastinaken, im Handel	bis zu 49	P, A, IP, 5-MOP, 8-MOP	[12]
	43 (essbarer Anteil)	P, A, 5-MOP, 8-MOP	[9]
	20–48	P, 5-MOP, 8-MOP	[11]
Pastinaken, mikrobiell infiziert	bis zu 570	P, A, IP, 5-MOP, 8-MOP	[12]
	bis zu 400	P, A, IP, 5-MOP, 8-MOP	[13]
Babynahrung aus dem Glas mit Pastinaken	0,06–0,41	P, A, IP, 5-MOP, 8-MOP	[12]
	0–12,6	P, A, IP, 5-MOP, 8-MOP	[14]
Industriell hergestellte Produkte, z. B. Suppen, Pürree	0,04–8	P, 5-MOP, 8-MOP	[11]

Tab. 10.2: (Fortsetzung)

Lebensmittel	Furocumarin-gehalt [mg/kg]	Analysierte Furocumarine	Ref.
Petersilie (glatte und krause)	11,4–14,6	P, 5-MOP, 8-MOP (A: nn)	[9]
	38	P, 5-MOP, 8-MOP	[11]
Petersilienwurzel	1,3	5-MOP, 8-MOP (P, A: nn)	[9]
Möhren	0,02	5-MOP, 8-MOP	[15]
Sevilla Orangen (Fruchtfleisch)	13	P, 5-MOP, 8-MOP	[11]
Limetten (persische Sorte)			[16]
Rinde	502	P, 5-MOP, 8-MOP, IP, L	
Fruchtfleisch	6	P, 5-MOP, 8-MOP, IP, L	
Limetten (west-indische Sorte)			[16]
Rinde	334	5-MOP, IP, L (P, 8-MOP: nn)	
Fruchtfleisch	5	5-MOP, IP, L (P, 8-MOP: nn)	
Orangenmarmelade (Sevilla Orangen)	2	P, 5-MOP, 8-MOP	[11]
Limonenmarmelade	5	P, 5-MOP, 8-MOP	[11]
Grapefruitsaft	2–10	DHB	[17]
Zitronenöl	33	5-MOP	[18]
Limonenöl	46 700	B, I, II, IP, Ph, O, CAS 69239-53-8, CAS 71612-25-4	[19]
	1700–3300	5-MOP	[20]
Grapefruitöl	120	5-MOP	[18]
Bergamottöl	bis zu 3900	5-MOP	[21]
	3000–3600	5-MOP	[20]

A = Angelicin, B = Bergamottin, DHP= 6′,7′-Dihydroxybergamottin,
I = Imperatorin, II = Isoimperatorin, IP = Isopimpinellin, L = Limettin,
5-MOP = Bergapten, 8-MOP = Xanthotoxin, P = Psoralen,
Ph = Phellopterin, O = Oxypeucedanin Hydrat.

Furocumaringehalte in Früchten und Gemüsen können in Abhängigkeit von den Kultivierungs- und Lagerbedingungen erheblich variieren. Die höchsten Gehalte wiesen gelagerte, bereits mikrobiell infizierte Proben von Sellerie und Pastinake auf.

In frisch geernteten, nicht mikrobiell infizierten **Pastinaken** wurden Furocumaringehalte von unter 2,5 mg/kg Frischgewicht [12] bzw. ca. 3 mg/kg [13] gefunden. Die Lagerung solcher frisch geernteter Knollen über mehrere Wochen bei −18 °C hatte keinen Einfluss auf den Furocumaringehalt. Jedoch führte bereits eine einwöchige Lagerung von ganzen Knollen bei +4 °C zu einer Verzehnfachung des Gesamtgehalts an Furocumarinen auf ca. 30 mg/kg [12].

In mikrobiell infizierten Pastinaken wurden Gehalte von 570 mg/kg [12] bzw. bis zu 2500 mg/kg gefunden [22]. Durchschnittliche Gehalte in Pastinaken des Handels lagen zwischen 20 und 124 mg/kg [9, 11, 12, 22, 23], wobei 8-MOP [23] bzw. 8-MOP und Angelicin als Hauptbestandteile identifiziert wurden [9, 12].

In frisch geernteten **Sellerieknollen** wurden Furocumaringehalte zwischen 1,3 und 1,8 mg/kg gefunden [7, 8]. Ware des Handels wies Furocumaringehalte bis zu 25 mg/kg auf, wozu Isopimpinellin, 5- und 8-MOP in etwa zu gleichen Teilen beitrugen [9]. Gezielte mikrobielle Infektion und anschließende Lagerung über 29 Tage bei 4 °C und einer relativen Luftfeuchte von ca. 75 % führte zu einem starken Anstieg der Furocumaringehalte von etwa 2 auf 44 mg/kg, wobei etwa die Hälfte des Gehalts auf 8-MOP entfiel [8].

Nur geringfügig belastet waren hingegen industriell hergestellte Produkte wie **Selleriesalat und -saft** mit Gehalten bis zu ca. 2 mg/kg [9] oder andere verarbeitete Lebensmittel wie Suppen oder Pürree mit Gehalten von 0,04 bis 8 mg/kg [11]. Industriell hergestellte Fertigbabynahrung aus dem Glas (Deutschland), die Pastinaken als alleinigen Gemüsebestandteil enthielt, wies hingegen in Einzelfällen Gehalte von bis zu 12,6 mg/kg auf. In Produkten mit Pastinaken als weitere Zutat in Mischung mit anderen Gemüsesorten waren Furocumarine nicht nachweisbar [14].

In **Zitrusfrüchten** ist der Hauptanteil an Furocumarinen in der Schale enthalten. Die Gehalte in **Limettenschalen** schwankten in Abhängigkeit von der Sorte zwischen 334 (westindische Sorte) und 502 mg/kg (persische Sorte). Hauptbestandteile waren

5-MOP und Limettin bei der persischen und Limettin bei der westindischen Sorte. Das Fruchtfleisch enthielt bei beiden Sorten mit 5–6 mg/kg wesentlich geringere Furocumarinkonzentrationen, wobei Isopimpinellin den Hauptbeitrag lieferte [16]. Das Fruchtfleisch von **Sevilla Orangen** enthielt ca. 13 mg/kg Furocumarine, **Orangenmarmelade** aus Sevilla Orangen ca. 2 mg/kg und **Limettenmarmelade** ca. 5 mg/kg [11]. In **Grapefruitsaft** wurden ca. 2–10 mg/kg 6',7'-Dihydroxybergamottin nachgewiesen [17].

10.2.2   Aromatisierte Lebensmittel

Aktuelle analytische Daten zu Furocumaringehalten in aromatisierten Lebensmitteln sind bisher in der Literatur nicht vorhanden. Die höchsten Gehalte sind in Produkten zu vermuten, denen Limetten- oder Bergamottöl zugesetzt wurde. Dabei muss unterschieden werden zwischen destillierten und kalt gepressten Ölen. Weltweit werden nach Angaben des Verbands der Aromenindustrie jährlich ca. 1500 t Limettenöl hergestellt. Der größte Teil wird dabei durch Destillation gewonnen, wodurch nach Angaben der Hersteller Furocumarine abgetrennt werden können. Bei einer vergleichenden Untersuchung von kalt gepresstem und destilliertem Limettenöl konnten nur im kalt gepressten, nicht jedoch im destillierten Limettenöl Furocumarine nachgewiesen werden. Destilliertes Limettenöl wird zur Aromatisierung von Getränken mit Cola-Geschmack verwendet. Die Produktion von kalt gepresstem Limettenöl wird auf weltweit jährlich 100 bis 150 t geschätzt. Es weist nach Industrieangaben einen Furocumaringehalt von 3–6 % auf, was mit Literaturangaben übereinstimmt [19]. Der Einsatz in Getränken liegt laut Herstellern bei etwa 50 ppm entsprechend einem Furocumaringehalt von bis zu 3 mg/l. Genauere Angaben zur Verwendung in anderen Produkten sind derzeit nicht erhältlich.

Bergamottöl (mit bis zu 0,4 % 5-MOP [21]) wurde nach älteren Angaben in folgenden Konzentrationen zur Aromatisierung bestimmter Lebensmittel eingesetzt [24]: nichtalkoholische Getränke (9 µg/g), Eiscreme (8 µg/g), Süßwaren (27 µg/g), Backwaren (29 µg/g), Gelatine- und Milchpudding (5–90 µg/g), Kaugummi (43 µg/g) und Zuckerguss (1–130 µg/g). Neuere Daten liegen der Kommission nicht vor.

10.3 Exposition

In Abhängigkeit von der Nahrungszusammenstellung kann die Furocumarinaufnahme erheblichen Schwankungen unterliegen. Eine **maximale Akutexposition** kann insbesondere durch den Verzehr von mikrobiell infizierten Sellerieknollen oder Pastinaken erfolgen. Bei einem Verzehr von 200 g derartiger Pastinaken können unter Zugrundelegung eines Furocumaringehalts von ca. 500 mg/kg Aufnahmemengen von 100 mg pro Person resultieren. Werden hingegen 200 g Pastinaken oder Sellerie des Handels mit durchschnittlichen Furocumaringehalten von ca. 20–50 mg/kg (Tab. 10.2) verzehrt, liegen die geschätzten Aufnahmemengen bei ca. 4 bis 10 mg pro Person. Abschätzungen zur **durchschnittlichen täglichen Furocumarinaufnahme** mit der Nahrung liegen um ca. eine Größenordnung unterhalb dieses Werts. In den USA wurde die durchschnittliche Aufnahme auf 1,3 mg pro Person und Tag geschätzt [6]. Die Abschätzung wurde unter der Annahme vorgenommen, dass Zitrusfrüchte, Zitrussäfte und mit Zitrusölen aromatisierte Lebensmittel jeweils 0,25 % Zitrusöle enthalten. Hauptexpositionsquelle sind nach dieser Abschätzung Limetten, die einschließlich der mit Limettenöl aromatisierten Erfrischungsgetränke zu ca. 97 % der geschätzten täglichen Gesamtaufnahmemenge beitragen.

In Großbritannien wurde die tägliche Furocumarinaufnahme auf maximal 0,02 mg/kg Körpergewicht, d. h. bei Zugrundelegung eines Körpergewichts von 60 kg auf 1,2 mg pro Person geschätzt [25].

Für Deutschland lässt sich auf der vorgestellten Datenbasis eine durchschnittliche tägliche Furocumarinaufnahme über Obst und Gemüse von 0,04 mg pro Person abschätzen. Der Beitrag der aromatisierten Lebensmittel zur Gesamtexposition erscheint noch unklar. Unter der Annahme, dass in aromatisierten Lebensmitteln ausschließlich kalt gepresste Zitrusöle zum Einsatz kommen, liegt die abgeschätzte durchschnittliche Furocumarinaufnahmemenge über aromatisierte Lebensmittel bei ca. 1,41 mg pro Person und Tag. Die abgeschätzte Gesamtexposition liegt somit bei ca. 1,45 mg pro Person und Tag (Tab. 10.3).

Tab. 10.3: Vorschlag einer Expositionsabschätzung.

Die Exposition wurde unter folgenden Annahmen abgeschätzt:

- die mittleren Gehalte an Furocumarinen in Lebensmitteln [µg/g] ergeben sich aus Tab. 10.2
- die mittleren Verzehrsmengen über alle Altergruppen sowie die maximale Verzehrsmenge einer Altersgruppe (95. Percentil), zusammengesetzt aus Frauen und Männern, ergibt sich nach[1]
- Zitrusfrüchte, Zitrussäfte und mit Zitrusölen aromatisierte Lebensmittel enthalten 0,25 % Zitrusöle (angelehnt an [6]).

	Lebensmittel[1]	Mittlerer Verzehr über alle Altersgruppen[1] [g/Tag]	Mittlerer maximaler Verzehr [g/Tag][2]	Mittlerer Gehalt an Furocumarinen (aus Tab. 10.2) [µg/g]	Mittlere/ maximale Furocumarin Aufnahme[3] [µg/Person/Tag]
Nicht aromatisierte Lebensmittel	**Karotten**	7,9	40,8	0,02	**0,2/0,8**
	Sonst. Frischgemüse	9,95	57,75		
	hiervon nach[4]				
	Petersilie	1,31		13	**17**
	Sellerie	0,41		17	**7**
	Pastinaken	0,1		58	**6**
	Tiefgekühltes Gemüse	3,8	33,9		
	hiervon abgeschätzt 20 % Karotten	0,76	6,78	0,02	**0,02/0,1**
	Gemüsekonserven	14,6	63,5		
	hiervon abgeschätzt 20 % Karotten	2,92	12,7	0,02	**0,06/0,3**
	Apfelsinen	13,25	96,0		
	hiervon[6] 0,25 % Orangenöl	0,03	0,24	0,5[5]	**0,02/0,1**

Tab. 10.3: (Fortsetzung)

Lebensmittel[1]	Mittlerer Verzehr über alle Altersgruppen[1] [g/Tag]	Mittlerer maximaler Verzehr [g/Tag][2]	Mittlerer Gehalt an Furocumarinen (aus Tab. 10.2) [µg/g]	Mittlere/ maximale Furocumarin Aufnahme[3] [µg/Person/ Tag]
Sonst. Südfrüchte	7,5	50,4		
hiervon abgeschätzt:				
1 % Limonen mit	0,07	0,5		
0,25 % Limonenöl	0,000175	0,00125	46 700	8/58
30 % Zitronen mit	2,24	15,1		
0,25 % Zitronenöl	0,0056	0,03775	33	0,2/1,3
20 % Grapefruit mit	1,49	10,1		
0,25 % Grapefruitöl	0,003725	0,025	120	0,5/3
Obst-, Gemüsesäfte	80,5	521,5		
hiervon abgeschätzt				
10 % Grapefruitsaft mit	8,05	52,2		
0,25 % Grapefruitöl	0,02	0,13	120	2/16
60 % Orangensaft mit	48,6	312		
0,25 % Orangenöl	0,12	0,78	0,5	**0,06/0,4**
Summe der Furocumarinaufnahme über nicht aromatisierte Lebensmittel [µg/Person/Tag]				**41/110**

[1] Einteilung der Lebensmittel nach Literatur: Standards zur Expositionsabschätzung, Arbeitsgemeinschaft der leitenden Medizinalbeamtinnen und -beamten der Länder, Herausgeber: Behörde für Arbeit, Gesundheit und Soziales, Hamburg (1995), Seite 94–95, 98–99. Bei Erhebung der Daten zur Studie wurde nicht zwischen Vegetariern und Nichtvegetariern unterschieden.

[2] 95. Percentil

[3] Mittlere bzw. maximale Verzehrsmengen aus beiden Geschlechtern gemittelt.

[4] [9]

[5] Annahme in Anlehnung an Berechnungen von [6]

[6] Annahme, dass Zitrusfrüchte je 0,25 % Zitrusöl enthalten, siehe auch [6]

Tab. 10.3: (Fortsetzung)

Lebensmittel[1]	Mittlerer Verzehr über alle Altersgruppen[1] [g/Tag]	Mittlerer maximaler Verzehr [g/Tag][2]	Mittlerer Gehalt an Furocumarinen (aus Tab. 10.2) [µg/g]	Mittlere/ maximale Furocumarin Aufnahme[3] [µg/Person/Tag]
Sonstige Süßwaren (abzüglich Speiseeis, Honig, Schokolade)	2,5	29,05		
hiervon abgeschätzt 0,25 % Zitrusöle mit	0,006	0,07		
1 % Limonenöl	0,0006	0,007	46 700	**28**/330
1 % Bergamottöl	0,0006	0,007	3900	**2**/27
98 % Zitronenöl	0,0058	0,0686	33	**0,2**/2
				Σ **30**/360
Coffein-haltige Erfrischungsgetränke	48,9	490,85		
hiervon abgeschätzt 0,25 % Zitrusöle mit	0,12	1,23		
10 % Limonenöl	0,012	0,123	46 700	**560**/5740
87 % Zitronenöl	0,104	1,07	33	**3**/35
3 % Bergamottöl	0,004	0,04	3900	**16**/156
				Σ **579**/5930
Sonst. Erfrischungsgetränke	60,45	569,9		
hiervon abgeschätzt 0,25 % Zitrusöle mit	0,15	1,42		
10 % Limonenöl	0,015	0,142	46 700	**700**/6631
87 % Zitronenöl	0,13	1,24	33	**4**/41
3 % Bergamottöl	0,005	0,04	3900	**20**/156
				Σ **724**/6830

Aromatisierte Lebensmittel

Tab. 10.3: (Fortsetzung)

Lebensmittel[1]	Mittlerer Verzehr über alle Altersgruppen[1] [g/Tag]	Mittlerer maximaler Verzehr [g/Tag][2]	Mittlerer Gehalt an Furocumarinen (aus Tab. 10.2) [µg/g]	Mittlere/ maximale Furocumarin Aufnahme[3] [µg/Person/ Tag]
Backwaren/ Feingebäck: hiervon abgeschätzt	55,8	183,3		
0,25 % Zitrusöle	0,14	0,46		
1 % Limonenöl	0,0014	0,0046	46 700	**65/215**
1 % Bergamottöl	0,0014	0,0046	3900	**5/15**
98 % Zitronenöl	0,137	0,45	33	**6/18**
				Σ **76/248**

Summe der Furocumarinaufnahme über aromatisierte Lebensmittel [µg/Person/Tag]	1409/13 370

Gesamtsumme der Furocumarinaufnahme über aromatisierte und nichtaromatisierte Lebensmittel [µg/Person/Tag]	1450/13 500

[1] Einteilung der Lebensmittel nach Literatur: Standards zur Expositionsabschätzung, Arbeitsgemeinschaft der leitenden Medizinalbeamtinnen und -beamten der Länder, Herausgeber: Behörde für Arbeit, Gesundheit und Soziales, Hamburg (1995), Seite 94–95, 98–99. Bei Erhebung der Daten zur Studie wurde nicht zwischen Vegetariern und Nichtvegetariern unterschieden.

[2] 95. Percentil

[3] Mittlere bzw. maximale Verzehrsmengen aus beiden Geschlechtern gemittelt.

10.4   Kinetik und Metabolismus

Psoralene werden in Säugern zu einem Großteil in der Leber über Cytochrom-P450-abhängige Monooxygenasen metabolisiert [26]. Bei oraler Gabe werden sie im Gastrointestinaltrakt beinahe restlos resorbiert [27]. Bei Mäusen und beim Menschen wurde innerhalb von 12 h über 90 % der oral verabreichten Dosis an 8-MOP in Form von Metaboliten im Urin gefunden. Hauptwege der Biotransformation sind Epoxidierung, Hydroxylierung, Glucuronidkonjugation und hydrolytische Öffnung des Lactonrings [26–28]. 5-MOP und 8-MOP binden an humane Serumproteine, vor allem an Albumin [29]. Ferner wurde für 5-MOP eine Bindung an Low Density Lipoproteine im Serum gefunden [30]. Der Hauptweg der Ausscheidung verläuft über die Niere, 5–10 % werden über die Fäces ausgeschieden [27].

Für **8-MOP** ist eine metabolische Aktivierung mit anschließender kovalenter Bindung der Metaboliten an mikrosomales Protein gezeigt worden [31]. Als Mechanismus der irreversiblen Bindungsknüpfung wird die Bildung eines Furanepoxids oder einer ungesättigten Dicarbonylverbindung vermutet, die mit Sulfhydryl- oder Aminogruppen von Proteinen reagieren können [32]. Diese Reaktion wird von zwei oder mehr Cytochrom-P450-Isoformen katalysiert [32] und führt möglicherweise über eine sog. „Suizid-Inaktivierung" durch kovalente Bindung zur Hemmung von CYP-450-Isoenzymen [33]. Als weitere Metaboliten von 8-MOP wurden 5,8-Dihydroxypsoralen und seine Konjugate nachgewiesen [34].

An Meerschweinchen wurde für **8-MOP** nach oraler Gabe eine lineare Beziehung zwischen der Konzentration in der Epidermis und im Serum gefunden, für **5-MOP** hingegen eine nichtlineare Beziehung. Bei oraler Gabe äquivalenter Dosen an 5- und 8-MOP war die Konzentration an 5-MOP in Serum und Epidermis niedriger als an 8-MOP, vermutlich aufgrund von unterschiedlicher Resorption und Metabolisierung. Die beobachtete Phototoxizität korrelierte mit der Konzentration in der Epidermis [35].

Bei Hunden wurde **8-MOP** nach i. v. Gabe rasch verteilt und ausgeschieden. Die pharmakokinetischen Parameter variierten erheblich zwischen einzelnen Individuen [36].

An Makaken wurden nach Gabe von 0, 2, 6 und 18 mg **8-MOP**/kg Körpergewicht (3 x wöchentlich) eine nichtlineare

Kinetik sowie ein sättigbarer First-Pass-Effekt festgestellt. In der niedrigsten Dosisgruppe (3 x 2 mg/kg Körpergewicht und Woche) wurden nach 26 Testwochen verminderte Plasmaspiegel beobachtet. Sie waren vergleichbar mit denen beim Menschen nach Gabe von 0,4–0,6 mg/kg Körpergewicht, d. h. therapeutischen Dosen an 8-MOP [37].

Auch beim Menschen wurde ein sättigbarer First-Pass-Effekt beobachtet [38, 39].

An gesunden männlichen Freiwilligen wurde nach oraler Gabe von 40 mg **8-MOP** [38] das Maximum der Plasmakonzentration (ca. 550 ng/ml) nach ca. 1 h erreicht. Nach 6 h wurden ca. 50 ng/ml gemessen. In einer anderen Studie lagen die Furocumarinplasmaspiegel 2 bis 4 h nach Verzehr von 300 g Sellerie (28,2 µg Furocumarine/g) entsprechend einer Dosis von ca. 8,4 mg/Person unterhalb der Nachweisgrenze von 2 ng/ml. Es traten nach UVA-Bestrahlung keine phototoxischen Hautreaktionen auf [40].

Die Daten zur oralen Resorption beim Menschen deuten darauf hin, dass Bioverfügbarkeit und Kinetik individuell stark variieren können und nicht vorhersehbar sind. Nach Gabe therapeutischer Dosen an **8-MOP** wiesen sämtliche untersuchten Personen eine jeweils voneinander abweichende Kinetik auf [41].

Die Pharmakokinetik von **8-MOP** nach i. v. Gabe ist charakterisiert durch eine schnelle Abnahme des Plasma- und Blutspiegels nach Beendigung der Infusion, durch ein großes Verteilungsvolumen und eine rasche Elimination [42].

10.5 Toxizität

10.5.1 Mechanismen

Furocumarine weisen in Verbindung mit UVA-Bestrahlung (320–380 nm) phototoxische Eigenschaften auf. Die ablaufenden photochemischen Reaktionen können folgendermaßen zusammengefasst werden:

Furocumarine können zwischen Basenpaare der DNA interkalieren und einen nichtkovalenten Psoralen-DNA-Komplex bilden. UVA-Bestrahlung führt sowohl bei angularen Furocumarinen wie Angelicin als auch bei linearen Furocumarinen wie Psoralen oder 8-MOP zur Bildung von kovalenten Photoaddukten aus diesen Komplexen. So können Cyclobutanmonoaddukte mit Pyrimidinbasen (z. B. 5,6-Position des Thymins) unter Öffnung der 3,4- bzw. 4',5'-Doppelbindung des Psoralens (Tab. 10.1) entstehen. Einige der 4',5'-Monoaddukte linearer Psoralene können unter UVA-Bestrahlung in einem weiteren Additionsschritt DNA-Quervernetzungen bilden. 4',5'-Monoaddukte angularer Verbindungen können hingegen aufgrund der angularen Struktur keine weiteren Photoreaktionen eingehen und verursachen aus diesem Grund vermutlich keine DNA-Quervernetzungen [43–46].

Des Weiteren kann es durch UVA-Bestrahlung zur Generierung von Singulettsauerstoff aus den freien bzw. komplexierten Furocumarinen sowie aus den 4',5'-Monoaddukten kommen [45, 47]. Mögliche direkte Angriffspunkte des Singulettsauerstoffs sind Membranlipide und Enzyme. Bei der Reaktion von Singulettsauerstoff mit den Ausgangsverbindungen, z. B. 8-MOP, entstehen langlebige reaktive Produkte, die kovalent an Proteine und DNA binden und die Lipidperoxidation starten können [45, 48]. Beobachtet wurden ferner eine Schädigung der Lysosomen [49] sowie die Bildung neuer Antigene durch kovalente Modifikation von Proteinen [50].

10.5.2   Toxizität am Tier

Akute Toxizität. Zur akuten Toxizität der Furocumarine ohne Einwirkung von UV-Licht liegen divergierende Daten vor. Für **8-MOP** wurden an Nagern (Maus, Ratte) LD_{50}-Werte von 200–4000 mg/kg Körpergewicht in Abhängigkeit von der Formulierung und Art der Gabe [51, 52] und beim Meerschweinchen von 505 mg/kg Körpergewicht nach oraler Gabe gefunden [52]. Für **5-MOP** wurden orale LD_{50}-Werte bei Mäusen mit 8100 mg/kg Körpergewicht, bei Ratten mit > 30000 mg/kg Körpergewicht und bei Hartley-Meerschweinchen mit 9000 mg/kg Körpergewicht ermittelt [52]. **Imperatorin** zeigte in männlichen Mäusen eine LD_{50} (i. p.) von 373 mg/kg Körpergewicht [53]. **Angelicin**, isoliert aus *Selinum vaginatum*, einer im Himalaya vorkommenden Pflanze aus der Familie der Doldenblütler, zeigte in Ratten, Mäusen und Kaninchen bei oraler oder i. p. Gabe sedierende, antikonvulsive und muskelrelaxierende Wirkungen. An Ratten lag die LD_{50} bei 321 mg/kg (oral) bzw. 165 mg/kg (i. p.) [54].

Nach oraler Gabe von 100 bzw. 400 mg **5-MOP**/kg Körpergewicht über 8 Tage an Hunde wurden u. a. Anzeichen von Verhaltensstörungen, bullöse Dermatitis, beidseitige Keratitis sowie verminderte Nahrungsaufnahme festgestellt [52][*].

Subchronische Toxizität. Dosen von täglich jeweils 0, 25, 50, 100, 200 und 400 mg **8-MOP**/kg Körpergewicht wurden unter Ausschluss von UV-Licht an 10 männliche und 10 weibliche Fischer-344-Ratten appliziert (orale Gabe, Schlundsonde, über 90 Tage, 5 x pro Woche). In allen Dosisgruppen wurde eine dosisabhängige und signifikante Erhöhung der Lebergewichte im Verhältnis zum Körpergewicht beobachtet. Dosen von 200 und 400 mg/kg Körpergewicht führten zu einer erhöhten Sterblichkeitsrate, vermindertem Körpergewicht, einer Lipidanreicherung der Leber und der Nebennieren sowie zu einer Atrophie der Prostata, Samenbläschen und Tubuli semeniferi des Hodens [55, 56].

Neben diesen Daten liegen zur subchronischen Toxizität weitere Studien von [52] vor, die als inadäquat angesehen werden:

Nach oraler Gabe von 60 mg **5-MOP**/kg Körpergewicht über 28 Tage an Hunde (Beagle) wurden verminderte Nahrungsaufnahme und Gewichtszunahme sowie das Auftreten von Polycythämie und erhöhten Bilirubinspiegeln im Blut, 24 h nach der letzten Dosis, festgestellt [52][*].

Nach 13-wöchiger oraler Gabe von 3, 12 und 48 mg **5-MOP**/kg Körpergewicht (7 x pro Woche) bzw. 26-wöchiger oraler Gabe von 12 und 48 mg 5-MOP/kg Körpergewicht (4 x pro Woche) an Hunde wurden bei beiden Versuchsansätzen erhöhte Lebergewichte, Störungen der biliären Funktion sowie Lebernekrosen und -entzündungen gefunden [52][*].

---

[*] IARC, 1986, vermerkt inadäquaten Datenreport.

Bei Wistar-AF-Ratten, die über ein Jahr Dosen von 70, 280 und 560 mg/kg Körpergewicht **5-MOP** oral erhalten hatten, zeigten sich bei der höchsten Dosis geringfügige Veränderungen wie erhöhte Wasseraufnahme, verminderte Gewichtszunahme, reduzierte Blutharnstoffspiegel und erhöhte Lebergewichte [52]*⁾. Schilddrüsenunterfunktion trat frühzeitig auf und blieb bestehen. Bei fast einem Drittel der männlichen Tiere traten epidermoide Zysten der Schilddrüse in allen Dosisgruppen auf (Anzahl der Kontrolltiere nicht angegeben). Bei weiblichen Tieren zeigte sich dosisabhängig eine Bindegewebsproliferation im Bereich der Nebennieren.

Eine Studie an männlichen und weiblichen Makaken mit oraler Gabe von 0, 2, 6 oder 18 mg/kg Körpergewicht **8-MOP** (3 x wöchentlich über 26 Wochen) führte zu gastrointestinaler Toxizität gekennzeichnet durch dosisabhängiges Erbrechen ab 3 x 6 mg/kg Körpergewicht pro Woche [37].

Kanzerogenität. In Untersuchungen zur kanzerogenen Wirkung an verschiedenen Mäusestämmen wurden **5-MOP**, **8-MOP** und Psoralen topisch zusammen mit UVA- oder einer das Sonnenlicht simulierenden Bestrahlung auf die Haut appliziert. Es traten Papillome und Plattenepithelkarzinome auf [57–59].

In einer Kanzerogenitätsstudie an Ratten wurde in Abwesenheit von UVA-Licht nach oraler Gabe von 0, 37,5 oder 75 mg/kg **8-MOP** an 5 Tagen der Woche über 103 Wochen eine kanzerogene Wirkung bei männlichen Tieren festgestellt. Die Inzidenzen für tubuläre Zellhyperplasie, Adenome und Adenokarzinome der Niere und für Karzinome der Zymbaldrüse waren in Abhängigkeit von der Dosis erhöht. Bei weiblichen Tieren zeigte sich hingegen auch bei der höchsten Dosis keine Evidenz für eine kanzerogene Aktivität [56].

Reproduktions- und Entwicklungstoxizität. Eine Studie, in der Gruppen von 26 trächtigen Sprague-Dawley-Ratten oral mit 0, 70 oder 560 mg/kg Körpergewicht **5-MOP** an den Tagen 6–15 der Tragzeit behandelt wurden, stellte bei 560 mg/kg Körpergewicht zwar maternale Toxizität (vermindertes Körpergewicht), aber keine signifikante Zunahme an Anomalien bei den überlebenden Nachkommen fest. Die Anzahl an Einnistungen in die

Gebärmutter und die Fötal- bzw. Plazentagewichte waren reduziert [52].

Gruppen von 15 trächtigen Kaninchen erhielten oral 0, 70 oder 560 mg/kg Körpergewicht **5-MOP** an den Tagen 7–18 der Tragzeit. Bei 560 mg/kg Körpergewicht trat maternale Toxizität (vermindertes Körpergewicht) auf [52]. Der Befund einer dosisabhängigen Zunahme an Anomalien wurde von der IARC [60] als nicht adäquat eingestuft, da wesentliche Angaben über Art und Umfang der Anomalien fehlen.

Eine dosisabhängige Verminderung der Geburtenrate an weiblichen Ratten sowie eine verminderte Gewichtszunahme an weiblichen und männlichen Ratten zeigte sich in Anwesenheit von UVA-Licht nach Gabe von 0, 250, 1250 und 2500 ppm **5-MOP** **bzw. 8-MOP** über das Futter von Tag 21 bis zur Geburt (weibliche Tiere) bzw. Tag 21 bis 61 (männliche Tiere). Das Geburtsgewicht der Nachkommen und der Zeitpunkt der Geburt waren unverändert [61, 62]. Bei weiblichen Ratten führten 1250 und 2500 ppm 5-MOP bzw. 8-MOP (entsprechend einer Dosis von 100 und 200 mg/kg Körpergewicht) bei Gabe über das Futter von Tag 21 über ca. 39–49 Tage bis zur erwarteten Niederkunft zu einer Abnahme der Nachkommenzahl. Ferner kam es zu einer Abnahme der Uterusgewichte und des Estradiols im Serum. Während der Behandlung wurden die Tiere täglich für 45 min mit UVA-Licht bestrahlt [63].

Bei männlichen Ratten hatte 79-tägige orale Gabe von **5-MOP** **bzw. 8-MOP** (0, 75 und 150 mg/kg Körpergewicht) ohne UVA-Bestrahlung eine Abnahme der Hypophysengewichte und der Spermienzahl sowie eine Zunahme der relativen Hodengewichte und des Serumtestosterons zur Folge. Beim Verpaaren der Tiere war die Häufigkeit von Trächtigkeiten vermindert [64].

10.5.3 Genotoxizität/Mutagenität

Furocumarine sind ohne UV-Lichteinwirkung nur schwach mutagen, in Verbindung mit UVA-Strahlung zeigen 5- und 8-MOP in verschiedenen Testsystemen jedoch genotoxische und mutagene Eigenschaften (Zusammenfassung bei [60, 65].

In *in-vitro*-Assays *mit isolierter DNA* bilden **5-MOP** und **8-MOP** im Dunkeln nichtkovalente Komplexe [66–68] und binden kovalent unter Lichteinfluss [43, 69, 70]. Unter Photoinduktion kommt es zum Auftreten von „Interstrand Cross Links" [67].

In Mikroorganismen ist **8-MOP** in Abwesenheit von UV-Licht und ohne Zusatz von S9-Mix ein schwaches Frameshift-Mutagen [71–73] und zeigt in Anwesenheit von S9-Mix mutagene Eigenschaften [56]. **5-MOP** zeigt ebenfalls mutagene Eigenschaften im Dunkeln [1]. Für **Heraclenin** und **Imperatorin** wird in einigen Testsystemen über mutagene Wirkungen in der Dunkelheit berichtet [23], andere zeigen hingegen keine Mutagenität [74]. Unter Lichteinfluss binden 5-MOP und 8-MOP kovalent an DNA in Bakterien und Hefen [75] und wirken gentoxisch/mutagen [1, 76, 77]. Ebenfalls gentoxisch/mutagen wirken Heraclenin und Imperatorin [74].

In Säugerzellen induziert **8-MOP** in Abwesenheit von UV-Licht Mutationen [78] sowie Schwesterchromatidaustausch und Chromosomenaberrationen [56], **Heraclenin** führt zu Chromosomenschäden [79]. Heraclenin und **Imperatorin** zeigen im Dunkeln klastogenes Potenzial [79]. Unter Lichteinfluss binden **5-MOP** und **8-MOP** kovalent an DNA [80] und verursachen Mutationen (Loveday und Donahue, 1984), „Interstrand Cross Links" [80] sowie Schwesterchromatidaustausch (SCEs) [81–84].

In vitro in Kombination mit UVA-Bestrahlung induzierte **Isopimpinellin** keine SCEs in humanen Lymphocyten, zeigte aber schwach klastogenes Potenzial, ähnlich dem 8-MOP. Allerdings führte die Inkubation mit Isopimpinellin im Unterschied zur Inkubation mit 8-MOP/5-MOP zum Auftreten von atypischen Chromosomen [84].

In vivo induzierte die orale Gabe von **8-MOP** (300 und 600 mg/kg) Mikronuklei in peripheren Erythrocyten bei der Maus [85].

10.5.4 Toxizität beim Menschen

Über akute phototoxische Wirkungen beim Menschen nach oraler Furocumarinaufnahme in Verbindung mit Sonnenlicht bzw. UVA-Strahlung wird mehrfach berichtet. In einer Studie an Freiwilligen führte z.B. die orale Aufnahme von 50 mg **8-MOP** zu Erythemen und Ödemen nach Exposition mit Sonnenlicht [86].

Nach Verzehr von ca. **450 g Sellerie** in Kombination mit ca. halbstündiger UVA-Bestrahlung in einem Sonnenstudio wurden schwere Hautverbrennungen (Erythem, Ödeme und Blasen) beobachtet. Die aufgenommene Psoralenmenge wurde auf 45 mg geschätzt [87].

Als **Schwellendosis (oral)** für das Auftreten von Erythemen beim Menschen (in Verbindung mit Sonnenlicht) wurden 14 mg (ca. 0,23 mg/kg Körpergewicht bei 60 kg Körpergewicht) 8-MOP angegeben [39]. Auf der Basis von Expositionsuntersuchungen wurde für den Erwachsenen ein Schwellenwert der phototoxischen Wirkung (in Kombination mit UVA) im Bereich von 10 mg 8-MOP + 10 mg 5-MOP oder 15 mg 8-MOP-Äquivalenten (0,25 mg/kg Körpergewicht bei 60 kg Körpergewicht) abgeschätzt [40].

Die meisten Informationen zur Toxizität von Psoralenen beim Menschen liegen aus Studien an Psoriasis-Patienten bzw. Patienten mit anderen Hauterkrankungen wie Vitiligo vor. Die **therapeutische Dosis** bei der Behandlung der Psoriasis liegt im Bereich von 500–600 µg 8-MOP/kg Körpergewicht bzw. 1200 µg 5-MOP/kg Körpergewicht oral in Kombination mit UVA (0,5–7 J/cm^2, Wellenlängenbereich 315–400 nm, Maximum bei 355 nm). Ein Aufenthalt von 5–30 Minuten im Freien zwischen 10 und 14 Uhr genügt vermutlich auch im Winter, um an unbekleideten Hautstellen die bei der PUVA-Therapie übliche UVA-Dosis zu erreichen [3].

In der prospektiven **PUVA „Follow Up Studie"** an 1380 oral behandelten Psoriasis Patienten war die orale Exposition mit therapeutischen Dosen an Psoralen + UVA (PUVA) assoziiert mit einem dosisabhängigen Anstieg des Risikos für Plattenepithelkarzinome [88], Basalzellenkarzinome [88, 89] und Melanome [90]. Unter den 892 Männern der Studie war zudem ein dosisabhängiger Anstieg an Genitaltumoren zu verzeichnen [91].

10.5.5 Einfluss auf den Fremdstoffmetabolismus

6′,7′-Dihydroxybergamottin und davon abgeleitete Furocumarindimere, die z. B. in Grapefruitsaft gefunden werden, sind hochpotente Inhibitoren von Cytochrom P450 (CYP) 3A und anderen CYP-Isoenzymen, die für den Metabolismus vieler Arzneimittel eine zentrale Rolle spielen ([17], Übersicht in [92]). **Imperatorin** und **Isopimpinellin** erwiesen sich z. B. als Inhibitoren von CYP 2B, während **Bergamottin** und **Coriandrin** die Aktivität von CYP 1A1 und 1A2 in der Leber hemmten. Bergamottin inhibierte darüber hinaus die Enzymaktivität von CYP 3A [93]. Genuss von Grapefruitsaft in üblichen Mengen kann deshalb für einige Arzneimittel eine Zunahme der Bioverfügbarkeit bzw. der maximalen Plasmakonzentration oder der Eliminationshalbwertszeit zur Folge haben (Zusammenfassung in [94]). Des weiteren könnte auch eine CYP-abhängige Aktivierung von Arzneimitteln aus der Prodrugin die wirksame Form gehemmt werden.

An Mäusen hatte die Vorbehandlung mit Presssaft aus Sellerie bzw. Petersilie eine Verlängerung der Pentobarbital-Schlafzeit zur Folge [95].

10.6 Bewertung

Eine Dosis ohne Wirkung für die wiederholte Aufnahme von Furocumarinen lässt sich nicht angeben. In subchronischen Studien waren bei Hunden 48 mg 5-MOP/kg Körpergewicht pro Tag noch lebertoxisch. Bei Affen führten 6 mg 8-MOP/kg Körpergewicht pro Tag noch zu gastrointestinaler Toxizität (Erbrechen). Sowohl 5-MOP als auch 8-MOP sind genotoxisch. 8-MOP wirkte in einem Zwei-Jahres-Versuch mit Ratten in der niedrigsten geprüften Dosis von 37,5 mg/kg Körpergewicht pro Tag noch nierentoxisch und kanzerogen.

Die niedrigste Furocumarindosis, die im Zusammenwirken mit UVA erkennbare phototoxische Effekte beim Menschen zeigte, liegt nach Brickl et al. [39] bei Erwachsenen im Bereich von 14 mg 8-MOP, d. h. bei etwa 0,23 mg/kg Körpergewicht bei

60 kg Körpergewicht, oder nach Schlatter et al. [40] bei 10 mg 8-MOP + 10 mg 5-MOP oder 15 mg 8-MOP-Äquivalenten (0,25 mg/kg Körpergewicht bei 60 kg Körpergewicht). Die tägliche Furocumarinaufnahme über Lebensmittel wurde auf durchschnittlich 1,3 mg (USA) bzw. maximal 1,2 mg (Großbritannien) pro Person, entsprechend 0,020–0,023 mg/kg Körpergewicht geschätzt [6, 25]. Eine erste Abschätzung für Deutschland kommt unter der Annahme, dass ausschließlich destillierte Zitrusöle bei der Aromatisierung von Lebensmitteln verwendet werden, auf eine deutlich geringere durchschnittliche tägliche Aufnahmemenge von etwa 0,04 mg pro Person. Wird dagegen eine ausschließliche Verwendung von kalt gepressten Zitrusölen in aromatisierten Lebensmitteln zugrunde gelegt, ergibt sich eine durchschnittliche tägliche Aufnahmemenge von etwa 1,45 mg pro Person, was im Bereich des für die USA abgeschätzten Werts liegt.

Diese aus dem durchschnittlichen Verzehr Furocumarinhaltiger Lebensmittel errechneten Aufnahmemengen liegen etwa zwei bis drei Größenordnungen unter den niedrigsten bei subchronischer und chronischer Verabreichung im Tierversuch als toxisch beschriebenen Dosierungen. Geringer ist ihr Abstand zur therapeutischen Dosis von 0,5–0,6 mg 8-MOP/kg Körpergewicht (Faktor 30) und zur niedrigsten phototoxischen Dosis von 0,23 mg/kg Körpergewicht (Faktor 10).

Zu einem ähnlichen Ergebnis kommt eine Abschätzung, die nicht von durchschnittlichen Aufnahmemengen aus allen in Frage kommenden Lebensmitteln ausgeht, sondern von der Annahme eines Verzehrs von 200 g Sellerie oder Pastinaken mit den höchsten in Proben aus dem Handel angetroffenen Furocumaringehalten von 25 mg/kg (Sellerie) bzw. 50 mg/kg (Pastinake). Auch die in diesem Fall aufgenommenen Mengen an Furocumarinen liegen mit 5 bzw. 10 mg, wenn auch nicht so deutlich, unter der von Erwachsenen bekannten niedrigsten phototoxischen Dosis von 14 mg (8-MOP) bzw. 20 mg (8-MOP + 5-MOP). Es ist anzunehmen, dass bei Aufnahme von Furocumarin-haltigen Lebensmitteln aufgrund von Matrixeffekten die Bioverfügbarkeit geringer ist als nach Aufnahme von reinen Furocumarinen in isolierter Form. Letztere wurden bei den Untersuchungen zur Ableitung der phototoxischen Dosis verabreicht. Bei Kindern ist die phototoxische Dosis nicht bekannt.

Eine gesonderte Betrachtung erfordert die Situation bei Kleinkindern. In jüngerer Zeit werden z. B. die Knollen der Pastinake sowie Sellerie und Petersilienwurzeln vermehrt als Gemüse in Babynahrung, sowohl zur häuslichen Zubereitung als auch in industriell hergestellten Fertigprodukten, verwendet. Orientierende Untersuchungen von Babyfertignahrung („Gläschennahrung") des deutschen Markts mit Pastinaken als alleinigem Gemüsebestandteil zeigten in Einzelfällen Gehalte bis zu ca. 13 mg/kg Furocumarine [14]. Beim Verzehr von 200 g eines solchen Fertigbreis mit dem höchsten gefundenen Gehalt würden demnach ca. 2,5 mg Furocumarine aufgenommen. Bei einem Körpergewicht von 7 kg entspricht dies einer Dosis von etwa 0,36 mg/kg Körpergewicht, was die niedrigste von Erwachsenen bekannte phototoxische Dosis überschreiten würde.

Bei der häuslichen Zubereitung von Babynahrung ist nicht damit zu rechnen, dass die Aufnahme von Furocumarinen phototoxische Dosen erreicht, wenn erntefrische oder tiefgekühlte Pastinaken verwendet werden. Bei Verwendung unsachgemäß gelagerter Pastinaken ist dies hingegen nicht auszuschließen. Eine Mahlzeit mit etwa 100 g Pastinaken hohen Furocumaringehalts (50 mg/kg) würde z. B. zur Aufnahme von 5 mg Furocumarinen führen, was einer Dosis von ca. 0,71 mg/kg Körpergewicht bei einem 7 kg schweren Kind entspräche.

Sorgfalt bei Lagerung und Verarbeitung im Haushalt und Vermeidung des Verzehrs lange gelagerter, eventuell sogar schimmelbefallener Sellerieknollen und Pastinaken ist besonders angebracht. Beispielsweise führte die Lagerung bei Raumtemperatur nach 53 Tagen mit beginnender Verschimmlung zum Anstieg des Furocumaringehalts in Pastinaken auf etwa 500 mg/kg [12].

Zur Abschätzung des Risikos einer kanzerogenen Wirkung von Furocumarinen nach Exposition über die Nahrung ist die Datenlage nicht ausreichend. Erkenntnisse über eine Zunahme bestimmter Hautkrebsarten nach PUVA-Therapie lassen allerdings vermuten, dass eine überhöhte Zufuhr von Furocumarinen mit der Nahrung in Kombination mit UVA-Strahlung zu einer Zunahme des Hautkrebsrisikos führen könnte. Ein Anhaltspunkt ergibt sich aus der Epidemiologie der PUVA Behandlung. Nach oraler Langzeitbehandlung im Bereich deutlich phototoxischer Dosen in Kombination mit therapeutischer UVA-Bestrahlung war ein dosisabhängiger Anstieg an Hauttumoren erkennbar. Bei üblichem Verzehr Furocumarin-haltiger Lebensmittel, der deutlich unterhalb des Bereichs phototoxischer Dosen bleibt, wird das zusätzliche Hautkrebsrisiko hingegen als vernachlässigbar gering angesehen.

Furocumarine können auch fremdstoffmetabolisierende Enzyme beeinflussen, die im Arzneimittelmetabolismus eine Rolle spielen, mit entsprechenden Konsequenzen für die Wirksamkeit der Arzneimittel. So kann die Furocumarinaufnahme, z. B. über Grapefruitsaft zu einer Steigerung der Bioverfügbarkeit eines Arzneimittels führen. Entsprechende Warnhinweise sollten daher in Patienteninformationen zu finden sein.

Zusammenfassend kommt die SKLM zu der Schlussfolgerung, dass bei normalem Verzehr von adäquat gelagerten, verarbeiteten pflanzlichen potenziell Furocumarin-haltigen Lebensmitteln kein Risiko des Auftretens phototoxischer Wirkungen erkennbar ist. Besonders für Sellerie und Pastinaken besteht jedoch das Risiko, dass je nach Lagerungs-, Behandlungs- und Herstellungsbedingungen die Gehalte an Furocumarinen stark ansteigen. Für diese Lebensmittel kann in solchen Fällen die Aufnahme phototoxischer Mengen nicht ausgeschlossen werden. Die Datenlage zur Abschätzung des Risikos aus mit Zitrusölen aromatisierten Lebensmitteln ist derzeit noch ungenügend. Eine endgültige Abschätzung des Risikos einer krebserzeugenden Wirkung ist angesichts der Komplexität der Einflussfaktoren, insbesondere der Expositionshöhe, des Metabolismus und dessen Beeinflussung sowie des Einflusses von Licht derzeit nicht möglich. Bei üblichem Verzehr Furocumarin-haltiger Lebensmittel, der deutlich unterhalb des Bereichs phototoxischer Dosen bleibt, wird das zusätzliche Hautkrebsrisiko als vernachlässigbar gering angesehen. Der hohe Verzehr unsachgemäß gelagerter Knollen sowie extreme Aufnahmemengen sollten insbesondere bei Kindern vermieden werden.

10.7 Forschungsbedarf

Forschungsbedarf besteht in Bezug auf Faktoren, die für eine verstärkte Furocumarinbildung in der Rohware verantwortlich sind. Insbesondere der Einfluss der Lager- und Herstellungsbedingungen auf die Furocumaringehalte ist zu untersuchen. Möglichkeiten der Prävention durch lebensmitteltechnologische, pflanzenbauliche und pflanzenzüchterische Maßnahmen zur Minimierung der Furocumaringehalte, insbesondere in Babynahrung, sollten nachdrücklich geprüft bzw. gefördert werden.

In Bezug auf die toxikologische Bedeutung der Furocumarine bei Aufnahme über die Nahrung ist die Klärung von Resorption, Metabolismus und Ausscheidung vordringlich. Wirkmechanismen und Dosis-Wirkungsbeziehungen toxischer/gentoxischer Effekte sind unter Berücksichtigung individueller Einflussfaktoren aufzuklären. Schließlich ist auch ein mögliches Zusammenwirken verschiedener Furocumarine, wie sie in Lebensmitteln vorkommen können, zu untersuchen, d.h. Prüfung auf Kombinationswirkungen. Auch die Beeinflussung des Metabolismus von Arzneimitteln und anderen Fremdstoffen durch Verzehr von Furocumarin-haltigen Lebensmitteln ist zu prüfen.

Weiterhin fehlen aktuelle analytische Daten zu Vorkommen und Gehalt der Furocumarine in Zitrusölen, vor allem in Limettenöl und daraus hergestellten Lebensmitteln.

Literatur

1. Ashwood-Smith MJ, Poulton GA, Barker M, Mildenberger M (1980) 5-Methoxypsoralen, an ingredient in several suntan preparations, has lethal, mutagenic and clastogenic propereties. Nature **285**, 407–409.
2. Berkley SF, Hightower AW, Beier RC, Fleming DW, Brokopp CD, Ivie GW, Broome CV (1986) Dermatitis in grocery workers associated with high natural concentrations of furocoumarins in celery. Ann Intern Med **105**, 351–355.
3. Schlatter J (1988) Die toxikologische Bedeutung von Furocoumarinen in pflanzlichen Lebensmitteln. Mitt Lebensmittelunters Hyg **79**, 130–143.

4. Römpp, Lexikon Lebensmittelchemie (1995) Hrsg.: Gerhard Eisenbrand; Peter Schreier; Georg Thieme Verlag; Stuttgart, New York.
5. Ramaswamy S (1975) Psoralens in foods. Ind Food Packer **29**, 37–46.
6. Wagstaff DJ (1991) Dietary exposure to furocoumarins. Regul Toxicol Pharmacol **14**, 261–272.
7. Beier RC, Ivie GW, Oertli EH (1983) Psoralens as phytoalexins in food plants of the family Umbelliferae. In „Xenobiotics in foods and feeds", Finley JW und Schwass DE (Hrsg), ACS Symposium series **234**, 295–310.
8. Chaudhary SK, Ceska O, Warrington PJ, Ashwood-Smith MJ (1985) Increased furocoumarin content of celery during storage. J Agric Food Chem **33**, 1153–1157.
9. Baumann U, Dick R, Zimmerli B (1988) Orientierende Untersuchung zum Vorkommen von Furocumarinen in pflanzlichen Lebensmitteln und Kosmetika. Mitt Gebiete Lebensm Hyg **79**, 112–129.
10. Avalos J, Fontan GP, Rodriguez E (1995) Simultaneous HPLC quantification of two dermatotoxins, 5-methoxypsoralen and falcarinol, in healthy celery. Journal of Liquid Chromatography **18** (19), 2069–2076.
11. MAFF UK (1993) Occurence of linear furocoumarins in the UK diet. Joint Food Saftey and Standards Group, Food Surveillance Information Sheet. http://archive.food.gov.uk/maff/archive/food/infsheet/1993/no09/09furo.htm
12. Ostertag E, Becker T, Ammon J, Bauer-Aymanns H, Schrenk D (2002) Effects of storage conditions on furocoumarin levels in intact, chopped, and homogenized parsnips. J Agr Food Chem **50**, 2565–2570.
13. Mongeau R, Brassard R, Cerkauskas R, Chiba M, Lok E, Nera EA, Jee P, McMullen E, Clayson DB (1994) Effect of addition of dried healthy or diseased parsnip root tissue to a modified AIN-76A diet on cell proliferation and histopathology in the liver, oesophagus and forestomach of male Swiss Webster mice. Food Chem Toxicol **32**, 265–271.
14. Chemisches und Veterinäruntersuchungsamt Karlsruhe (2004) Bericht zur Untersuchung von Pastinaken-haltiger Babykost auf Furocumarine.
15. Ceska O, Chaudhary SK, Warrington PJ, Ashwood-Smith MJ (1986) Furocoumarins in the cultivated carrot, Daucus carota. Phytochemistry **25**, 81–83.
16. Nigg HN, Nordby HE, Beier RC, Dillman A, Macias C, Hansen RC (1993) Phototoxic coumarins in lime. Food Chem Toxicol **31** (5), 331–335.
17. Tassaneeyakul W, Guo L-Q, Fukuda K, Ohta T, Yamazoe Y (2000) Inhibition selectivity of grapefruit juice components on human cytochromes P450. Arch Biochem Biophys **378**, 356–363.
18. Shu CK, Waldbrandt JP, Taylor WI (1975) Improved method for bergapten determination by high-performance liquid chromatography. J Chromatogr **106**, 271–282.

19. Stanley WL und Vannier SH (1967) Psoralens and substiuted coumarins from expressed oil of lime. Phytochemistry **6**, 585–596.
20. Cieri UR (1969) Characterization of the steam nonvolatile residue of bergamot oil and some other essential oils. J Am Acad Dermatol **8**, 830–836.
21. Opdyke D (1973) Bergamot oil expressed. Food Cosmet Toxicol **11**, 1031–1032.
22. Ceska O, Chaudhary SK, Warrington PJ, Poulton GA, Ashwood-Smith MJ (1986) Naturally occurring crystals of photocarcinogenic furocoumarins on the surface of parsnip roots sold as food. Experientia **42**, 1302–1304.
23. Ivie GW, Holt DL, Ivey MC (1981) Natural toxicants in human foods: psoralens in raw and cooked parsnip root. Science **213**, 909–910.
24. Furia TE und Bellanca N (1971) Fenaroli's Handbook of Flavor Ingredients, Cleveland, OH, Chemical Rubber Co., S. 48–49.
25. COT, Committee on Toxicity of Chemicals in Food, Consumer Products and the Environment (1996) Toxicity, Mutagenicity and Carcinogenicity Report 1996. http://www.archive.official-documents.co.uk/document/doh/toxicity/chap-1c.htm
26. Bickers DR und Pathak MA (1984) Psoralen pharmacology: Studies on metabolism and enzyme induction. Natl Cancer Inst monogr **66**, 77–84.
27. Pathak MA, Fitzpatrick TB, Parrish JA (1977) Pharmacologic and molecular aspects of psoralen photochemotherapy. In *Psoriasis: Proceedings of the Second International Symposium* (Farber EM, Cox AJ, Hrsg), New York: Yorke Medical Books, S. 262–271.
28. Schmid J, Prox A, Reuter A, Zipp H, Koss FW (1980) The metabolism of 8-methoxypsoralen in man. Eur J Drug Metab Pharmacokinet **5**, 81–92.
29. Artuc M, Stuettgen G, Schalla W, Schaefer H, Gazith J (1979) Reversible binding of 5- and 8-methoxypsoralen to human serum proteins (albumin) and to epidermis *in vitro*. Br J Dermatol **101**, 669–677.
30. Melo Tde S, Morliere P, Goldstein S, Santus R, Dubertret L, Lagrange D (1984) Binding of 5-methoxypsoralen to human serum low density lipoproteins. Biochem Biophys Res Commun **120**, 670–676.
31. Sharp DE, mays DC, Rogers SL, Guiler RC, Hecht S, Gerber N (1984) *In vitro* metabolism of 8-methoxypsoralen. Proc West Pharmacol Soc **27**, 255–8.
32. Mays DC, Hilliard JB, Wong DD, Gerber N (1989) Activation of 8-methoxypsoralen by cytochrome P-450. Biochemical Pharmacology **38** (10), 1647–1655.
33. Labbe G, Descatoire V, Beaune P, Letteron P, Larrey D, Pessayre D (1989) Suicide inactivation of cytochrome P-450 by methoxalen. Evidence for the covalent binding of a reactive intermediate to the protein moiety. Journal of Pharmacology and Experimental Therapeutics **250** (3), 1034–1042.

34. Mays DC, Hecht SG, Unger SE, Pacula CM, Climie JM, Sharp DE, Gerber N (1987) Disposition of 8-methoxypsoralen in the rat. Drug Metabolism and Disposition **15** (3), 318–328.

35. Kornhauser A, Wamer WG, Giles AL (1984) Difference in topical and systemic reactivity of psoralens: determination of epidermal and serum levels. Natl Cancer Inst Monogr **66**, 97–101.

36. Monbaliu JP, Belpaire FM, Bracckman RA, Bogaert MG (1988) Pharmacokinetics of 8-methoxypsoralen in the dog. Biopharm Drug Dispos **9**, 9–17.

37. Rozman T, Leuschner F, Brickl R, Rozman K (1989) Toxicity of 8-methoxypsoralen in cynomolgus monkeys (Macaca fascicularis) Drug Chem Toxicol **12**, 21–37.

38. Schmid J, Prox A, Zipp H, Koss FW (1980) The use of stable isotopes to prove the saturable first-pass effect of methoxsalen. Biomed Mass Spectrom **7**, 560–564.

39. Brickl R, Schmid J, Koss FW (1984) Pharmacokinetics and pharmacodynamics of psoralens after oral administration: considerations and conclusions. J Natl Cancer Inst Monogr **66**, 63–67.

40. Schlatter J, Zimmerli B, Dick R, Panizzon R, Schlatter C (1991) Dietary intake and risk assessment of phototoxic furocoumarins in humans. Food Chem Toxic **29**, 523–530.

41. Herfst MJ und De Wolff FA (1982) Influence of food on the kinetics of 8-methoxypsoralen in serum and suction blister fluid in psoriatic patients. Eur J Clin Pharmacol **23**, 75–80.

42. Billard V, Gambus PL, Barr J, Minto CF, Corash L, Tessman JW, Stickney JL, Shafer SL (1995) The pharmacokinetics of 8-methoxypsoralen following i.v. administration in humans. Br J Clin Pharmacol **40**, 347–360.

43. Musajo L, Rodighiero G (1972) Mode of photosensitizing action of furocoumarins. Photophysiol **7**, 115–147.

44. Dall'Aqua F (1977) New chemical aspects of the photoreaction between psoralen and DNA. In *Research in Photobiology* (Castellani A, Hrsg), Plenum, New York, 245–255.

45. Grossweiner LI (1984) Mechanisms of photosensitization by furocoumarins. Natl Cancer Inst Monogr **66**, 47–54.

46. Dall'Acqua F, Vedaldi D, Caffieri S, Guiotto A, Bordin F, Rodighiero G (1984) Chemical basis of the photosensitizing activity of angelicins. Natl Cancer Inst Monogr **66**, 55–60.

47. Joshi PC, Pathak MA (1983) Production of singlet oxygen and superoxide radicals by psoralens and their biological significance. Biochem Biophys Res Commun **112**, 638–646.

48. Midden WR (1988) Chemical mechanisms of the bioeffects of furocoumarins: the role of reactions with proteins, lipids, and other cellular constituents. In *Psoralen-DNA Photobiology* (Gasparro FP, Hrsg), CRC Press, Boca Raton, FL, Vol. 2, S. 1–49.

49. Fredericksen S, Nilesen PE, Hoyer PE (1989) Lysosomes: a possible target for psoralen photodamage. J Photochem Photobiol B **3**, 437–447.
50. Gasparro FP, Liao B, Foley PJ, Wang XM, Madison McNiff JM (1990) Psoralen photochemotherapy, clinical efficacy, and photomutagenicity: The role of molecular epidemiology in minimizing risks. Environ Mol Mutagen **31**, 105–112.
51. Apostolou A, Williams RE, Comereski CR (1979) Acute toxicity of micronized 8-methxypsoralen in rodents. Drug Chem Toxicol **2**, 309–313.
52. Herold H, Berbey B, Angignard D, Le Duc R (1981) Toxicological study of the compound 5-methoxypsoralen (5-MOP). In *Psoralens in Cosmetics and Dermatology* (Cahn J, Forlot P, Grupper C, Maybeck A, Urbach F, Hrsg) Pergamon Press, New York, S. 303–309.
53. Booer M, Rose H, Fenell A, Blukoo-Allotey J, Adjangba M (1970) Pharmacological activity of coumarins isolated from afraegle paniculata. Ghana J Sci **10** (2), 82.
54. Chandhoke N und Ghatak BJ RA (1975) Pharmacological investigations of angelicin. Tranquillosedative and anticonvulsant agent. Indian J Med Res **63** (6), 833.
55. Dunnick JK, Davis WE, Jorgenson TA, Rosen VJ, McConnell EE (1984) Subchronic toxicity in rats administered oral 8-methoxypsoralen. Natl Cancer Inst Monogr **66**, 91–95.
56. NTP, National Toxicology Program (1989) NTP technical report on the toxicology and carcinogenesis studies of 8-methoxypsoralen (CAS NO. 298-81-7) in F344/N rats (gavage studies). NIH Publication No. 89-2814. US Department of Health and Human Services, Public Health Service, National Institutes of Health.
57. Zajdela F und Bisagni E (1981) 5-Methoxypsoralen, the melanogenic additive in sun-tan preparations, is tumorigenic in mice exposed to 365 nm u. v. radiation. Carcinogenesis **2** (2), 121–127.
58. Cartwright LE, Walter JF (1983) Psoralen-containing sunscreen is tumorigenic in hairless mice. J Am Acad Dermatol **8**, 830–836.
59. Young AR, Magnus IA, Davies AC, Smith NP (1983) A comparison of the phototumorigenic potential of 8-MOP and 5-MOP in hairless albino mice exposed to solar simulated radiation. Br J Dermatol **108**, 507–518.
60. IARC (1986) Some naturally occurring and synthetic food components, furocoumarins and ultraviolet radiation. IARC Monogr Eval Carcinog Risk Chem Hum **40**, 1–415.
61. Diawara MM, Kulkosky P, Williams DE, McCrory S, Allison TG, Martinez LA (1997) Mammalian toxicity of 5-methoxypsoralen and 8-methoxypsoralen, two compounds used in skin photochemotherapy. Journal of Natural Toxins **6** (2), 183–192.
62. Diawara MM, Allison T, Kulkosky P, Williams DE (1997) Psoralen-induced growth inhibition in Wistar rats. Cancer Letters **114**, 159–160.

63. Diawara MM, Chavez KJ, Hoyer PB, Williams DE, Dorsch J, Kulkosky P, Franklin MR (1999) A novel group of ovarian toxicants: the psoralens. J Biochem Toxicol **13**, 195–203.

64. Diawara MM, Chavez KJ, Simpleman D, Williams DE, Franklin MR, Hoyer PB (2001) The psoralens adversely affect reproductive function in male wistar rats. Reprod Toxicol **15**, 137–144.

65. IARC (1980) Some pharmaceutical drugs. IARC Monogr Eval Carcinog Risk Chem Hum **24**, 101–124.

66. Dall'Acqua F, Terbojevich M, Marciani S, Vedaldi D, Recher M (1978) Investigation of the dark interaction between furocoumarins and DNA. Chem-Biol Interact **21**, 103–115.

67. Dall'Acqua F, Vedaldi D, Bordin F, Rodighiero G (1979) New studies on the interaction between 8-methoxypsoralen and DNA *in vitro.* I Invest Dermatol **73**, 191–197.

68. Isaacs ST, Wiesehahn G, Hallick LM (1984) *In vitro* characterization of the reaction of four psoralen derivatives with DNA. Natl Cancer Inst Monogr **66**, 21–30.

69. Musajo L, Rodighiero G, Breccia A, Dall'Acqua F, Malesani G (1966) The photoreaction between DNA and the skin-photosensitizing furocoumarins studied using labelled bergapten. Experientia **22**, 75.

70. Rodighiero G, Musajo L, Dall'Acqua F, Marciani S, Carporale G, Ciavetta L (1970) Mechanism of skin photosensitization by furocoumarins. Photoreactivity of various furocoumarins with native DNA and with ribosomal RNA. Biochim Biophys Acta **217**, 40–49.

71. Clarke CH und Wade MJ (1975) Evidence that caffeine, 8-methoxypsoralen and steroidal diamines are frameshift mutagens for E.coli K-12. Mutat Res **28**, 123–125.

72. Bridges BA und Mottershead RP (1977) Frameshift mutagenesis in bacteria by 8-methoxypsoralen (methoxalen) in the dark. Mutat Res **44**, 305–312.

73. Ashwood-Smith MJ (1978) Frameshift mutations in bacteria produced in the dark by several furocoumarins; absence of activity of 4,5′,8-trimethylpsoralen. Mutat Res **58**, 23–27.

74. Schimmer O und Abel G (1986) Mutagenicity of a furocoumarin epoxide, heraclenin, in Chlamydomonas reinhardii. Mutat Res **169**, 47–50.

75. Averbeck D (1985) Relationship between lesions photoinduced by mono- and bi-functional furocoumarins in DNA and genotoxic effects in diploid yeast. Mutat Res **151**, 217–233.

76. Pool BL, Deutsch-Wenzel RP (1979) Evidence of the mutagenic effect of 5-methoxypsoralen (bergapten). Ärztl Kosmetol **9**, 349–355.

77. Pool BL, Klein R, Deutsch-Wenzel RP (1982) Genotoxicity of 5-methoxypsoralen and near ultraviolet light in repair-deficient strains of Escherichia coli WP2. Food Chem Toxicol **20**, 177–181.

78. Bridges BA, Mottershead RP, Arlett CF (1978) 8-Methoxypsoralen as a frameshift mutagen in bacteria and Chinese hamster cells in the dark–

implications for genetic risk in man (Abstract no. 25). Mutat Res **53**, 156.

79. Abel G und Schimmer O (1986) Chromosome-damaging effects of heraclenin in human lymphocytes *in vitro*. Mutat Res **169**, 51–54.

80. Papadopoulo D, Averbeck D. (1985) Genotoxic effects and DNA photo-adducts induced in Chinese hamster V79 cells by 5-methoxypsoralen and 8-methoxypsoralen. Mutat Res **151**, 281–291.

81. Loveday KS, Donahue BA (1984) Induction of sister chromatid exchanges and gene mutations in Chinese hamster ovary cells by psoralens. Natl Cancer Inst Monogr **66**, 149–155.

82. Natarajan AT, Verdegaal-Immerzeel EA, Ashwood-Smith MJ, Poulton GA (1981) Chromosomal damage induced by furocoumarins and UVA in hamster and human cells including cells from patients with ataxia teleangiectasia and xeroderma pigmentosum. Mutat Res **84**, 113–124.

83. Abel G, Mannschedel A (1987) The clastogenic effect of 5-methoxy-psoralene plus UV-A in human lymphocytes *in vitro* and its modification by the anticlastogenic beta-aminoethylisothiuronium. Hum Genet **76**, 181–185.

84. Abel G, Erdelmeier C, Meier B, Sticher O (1985) Iso-Pimpinellin, ein Furanocumarin aus Heracleum sphondylium mit chromosomenschädigender Aktivität. Planta Medica, 250–252.

85. Stivala LA, Pizzala R, Rossi R, Melli R, Verri MG, Bianchi L (1995) Photoinduction of micronuclei by 4,4′,6-trimethylangelicin and 8-methoxypsoralen in different experimental models. Mutat Res **327**, 227–236.

86. Fitzpatrick TB, Pathak MA (1984) Research and development of oral psoralen and longwave radiation photochemotherapy: 2000 B.C.–1982 A.D. Natl Cancer Inst Monogr **66**, 3–11.

87. Ljunggren B (1990) Severe phototoxic burn following celery ingestion. Arch Dermatol **126**, 1334–1336.

88. Stern RS, Liebman EJ, Vakeva L (1998) Oral psoralen and ultraviolet-A light (PUVA) treatment of psoriasis and persistent risk of nonmelanoma skin cancer. PUVA follow-up study. J Natl Cancer Inst **90**, 1278–1284.

89. Katz KA, Marcil I, Stern RS (2002) Incidence and risk factors associated with a second squamous cell carcinoma or basal cell carcinoma in psoralen plus ultraviolet A light-treated psoriasis patients. Journal of Investigative Dermatology **118** (6), 1038–1043.

90. Stern RS; PUVA Follow Up Study (2001) The risk of melanoma in association with long-term exposure to PUVA. J Am Acad Dermatol **44**, 755–761.

91. Stern RS, Bagheri S, Nichols K; PUVA Follow Up Study (2002) The persistent risk of genital tumors among men treated with psoralen plus ultrviolet A (PUVA) for psoriasis. J Am Acad Dermatol **47**, 33–39.

92. Evans AM (2000) Influence of dietary components on the gastrointestinal metabolism and transport of drugs. Ther Drug Monit **22**, 131–136.

93. Wen YH, Sahi J, Urda E, Kulkarni S, Rose K, Zheng X, Sinclair JF, Cai H, Strom SC, Kostrubsky VE (2002) Effects of bergamottin on human and monkey drug-metabolizing enzymes in primary cultured hepatocytes. Drug Metab Dispos **30** (9), 977–84.
94. Bailey DG, Malcolm J, Arnold O, Spence JD (1998) Grapefruit juice–drug interactions. Br J Clin Pharmacol **52**, 216–217.
95. Jakovljevic V, Raskovic A, Popovic M, Sabo J (2002) The effect of celery and parsley juices on pharmacodynamic activity of drugs involving cytochrome P450 in their metabolism. Eur J Drug Metab Pharmacokinet **27**, 153–156.

11 Kontaminationen mit den *Fusarium*-Toxinen Deoxynivalenol (DON) und Zearalenon (ZEA) in Futtermitteln und Lebensmitteln sind unterschiedlich zu bewerten

Gemeinsame Stellungnahme der DFG-Senatskommissionen zur „Beurteilung der gesundheitlichen Unbedenklichkeit von Lebensmitteln" (SKLM) und für „Stoffe und Ressourcen in der Landwirtschaft" (SKLW) vom 6. November 2003:

Die Ableitung von Orientierungswerten für Kontaminationen mit den Fusarium-Toxinen Deoxynivalenol und Zearalenon in Futtermitteln erfolgt nach anderen Kriterien als die Festlegung von Höchstmengen im Lebensmittel auf der Basis von TDI-Werten für den Menschen.

Fusarium-Toxine umfassen eine große Gruppe von toxischen Stoffwechselprodukten pflanzenpathogener Pilze der Gattung *Fusarium*. Unter den Klima- und Produktionsbedingungen in Deutschland kommt den *Fusarium*-Toxinen Deoxynivalenol (DON) und Zearalenon (ZEA) in Getreide eine besondere Bedeutung zu. Die Konzentration dieser beiden „Leittoxine" kann in Abhängigkeit von *Fusarium*-Spezies, Jahrgang, Standort, Getreideart und -sorte sowie weiteren Einflussfaktoren erheblich variieren. Selbst bei Ausschöpfung aller acker- und pflanzenbaulichen Maßnahmen zur Minimierung des Befallsrisikos mit *Fusarium* wird sich eine Bildung dieser Toxine nie ganz vermeiden lassen. Dies liegt vor allem am starken Einfluss der Witterung auf das Befallsgeschehen [1]. Bei ungünstigen Witterungsbedingungen, vor allem bei feuchtwarmer Witterung während der Blühperiode, kann Weizen erhebliche Kontaminationen an diesen Toxinen aufweisen. Untersuchungen bei Weizen zeigten maximale DON-Gehalte von 35 mg/kg Futtermittel und maximale ZEA-Gehalte von

Lebensmittel und Gesundheit II/Food and Health II
DFG, Deutsche Forschungsgemeinschaft
Copyright © 2005 WILEY-VCH Verlag GmbH & Co. KGaA, Weinheim
ISBN: 3-527-27519-3

etwa 8 mg/kg Futtermittel, wobei in extremen Jahren mittlere ZEA-Gehalte bis etwa 0,5 mg/kg Futtermittel auftreten können [2]. Gesundheitlich nachteilige Wirkungen wurden in Tierversuchen bei höheren Konzentrationen nachgewiesen und sind auch für den Menschen zu befürchten [3, 4]. Beim Tier sind verringerte Futteraufnahme und, damit verbunden, verminderte Gewichtszunahme sowie Fruchtbarkeitsstörungen als unspezifische Störungen zu nennen, wobei zwischen einzelnen Tierarten deutliche Unterschiede auftreten. Insbesondere das Schwein reagiert äußerst empfindlich auf beide *Fusarium*-Toxine. Akute Exposition mit DON führt zu Erbrechen, Futterverweigerung und Durchfall. Bei chronischer Belastung stehen der Rückgang im Futterverzehr sowie nachteilige Effekte auf das Immunsystem im Vordergrund [2, 5–7]. ZEA ist ein Mykoöstrogen, das aufgrund seiner strukturellen Ähnlichkeit zu körpereigenen Östrogenen insbesondere beim weiblichen Schwein Hyperöstrogenismus und Störungen im Reproduktionsgeschehen auslöst [3, 8–11]. Hühnergeflügel und Wiederkäuer sind gegenüber beiden Mykotoxinen weniger empfindlich [12], vgl. Tabelle 11.1.

Die Exposition landwirtschaftlicher Nutztiere mit *Fusarium*-Toxinen erfolgt über kontaminierte pflanzliche Futtermittel. Orientierungswerte für *Fusarium*-Toxine in Futtermitteln wurden primär unter tiergesundheitlichen Aspekten, jeweils bezogen auf Tierart, Altersgruppe und Nutzungszweck abgeleitet. Bei Unterschreitung dieser Orientierungswerte sind keine nachteiligen gesundheitlichen Wirkungen für die jeweilige Tierart/-kategorie zu erwarten. Entsprechend wurden für DON und ZEA Orientierungswerte unter Zugrundelegen des „No Observed Effect Level" (NOEL-Wer-

Tab. 11.1: Orientierungswerte für DON und ZEA im Futter von Schwein, Huhn und Rind [13] (in mg/kg bei 88 % Trockenmasse).

Tierart/-kategorie	DON [mg/kg]	ZEA [mg/kg]
präpubertäre weibliche Zuchtschweine	1,0	0,05
Mastschweine und Zuchtsauen	1,0	0,25
präruminierende Rinder	2,0	0,25
weibliches Aufzuchtrind/Milchkuh	5,0	0,5
Mastrind, Legehuhn, Masthuhn	5,0	*)

*) nach derzeitigem Wissensstand keine Orientierungswerte erforderlich, da die üblicherweise vorkommenden Gehalte keine Effekte auslösen.

te) von einer Arbeitsgruppe der Gesellschaft für Mykotoxinforschung vorgeschlagen (Tab. 11.1) und vom Bundesministerium für Ernährung, Landwirtschaft und Forsten (BML) verabschiedet [13]. Ein nennenswerter Übergang (Carry-Over) dieser Mykotoxine in Lebensmittel tierischer Herkunft, wie Milch, Fleisch und Eier, findet infolge weitgehender und rascher Metabolisierung und Ausscheidung nicht statt [2, 11]. Vertiefende Untersuchungen hierzu, auch unter Berücksichtigung anderer *Fusarium*-Toxine, sind zur weiteren Absicherung in Zukunft erforderlich.

Eine Risikoabschätzung für den Menschen wurde für DON durch das Scientific Committee on Food (SCF) [4, 6] und durch das Joint FAO/WHO Expert Committee on Food Additives (JECFA) [14] vorgenommen. Für die Ableitung der tolerierbaren Tagesdosis (TDI) von 1 µg/kg Körpergewicht wurden Daten aus Tierversuchen zur Langzeit- und Immunotoxizität sowie zur Reproduktionstoxizität berücksichtigt [4]. Dieser TDI-Wert basiert auf dem NOEL von 100 µg/kg Körpergewicht pro Tag aus einer Langzeitstudie an Mäusen unter Berücksichtigung der Wachstumshemmung als sensibelstem Effekt.

Für ZEA wurde unter Berücksichtigung reproduktionstoxischer Effekte beim geschlechtsreifen weiblichen Schwein für den Menschen ein temporärer TDI-Wert (tTDI) von 0,2 µg/kg Körpergewicht abgeleitet [3]. Dieser Wert basiert auf dem NOEL von 40 µg/kg Körpergewicht pro Tag unter Anwendung eines Sicherheitsfaktors von 200. Der erhöhte Sicherheitsfaktor wurde gewählt, um weitere, limitierte Daten zu Niedrigdosiseffekten bei präpubertären weiblichen Schweinen zu berücksichtigen.

Die wesentliche Exposition des Menschen ist fast ausschließlich auf kontaminierte Lebensmittel pflanzlichen Ursprungs, insbesondere Getreide und Getreideerzeugnisse, zurückzuführen. Eine EU-weite Festsetzung von Höchstmengen für DON und ZEA in Lebensmitteln ist wünschenswert.

Forschungsbedarf

- Erhebliche Defizite existieren bezüglich Messmethoden und Kenntnissen zum Vorkommen weiterer, meist in geringeren Konzentrationen auftretender *Fusarium*-Toxine. Beispiele sind

T-2- und HT-2-Toxin, deren Toxizität deutlich höher ist als die von DON.

- Ebenso besteht Forschungsbedarf zur Aufklärung des toxikologischen Potenzials, unter Einschluss potenzieller neurotoxischer Wirkungen, der zugrunde liegenden Wirkmechanismen sowie zum Ausmaß eines möglichen Carry-Over verschiedener anderer bisher kaum untersuchter *Fusarium*-Toxine.
- Schließlich ist Forschung zur Aufklärung der Entstehungsbedingungen von *Fusarium*-Toxinen und zur Entwicklung von Präventions- bzw. von Minimierungsmaßnahmen notwendig.

Schlussfolgerungen

1. Da kein nennenswerter Transfer der *Fusarium*-Toxine DON und ZEA auf Lebensmittel tierischer Herkunft erfolgt, kann die Ableitung von Orientierungswerten im Tierfutter im Wesentlichen unter dem Gesichtspunkt der Tiergesundheit, d. h. der Verhinderung nachteiliger gesundheitlicher Folgen für das Tier unter Zugrundelegung des „No Observed Effect Level" (NOEL), vorgenommen werden. Insofern unterscheidet sich in diesem Fall das Verfahren der Ableitung von Orientierungswerten im Tierfutter vom Verfahren der Festlegung von Höchstmengen im Lebensmittel auf der Basis von TDI-Werten für den Menschen.

2. Aus Sicht der Senatskommissionen SKLM und SKLW besteht deshalb keine wissenschaftlich begründete Notwendigkeit, die für die menschliche Ernährung gerechtfertigten, weitaus strengeren Anforderungen an die Grenzwerte von DON und ZEA für Lebensmittel identisch auf den Futtermittelbereich zu übertragen.

Literatur

1. Birzele, B.; Meier, A.; Hindorf, H.; Krämer, J.; Dehne, H.-W. (2002): Epidemiology of *Fusarium* infection and deoxynivalenol content in winter wheat in the Rhineland, Germany. Europ. J. Plant Pathol. **108**, 667–673.

2. Dänicke, S.; Oldenburg, E. (2000): Risikofaktoren für die *Fusarium*-toxinbildung in Futtermitteln und Vermeidungsstrategien bei der Futtermittelerzeugung und Fütterung. Landbauforschung Völkenrode, Sonderheft Nr. 216, 138.

3. SCF (2000): Scientific Committee on Food: Opinion on *Fusarium* toxins. Part 2: Zearalenone (ZEA). SFC/CS/CNTM/MYC/22 Rev 3 Final 22/06/00.

4. SCF (2002): Scientific Committee on Food: Opinion on *Fusarium* toxins. Part 6: Group evaluation of T-2 toxin, HT-2 toxin, nivalenol and deoxynivalenol (adopted on 26 February 2002).

5. Rotter, B. A.; Prelusky, D. B.; Pestka, J. J.(1996): Toxicology of deoxynivalenol (vomitoxin). J. Toxicol. Environm. Health **48**, 1–34.

6. SCF (1999): Scientific Committee on Food: Opinion on *Fusarium* toxins. Part 1: Deoxynivalenol. SFC/CS/CNTM/MYC/19 Final 09/12/99.

7. Böhm, J. (2000): *Fusarien*-Toxine und ihre Bedeutung in der Tierernährung. Übersichten Tierernährung **28**, 95–132.

8. Bauer, J.; Heinritzi, K.; Gareis, M.; Gedek, B. (1987): Veränderungen am Genitaltrakt des weiblichen Schweines nach Verfütterung praxisrelevanter Zearalenonmengen. Tierärztliche Praxis **15**, 33–36.

9. Drochner, W. (1990): Aktuelle Aspekte zur Wirkung von Phytohormonen, Mykotoxinen und ausgewählten schädlichen Pflanzeninhaltsstoffen auf die Fruchtbarkeit beim weiblichen Rind. Übersichten Tierernährung **18**, 177–196.

10. Bauer, J. (2000): Mykotoxine in Futtermitteln: Einfluss auf Gesundheit und Leistung. In: Handbuch der tierischen Veredlung. 25. Auflage, Kammlage-Verlag, Osnabrück, 169–192.

11. JECFA (2000): Joint FAO/WHO food standards programme, Codex Committee on Food Additives and Contaminants: Position paper on zearalenone. CX/FAC 00/19.

12. Dänicke, S.; Gareis, M.; Bauer, J. (2001): Orientation values for critical concentrations of deoxynivalenol and zearalenone in diets for pigs, ruminants and gallinaceous poultry. Proc. Soc. Nutr. Physiol. **10**, 171–174.

13. BML (2000): Orientierungswerte für kritische Konzentrationen an Deoxynivalenol und Zearalenon im Futter von Schweinen, Rindern und Hühnern. VDM 27/00 2–3.

14. JECFA (2001): Joint FAO/WHO Expert Committee on Food, Fifty-sixth-meeting: Safety evaluation of certain mycotoxins in food, WHO food additives series 47; FAO food and nutrition paper 74.

12 Stellungnahme zu Glycyrrhizin

Die SKLM hat sich, anknüpfend an ihre frühere Stellungnahme zu Glycyrrhizin in Lakritzwaren (1990), erneut mit der gesundheitlichen Beurteilung von Glycyrrhizin befasst und am 20. Februar 2004 folgenden Beschluss gefasst:

Glycyrrhizin (Synonym: Glycyrrhizinsäure) ist ein Stoff mit der 50fachen Süßkraft der Saccharose und ausgeprägtem Lakritzgeschmack. Glycyrrhizin findet sich (bis 14 %) als Kalium- und Calciumsalz in der Wurzel der in Europa und im Vorderen Orient angebauten Süßholzpflanze, *Glycyrrhiza glabra, Gl. glandulifera* und *Gl. typica* und ist das 2β–Glucuronido-α-glucuronid der Glycyrrhetinsäure [1]. Der aus den Pflanzen gewonnene Glycyrrhizinhaltige Süßholzsaft dient als Rohstoff zur Herstellung von Lakritzwaren. Neben dem Vorkommen als natürlicher Bestandteil von Süßholz werden Glycyrrhizinsäure und ebenso das Ammoniumglycyrrhizinat Lebensmitteln als chemisch definierte Aromastoffe zugesetzt.

In einem früheren Beschluss aus dem Jahre 1990 konnte beim damaligen Stand der Erkenntnisse noch nicht endgültig zur Verträglichkeitsgrenze von Glycyrrhizin Stellung genommen werden. Empfohlen wurde jedoch, dass im Mittel nicht mehr als 100 mg Glycyrrhizin pro Tag und Konsument regelmäßig aufgenommen werden sollten, wozu ein entsprechender Verzehrshinweis auf der Verpackung dienen könnte. Außerdem wurde es für notwendig erachtet, die Risikogruppen der Herz- und Kreislaufkranken sowie an Bluthochdruck Leidenden darüber aufzuklären, dass es für sie nicht zuträglich sei, mehr als geringe Mengen Lakritzerzeugnisse zu verzehren [2].

In diesem Sinne wurden vom Bundesgesundheitsamt Verzehrsempfehlungen vorgeschlagen, die bei Gehalten von 0,2 bis 0,4 % Glycyrrhizin einen Höchstverzehr für den ständigen Genuss von Lakritze von 25 g/Tag und von 0,4 bis 1 % Glycyrrhizin von 10 g/Tag vorsahen [3]. Diese Empfehlungen dienten als Grund-

Lebensmittel und Gesundheit II/Food and Health II
DFG, Deutsche Forschungsgemeinschaft

lage einer freiwilligen Vereinbarung der deutschen Hersteller. Da jedoch keine entsprechenden Regelungen in anderen europäischen Ländern bestanden, wurde diese Vereinbarung aus Wettbewerbsgründen nach einiger Zeit von den Herstellern wieder zurückgezogen.

In der Zwischenzeit wurde eine placebokontrollierte, randomisierte Doppelblindstudie in den Niederlanden durchgeführt und publiziert. In dieser Studie, in der Gruppen von 9 bis 11 gesunden weiblichen Versuchspersonen 0, 1, 2 oder 4 mg Glycyrrhizinsäure/kg Körpergewicht pro Tag über acht Wochen oral aufnahmen, führte die höchste Dosis bei 9 von 11 Probanden zu Symptomen des Pseudohyperaldosteronismus, wie Wasserretention und Verminderung des Kaliumgehalts, der Reninaktivität und der Aldosteronkonzentration im Blutplasma. Der systolische und diastolische Blutdruck waren gegenüber der Kontrollgruppe gering, aber signifikant erhöht, blieb jedoch im Normbereich. Die Dosis ohne Wirkung betrug 2 mg/kg Körpergewicht pro Tag [4].

Außerdem wurden in den letzten Jahren eine Reihe von Fallberichten veröffentlicht, aus denen hervorgeht, dass selbst Dosen im Bereich oder sogar unterhalb der empfohlenen höchsten Aufnahmemenge von 100 mg/Tag bei besonders empfindlich reagierenden Personen Symptome des Pseudohyperaldosteronismus auslösen können [5, 6].

Als einer der entscheidenden Faktoren für die individuellen Unterschiede in der Empfindlichkeit gegenüber Glycyrrhizin wurde die genetisch bedingte Variabilität in der Aktivität der 11-β-Hydroxysteroid-Dehydrogenase-2 (11-BOHD-2) erkannt, deren Hemmung durch Glycyrrhetinsäure den Cortisol/Cortison-Status verändert und zum Pseudohyperaldosteronismus führt. Zusätzlich sind auch andere Faktoren, wie Einfluss auf gastrointestinale Funktionen und Bioverfügbarkeit, in Betracht zu ziehen [7–10].

Aus einer niederländischen Verzehrsstudie [11] ist bekannt, dass der mittlere tägliche Verzehr der regelmäßigen Konsumenten von Lakritz 11,5 g beträgt. Unter der Annahme eines durchschnittlichen Gehalts von 0,17 % Glycyrrhizin in Lakritzwaren [12] resultiert daraus eine mittlere tägliche Aufnahme von 19 mg Glycyrrhizin. Entsprechend dieser Verzehrsstudie werden von etwa 2 % der regelmäßigen Konsumenten von Lakritz sogar mehr als 100 mg Glycyrrhizin pro Tag aufgenommen.

Hinzu kommt, dass Glycyrrhizin nicht nur in Lakritze, sondern u. a. auch in Getränken, insbesondere Tees, sowie in Kaugummi und Arzneimitteln enthalten sein kann. Glycyrrhizinsäure und ebenso das Ammoniumglycyrrhizinat werden Lebensmitteln als chemisch definierter Aromastoff zugesetzt. In Einzelfällen muss damit gerechnet werden, dass die Aufnahme von Glycyrrhizin aus Lakritze bzw. die Gesamtaufnahme aus mehreren Quellen den Wert von 100 mg/Tag überschreitet. Für Kinder fehlen zuverlässige Daten über die mögliche Gesamtaufnahme von Glycyrrhizin.

Die neueren Daten bieten eine verbesserte Grundlage für die Abschätzung einer als sicher geltenden täglichen Aufnahme von Glycyrrhizin und bestätigen, dass die von der SKLM genannte Aufnahmemenge von 100 mg Glycyrrhizin/Tag, die bei regelmäßiger Aufnahme nicht überschritten werden sollte, auf einer richtigen Einschätzung beruhte.

Der Wissenschaftliche Lebensmittelausschuss der EU (SCF) ist bei seinen Beratungen zu dem ähnlichen Schluss gekommen, dass bei regelmäßigem Konsum eine maximale Aufnahmemenge von 100 mg Glycyrrhizinsäure pro Tag für die Mehrzahl der Verbraucher ausreichenden Schutz bietet. Der SCF hat aber betont, dass die neuen Studien aufgrund von zu kleinen Studienkollektiven und zu kurzen Studiendauern für die Ableitung eines ADI („acceptable daily intake") nicht ausreichen und es Risikogruppen gibt, für die der genannte Wert nicht genügend Schutz bieten könnte [13, 14].

Die SKLM stimmt mit dieser Einschätzung des SCF überein. Sie weist deshalb erneut auf das Erfordernis hin, auf der Verpackung von Produkten die Lakritz enthalten, Glycyrrhizin bzw. Süßholzsaft (Lakritzextrakt) als Bestandteil zu kennzeichnen. Darüber hinaus sollten in Abhängigkeit vom Gehalt Angaben über tolerable Verzehrsmengen gemacht werden, die nicht überschritten werden sollten, um bei regelmäßigem Konsum höhere Aufnahmen als 100 mg Glycyrrhizin pro Tag zu vermeiden[*]. Schließlich sollte darauf hingewiesen werden, dass übermäßiger Verzehr bei Bluthochdruck vermieden werden sollte.

---

[*] Beispielsweise wäre bei 0,2–0,4 % Glycyrrhizin-Gehalt ein Verzehr von 25 g/Tag des jeweiligen Produkts, bei darüber liegendem Gehalt von etwa 10 g/Tag noch als tolerabel anzusehen.

Kenntnisse über Personengruppen mit besonderer Empfindlichkeit sind noch unzureichend. Insbesondere liegen keine Daten über die Empfindlichkeit von Kindern vor. Die SKLM sieht deshalb Forschungsbedarf für eine genauere Definition dieser Gruppen, insbesondere zur Klärung

- der Häufigkeit des 11-BOHD-2-Polymorphismus
- der Korrelation dieses Polymorphismus mit Glycyrrhizin-bedingtem Bluthochdruck
- des Ausmaßes von Obstipation als Risikofaktor
- der Empfindlichkeit von Kindern

Unabhängig hiervon empfiehlt die SKLM Glycyrrhizin in den hierfür in Frage kommenden Produkten analytisch zu erfassen, um die Exposition des Verbrauchers aus unterschiedlichen Quellen (Multiexposition) abschätzen zu können. Eine HPLC Methode nach § 35 LMBG (L43.08-1) zur Glycyrrhizinbestimmung liegt vor [15].

Literatur

1. RÖMPP Online: Deckwer W-D, Dill, B, Eisenbrand G, Fugmann B, Heiker FR, Hulpke H, Kirschning A, Pühler A, Schmid RD, Schreier P, Steglich, W., RÖMPP Online [Online, November 2003], Thieme Stuttgart (2003); <http://www.roempp.com>
2. SKLM (1990) Glycyrrhizin in Lakritzerzeugnissen. Deutsche Forschungsgemeinschaft Mitteilung 3, Lebensmittel und Gesundheit, Wiley-VCH Verlag GmbH Weinheim 1998, 48–49.
3. BGA (1991). Unveröffentlichter Bericht an das Bundesministerium für Gesundheit (BMG).
4. Van Gelderen CE, Bijlsma JA, van Dokkum W, Savelkoul TJ (2000) Glycyrrhizic acid the assessment of a no effect level. Hum Exp Toxicol **19** (8), 434–439.
5. Russo S, Mastropasqua M, Mosetti MA, Persegani C, Paggi A (2000) Low dose of liquorice can induce hypertension encephalopathy. Am J Nephrol **20** (2), 145–148.
6. Rosseel M und Schoors D (1993) Chewing gum and hypokalaemia. Lancet **341** (8838), 175.

7. Ploeger BA (2000) Development and use of a physiologically based pharmacokinetic-pharmacodynamic model for glycyrrhizinic acid in consumer products. PhD thesis University of Utrecht.

8. Ploeger BA, Meulenbelt J, De Jongh J (2000) Physiologically based pharmacokinetic modelling of glycyrrhizic acid, a compound subject to presystemic metabolism and enterohepatic cycling. Toxicol Appl Pharmacol **162** (3),177–188.

9. Ploeger BA, Mensinga T, Sips A, Seinen W, Meulenbelt J, De Jongh J (2001) The pharmacokinetic of glycyrrhizic acid evaluated by physiologically based pharmacokinetic modeling. Drug Metab Rev **33** (2), 125–147.

10. Ploeger BA, Mensinga T, Sips A, Deerenberg C, Meulenbelt J, De Jongh J (2001) A population physiologically based pharmacokinetic/ pharmacodynamic model for the inhibition of 11-beta-hydroxysteroid dehydrogenas activity by glycyrrhetic acid. Toxicol Appl Pharmacol **170** (1), 46–55.

11. Kistemaker C, Bouman M, Hulshof KFAM (1998) De consumptie van afzonderlijke producten door Nederlandse bevolkingsgroepen. Voedselconsumptiepeiling 1997–1998. [The consumption of separate products by Dutch population subgroups. Food Consumption Survey 1997–1998; in Dutch]. TNO-report V98.812, TNO-Voeding, Zeist, The Netherlands.

12. Maas P (2000) Zoethout in levensmiddelen: onderzoek naar het glycyrrhizine gehalte van thee, kruidenmengsels, dranken en drop. [Liquorice root in food stuffs: survey of the glycyrrhizin content of tea, herbal mixtures, alcoholic drinks and liquorice; in Dutch] De Ware(n) Chemicus **30**, 65–74.

13. SCF (1991) Reports of the Scientific Committee on Food (29th series). Commission of the European Communities, Food Science and Techniques. Report No EUR 14482 EN, CEC, Luxembourg.

14. SCF (2003) Opinion of the Scientific Committee on Food on glycyrrhizinic acid and its ammonium salt (opinion expressed on 4 April 2003). http://europa.eu.int/comm/food/fs/sc/scf

15. Matissek R und Spröer P (1996) Bestimmung von Glycyrrhizin in Lakritzwaren und Rohlakritz mittels RP-HPLC; Deutsche Lebensmittel-Rundschau **92** (12), 381–387.

13　Heterocyclische Aromatische Amine

Die Kommission hat seit 1986[*] mehrfach den aktuellen Stand zu heterocyclischen aromatischen Aminen beraten und kommt aufgrund neuester Erkenntnisse in der Sitzung am 14./15. Dezember 1998 zu folgender Stellungnahme:

Im Unterschied zu früheren Schätzungen, die eine tägliche Aufnahme bis zu 100 µg/Person und Tag an heterocyclischen aromatischen Aminen (HAAs) angenommen hatten, lässt der derzeitige Stand der Erkenntnisse darauf schließen, dass die täglichen Aufnahmemengen mit der Nahrung in der Regel etwa 1 µg/Person und Tag nicht überschreiten. Damit sollte das mit der HAA-Aufnahme verbundene Krebsrisiko des Menschen deutlich geringer sein, als ursprünglich angenommen. Bei diesen Annahmen muss allerdings berücksichtigt werden, dass die individuelle Empfindlichkeit, u. a. aufgrund unterschiedlicher genetischer Disposition erhebliche Unterschiede aufweisen kann.

Die Nachweis- und Bestimmungsmethoden für HAAs sind in den vergangenen Jahren so verbessert worden, dass die wesentlichen HAAs im µg/kg-Bereich sicher und selektiv erfassbar sind. Exemplarische Untersuchungen unterschiedlicher Lebensmittel haben gezeigt, dass HAAs in Gesamtgehalten bis zu 10 µg/kg in küchenmäßig erhitzten fleischhaltigen Lebensmitteln vorliegen können. In anderen Lebensmitteln liegen die Gehalte jedoch um mehr als eine Größenordnung niedriger. In Reaktionsaromen, die unter Verwendung geeigneter Rohstoffe bei Temperaturen bis zu 160 °C gewonnen wurden, sind Gesamtgehalte von maximal 15 µg HAA/kg gefunden worden. Unter Berücksichtigung einer maximalen Anwendungskonzentration bis zu 1 % in Lebensmitteln tragen diese somit nicht zu einer nennenswerten

---

[*] Stellungnahmen der SKLM vom 3./4. Dezember 1987 und 25./26. November 1993.

Lebensmittel und Gesundheit II/Food and Health II
DFG, Deutsche Forschungsgemeinschaft
Copyright © 2005 WILEY-VCH Verlag GmbH & Co. KGaA, Weinheim
ISBN: 3-527-27519-3

Mehrbelastung des Verbrauchers bei. Durch Auswahl geeigneter Rohstoffe und technologischer Maßnahmen, ist der jetzt bei Reaktionsaromen erreichte Stand auch künftig sicherzustellen bzw. weiter zu verbessern.

14 Hochdruckbehandlung von Lebensmitteln, insbesondere Fruchtsäften

Die Kommission hat in der Sitzung am 14./15. Dezember 1998 folgenden Beschluss gefasst:

Lebensmittel, die einer Behandlung mit Drücken über 150 MPa unterzogen werden, können im Sinne der Novel Foods Verordnung ((EG) Nr. 258/97) als neuartig angesehen werden.

Der gegenwärtige Wissensstand zur Auswirkung einer Hochdruckbehandlung von Lebensmitteln basiert vor allem auf physikochemischen und kinetischen Daten aus Modelluntersuchungen. Diese Studien haben bei einzelnen Inhaltsstoffen bisher keine Hinweise auf wesentliche Veränderungen als Folge sachgerechter Hochdruckbehandlung erbracht, doch erscheint für eine Bewertung des Verfahrens die Datenlage unzureichend.

Aufgrund der vielfältigen Anwendungsmöglichkeiten der Hochdruckbehandlung, auch in Kombination mit thermischen Verfahren, wird empfohlen, Einzelfallbewertungen vorzunehmen. Die Produkte müssen gesundheitlich unbedenklich sein. Dabei ist auch u. a. sicherzustellen, dass hinsichtlich mikrobieller Produkteigenschaften die durchgeführte Hochdruckbehandlung den gewünschten Konservierungseffekt und einen einwandfreien hygienischen Zustand gewährleistet.

Da die Hochdruckbehandlung direkt in der Verpackung vorgenommen werden kann, ist darauf zu achten, dass die jeweiligen Migrationsgrenzwerte für Bestandteile von Verpackungsmitteln eingehalten werden.

Lebensmittel und Gesundheit II/Food and Health II
DFG, Deutsche Forschungsgemeinschaft
Copyright © 2005 WILEY-VCH Verlag GmbH & Co. KGaA, Weinheim
ISBN: 3-527-27519-3

15 Sicherheitsbewertung des Hochdruckverfahrens

Die DFG-Senatskommission zur Beurteilung der gesundheitlichen Unbedenklichkeit von Lebensmitteln (SKLM) hat sich bereits 1998 mit der Hochdruckbehandlung von Lebensmitteln beschäftigt und den Beschluss „Hochdruckbehandlung von Lebensmitteln, insbesondere Fruchtsäften" verabschiedet. Angesichts der Weiterentwicklung des Verfahrens, der Ausweitung der Produktpalette und neuer Forschungsarbeiten auf dem Gebiet, hat die Arbeitsgruppe „Lebensmitteltechnologie und -sicherheit" der SKLM das Verfahren hinsichtlich apparativer, mikrobiologischer, chemischer, toxikologischer, allergologischer und rechtlicher Aspekte neu bewertet. Die SKLM hat zur Sicherheitsbewertung des Hochdruckverfahrens am 6. Dezember 2004 folgenden Beschluss gefasst:

15.1 Einführung

Die Hochdruckbehandlung (HD-Pasteurisierung) von Lebensmitteln ist ein Verfahren zur Haltbarmachung und Modifizierung von Lebensmitteln. Dabei werden Lebensmittel üblicherweise für wenige Sekunden bis zu mehreren Minuten hydrostatischen Drücken über 150 MPa unterworfen. Dieses Verfahren ermöglicht es, bei niedrigen Temperaturen Mikroorganismen abzutöten und Enzyme zu inaktivieren, während wertgebende niedermolekulare Verbindungen, wie Vitamine, Farb- und Aromastoffe, weitgehend unbeeinflusst bleiben.

Die Eignung von hydrostatischem Hochdruck zur Abtötung von Mikroorganismen sowie zur Denaturierung von Proteinen wurde bereits vor etwa hundert Jahren gezeigt [1, 2]. In den letzten Jahrzehnten wurde die Verfahrensentwicklung so weit voran-

Lebensmittel und Gesundheit II/Food and Health II
DFG, Deutsche Forschungsgemeinschaft
Copyright © 2005 WILEY-VCH Verlag GmbH & Co. KGaA, Weinheim
ISBN: 3-527-27519-3

getrieben [3–6], dass seit 1990 in Japan und seit 1996 in Europa und den Vereinigten Staaten hochdruckbehandelte Lebensmittel auf den Markt gebracht werden.

Seit dem Inkrafttreten der Verordnung EG Nr. 258/97 über neuartige Lebensmittel und neuartige Lebensmittelzutaten am 15. Mai 1997 [7] können Produkte, bei deren Herstellung ein nicht übliches Verfahren angewandt worden ist (zu denen die Hochdruckbehandlung zählt), nur dann ohne Genehmigungsverfahren in den Verkehr gebracht werden, wenn zuvor festgestellt wurde, dass durch das Verfahren keine bedeutenden unerwünschten Veränderungen verursacht werden. Die Erkenntnisse aus Untersuchungen mit verkehrsfähigen Produkten hinsichtlich Auswirkungen des Hochdruckverfahrens auf Inhaltsstoffe und Kontaminanten reichen für eine generelle Sicherheitsbewertung dieses Verfahrens noch nicht aus. Derzeit ist daher immer eine Einzelfallprüfung hochdruckbehandelter Lebensmittel und Lebensmittelzutaten erforderlich.

15.2 Verfahrenstechnische Grundlagen

Hydrostatischer Druck wirkt in erster Näherung an allen Stellen des Produkts gleich. Die Wirksamkeit des Drucks ist somit unabhängig von der Geometrie des Produkts, so dass auch in stückigen Lebensmittelzubereitungen alle Komponenten eine weitgehend gleichförmige Behandlung erfahren. Die thermische Behandlung von Lebensmitteln bei konventionellen Pasteurisationsprozessen ist hingegen grundsätzlich mit großen Temperaturgradienten verbunden, wobei thermisch bedingte Veränderungen wie Denaturierung, Bräunung oder Filmbildung auftreten können [8].

Die Grundlage des Wirkungsprinzips für hydrostatischen Hochdruck bildet das Prinzip von Le Chatelier. Reaktionen, Konformationsänderungen oder Phasenübergänge, die mit einer Volumenverminderung einhergehen, laufen unter Druck bevorzugt ab, während solche, die von Volumenzunahme begleitet sind, inhibiert werden.

Der Aufbau des Drucks kann über zwei unterschiedliche verfahrenstechnische Prinzipien realisiert werden. Beim direkten

System wird ein hydraulisch angetriebener Kolben direkt in den Druckbehälter hineinbewegt und das Volumen verkleinert. Beim indirekten System wird das Druckübertragungsmedium mit Hilfe einer Druckerhöhungspumpe in den Behandlungsbehälter gepresst. Flüssige Lebensmittel können somit direkt in den Druckbehälter geben werden, während verpackte Lebensmittel über ein drucküberragendes Medium (in der Regel Wasser) behandelt werden.

Die Wirksamkeit der Hochdruckbehandlung wird durch den Systemdruck und auch durch die Temperatur beeinflusst. Durch die bei der Kompression auftretende innere Reibung erhöht sich die Produkttemperatur unter adiabatischen Bedingungen im Fall von stark wasserhaltigen Lebensmitteln um ca. 4 °C pro 100 MPa. Simulationen des Temperaturprofils im Druckbehälter auf der Basis von leichter zugänglichen Messstellen sind erforderlich, da es schwierig ist, in-situ-Temperaturmessungen zur Prozesskontrolle vorzunehmen. Wegen des nahezu verzögerungsfreien Impulstransports in Flüssigkeiten ist die Schwankung des Drucks im Druckbehälter als unerheblich zu betrachten.

15.3   Inverkehrbringen hochdruckbehandelter Lebensmittel

Bevor hochdruckbehandelte Lebensmittel in der Europäischen Union (EU) in den Verkehr gebracht werden können, ist zu prüfen, ob sie zum Geltungsbereich der am 15. Mai 1997 in Kraft getretenen Verordnung (EG) Nr. 258/97 über neuartige Lebensmittel und neuartige Lebensmittelzutaten gehören. Als neuartig anzusehen – und nach Artikel 4 der Verordnung (EG) Nr. 258/97 genehmigungspflichtig – sind gemäß der Verordnung (EG) Nr. 258/97:

„Lebensmittel und Lebensmittelzutaten, bei deren Herstellung ein nicht übliches Verfahren angewandt worden ist und bei denen dieses Verfahren eine bedeutende Veränderung ihrer Zusammensetzung oder der Struktur der Lebensmittel oder der Lebensmittelzutaten bewirkt hat, was sich auf ihren Nährwert,

ihren Stoffwechsel oder auf die Menge unerwünschter Stoffe im Lebensmittel auswirkt."
Vor dem Inkrafttreten der Verordnung (EG) Nr. 258/97 wurde in Frankreich hochdruckpasteurisierter Orangensaft in den Verkehr gebracht. Nach Inkrafttreten dieser Verordnung haben die für den Vollzug der Verordnung zuständigen nationalen Behörden Anträge auf Zulassung bzw. Anfragen zum Rechtstatus folgender hochdruckbehandelter Produkte geprüft: Fruchtzubereitungen (Frankreich), Kochschinken (Spanien), Austern (Großbritannien), Früchte (Deutschland). In allen Fällen wurde festgestellt, dass durch die Hochdruckbehandlung keine bedeutenden Veränderungen der Zusammensetzung oder der Struktur der Produkte bewirkt werden, die sich auf Nährwert, Stoffwechsel oder die Menge unerwünschter Stoffe in den Lebensmitteln auswirken (s. Anhang).

15.4 Sicherheitsbewertung

Hinweise zu Art und Umfang der für die Sicherheitsbewertung notwendigen Informationen und Untersuchungen von Lebensmitteln, die mit neuen Verfahren hergestellt wurden, lassen sich den entsprechenden Empfehlungen der Europäischen Kommission zu Anträgen auf Genehmigung des Inverkehrbringens entnehmen [9].
Als erforderlich erachtet werden Informationen zur Spezifikation des behandelten Lebensmittels, zum angewandten Verfahren und dessen Prozessparametern sowie zu den verwendeten Anlagen und Verpackungsmaterialien. Dazu gehört auch eine Beschreibung der Behandlung des Lebensmittels vor und nach der Anwendung des Verfahrens, z. B. in Bezug auf Lagerungsbedingungen. Unter Berücksichtigung aller in der wissenschaftlichen Literatur verfügbaren Informationen sollten die potenziellen Auswirkungen des neuartigen Verfahrens auf die Struktur und Inhaltsstoffe der Lebensmittel im Vergleich zu bisher üblichen Verfahren beschrieben werden. Anhand dessen kann beurteilt werden, ob verfahrensbedingte chemische oder biologische Veränderungen eintreten können, die sich auf die ernährungsrele-

vanten, toxikologischen und hygienischen Eigenschaften des Lebensmittels auswirken. Insbesondere ist zu belegen, dass eine ausreichende Abtötung gesundheitlich relevanter Mikroorganismen erzielt wird.

Mit geeigneten Methoden ist zu untersuchen, ob das Verfahren Veränderungen der chemischen Zusammensetzung und/oder Struktur der Lebensmittelinhaltsstoffe bewirkt. Als Vergleichsprodukte dienen dabei in der Regel die konventionell behandelten Erzeugnisse. Zusätzlich kann auf Inaktivierung natürlich vorkommender gesundheitlich bedenklicher Lebensmittelinhaltsstoffe geprüft und so mögliche Vorteile der Hochdruckbehandlung gegenüber herkömmlichen Verfahren gezeigt werden.

15.4.1   Mikrobiologische Aspekte

Vegetative Zellen lebensmittelrelevanter Bakterien werden durch hydrostatischen Druck im Bereich von 150–800 MPa abgetötet. Hierzu gibt es eine Vielzahl von Untersuchungen auch mit pathogenen Mikroorganismen. Die Inaktivierungskinetik für Mikroorganismen unter Druck zeigt eine stetig fallende Kurve, die wie bei thermischen Prozessen in einem „Sockel" (Tailing) enden kann. Ob es sich hierbei um eine druckresistente Subpopulation handelt ist bisher ungeklärt. Das Überleben vegetativer Zellen während und nach einer Hochdruckbehandlung hängt stark von der Lebensmittelmatrix ab [10–15].

Die druckinduzierte Abtötung vegetativer Zellen ist bei tiefen pH-Werten im Vergleich zu pH-Werten im neutralen Bereich erheblich beschleunigt. Während der Hochdruckbehandlung wird der Protonengradient über die Zellmembran schnell und zunächst reversibel zerstört und Membranproteine, z. B. die für die Säuretoleranz notwendigen Transportenzyme, inaktiviert. In dieser Weise subletal geschädigte Zellen mit beeinträchtigter Säuretoleranz werden deswegen in sauren Lebensmitteln auch während der Lagerung unter Normaldruck abgetötet. Dies wirkt sich auf die Herstellung mikrobiologisch sicherer, hochdruckbehandelter Lebensmittel im pH-Bereich unter 4,5 sehr günstig aus, wobei die Vorgeschichte des Lebensmittels und die Gestaltung der Prozessabfolge zu beachten sind [10, 16, 17].

In Gegenwart molarer Konzentrationen ionischer Stoffe wie z. B. NaCl oder nichtionischer Stoffe wie z. B. Saccharose sowie bei niedrigem a_w-Wert oder bei Einbettung in eine Matrix kann die druckinduzierte Abtötung vegetativer Zellen erheblich beeinträchtigt sein.

Bakterielle Endosporen weisen im Vergleich zu vegetativen Zellen eine wesentlich höhere Resistenz gegenüber Hochdruck auf. Sporen von *Clostridium botulinum* und *Bacillus*-Spezies sind Leitkeime für die Sicherheit bzw. den Verderb schwach saurer (hitzebehandelter) Vollkonserven, die bei Raumtemperatur Drücke über 1000 MPa tolerieren. Durch kombinierte Druck-/Temperaturanwendung ist jedoch eine Inaktivierung solcher lebensmittelrelevanter bakterieller Endosporen möglich. Grundsätzlich wird die notwendige Inaktivierungstemperatur und/oder -zeit durch die Kombination mit Druck gesenkt [11, 18–21]. Bakterielle Endosporen können jedoch bei bestimmten Druck/Temperatur-Kombinationen durch Hochdruckbehandlung gegenüber einer thermischen Inaktivierung stabilisiert werden [22]. Dies ist insbesondere bei der Entwicklung schneller Verfahren mit sehr hohen Drücken und Temperaturen zu berücksichtigen. Eine Extrapolation aufgrund der Daten mit konventionellen Systemen ist nicht möglich.

Die Drucktoleranz bakterieller Endosporen variiert zwischen Spezies und Stämmen, innerhalb eines Stamms auch in Abhängigkeit von den Sporulationsbedingungen. Von den untersuchten Endosporenbildnern wiesen Sporen von *Bacillus amyloliquefaciens* die höchste Druckresistenz auf. In einer Karottenbreimatrix wurden diese Sporen bei 800 MPa und 80 °C innerhalb von 50 min um fünf Zehnerpotenzen inaktiviert. Die Endosporen von *C. botulinum* Typ A, B und F wurden bei 600 oder 800 MPa und Temperaturen über 80 °C in wenigen Minuten um mehr als fünf Zehnerpotenzen inaktiviert [23].

Viren können ebenfalls grundsätzlich durch Hochdruck inaktiviert werden. Die Vielfalt an Virusarten und deren Aufbau ist jedoch so groß, dass eine generelle Aussage derzeit nicht möglich ist. Eine Erhöhung des Risikos gegenüber unbehandelten Lebensmitteln ist gegenwärtig nicht erkennbar.

Fazit: Hochdruckbehandelte Lebensmittel können hinsichtlich mikrobiologischer Sicherheit nach etablierten Kriterien bewertet werden. Hierbei ist mit realistischen Keimzahlen eine Fall-zu-Fall-Bewertung notwendig. Ein spezifisch mikrobiologisches Gesundheitsrisiko der Hochdruckbehandlung ist nach dem Stand der Wissenschaft nicht erkennbar. Die Inaktivierung in einem Rohstoff vorhandener unerwünschter Mikroorganismen durch Hochdruckbehandlung ist jedoch im Einzelfall zu untersuchen. Eine globale Bewertung ist ebenso wenig möglich, wie ein Rückschluss aus der Erfahrung des Verhaltens von Stoffen und Mikroorganismen in thermischen Prozessen. Für die Entwicklung und Bewertung von Prozessen ist deswegen die Charakterisierung von (hygienerelevanten) Leitkeimen notwendig.

15.4.2 Chemische Aspekte

Prinzipiell können solche chemische Reaktionen unter Druck beschleunigt werden, deren Reaktions- und Aktivierungsvolumina negativ sind. Hierzu gehört u. a. die Bildung kovalenter Bindungen z. B. Zykloadditionen und von Ionen z. B. durch Dissoziation. Unter realistischen Produktionsbedingungen wurden Zykloadditionen geeigneter Reaktionspartner in der Lebensmittelmatrix bisher jedoch nicht beobachtet [24, 25]. Homolytische Bindungsspaltungen (Radikalbildung) werden andererseits durch Druck unterdrückt. Wechselwirkungen zwischen den gelösten Spezies mit dem Lösungsmittel beeinflussen die Partialvolumina und damit die Reaktivität [6, 26, 27].

Wasserlösliche Vitamine wie Vitamin C, Vitamine B1, B2 und B6 und Folsäure [28] scheinen durch die Druckbehandlung unter realistischen Produktionsbedingungen nicht oder nur wenig beeinflusst zu werden. In Modellsystemen sind eher Veränderungen zu bemerken als in der Lebensmittelmatrix, die einen schützenden Effekt ausübt. Dies gilt auch für fettlösliche Vitamine wie Vitamin A, Vitamin E [29] und Vitamin K sowie Provitamin A [30, 31]. Chlorophyll ist bei niedrigen Temperaturen gegen Druck stabil [32–34].

Über Zusatzstoffe und ihr Verhalten unter hydrostatischem Druck liegen bisher nur wenige Daten vor. Für den Süßstoff Aspartam ist bekannt, dass er durch Hochdruckbehandlung in wenigen Minuten unter neutralen und basischen pH-Bedingungen zum Diketopiperazinderivat zyklisiert [35].

Über die Oxidation der Fette im Lebensmittel durch Hochdruckbehandlung finden sich widersprüchliche Aussagen, die oftmals nicht deutlich gegen die Veränderungen während der Lagerung abgegrenzt sind [36, 37]. Enzymatische Restaktivitäten, Fettsäurespektrum, Wassergehalte, pH-Wert, Oxidationsgrad vor der Druckbehandlung, Pro- und Antioxidantien haben einen entscheidenden Einfluss auf die druckbedingte Veränderung der Lipide und den Oxidationsverlauf während der Lagerung. Strukturveränderungen der Zellmembran bis hin zur Zerstörung des Zellverbunds und Dekompartimentierungen beeinflussen ebenfalls die Oxidation der Lipide.

Kohlenhydrate zeigen sich weitgehend unempfindlich gegen Druck. Methylglykoside können unter Druck in das Aglykon und MeOH hydrolysiert werden (Aktivierungsvolumen leicht negativ), Disaccharide erweisen sich als stabil (Aktivierungsvolumen leicht positiv). Bei Drücken über 1000 MPa kann es zu Solvolysereaktionen der glykosidischen Bindung kommen [6]. Jedoch können Polysaccharide hinsichtlich Wasserbindungs- und Gelbildungseigenschaften beeinflusst [38] werden. Die Veränderungen betreffen jedoch die funktionalen Eigenschaften und beinhalten nichtstrukturelle Änderungen.

Die Primärstruktur der Proteine wird durch Druck nicht beeinflusst. Druck beeinflusst hydrophobe Wechselwirkungen und damit die Quartärstruktur, die Tertiärstruktur durch reversibles Entfalten und die Sekundärstruktur durch irreversibles Entfalten des Proteins. Druckinduzierte Gele haben andere rheologische Eigenschaften als hitzeinduzierte. Die Proteaseabbaubarkeit druckmodifizierter Proteine ist erhöht, was möglicherweise auf eine höhere Wasserbindungskapazität hindeutet.

Von besonderem Interesse ist das Verhalten von Prionproteinen. So führte Hochdruckbehandlung von (Hamster und Rinder) Prionproteinen zu einer Verringerung der Proteolyseresistenz der Prionen [42, 43].

Bei Enzymen kann durch Druckbehandlung sowohl die Aktivität als auch die Substratspezifität beeinflusst werden. Auch eine partielle Inaktivierung ist möglich, Reaktivierung der Enzymaktivität, z. B. während der Lagerung, kann u. U. zur Bildung unerwünschter Stoffe führen. In einigen Fällen ist auch eine Aktivitätssteigerung von Enzymen unter Druck zu beobachten, was während der Druckaufbauphase zu Fehlaromen führen könnte. Zur Substratspezifität von Enzymen im Lebensmittelbereich sind nur wenige Daten verfügbar. So wird z. B. Peroxidase bereits bei niedrigen Drücken inaktiviert, wenn ein bestimmtes Substrat vorhanden ist, bei anderen Substraten dagegen nicht [45, 46]. Bildung toxischer Verbindungen aufgrund veränderter Substratspezifität unter Druck wurde bisher nicht beobachtet.

Studien haben gezeigt, dass das antioxidative und antimutagene Potenzial von Obst- und Gemüsesäften nach Hochdruckbehandlung erhalten bleibt, während es durch eine Hitzebehandlung oft verloren geht [47].

Bei der Anwendung von Hochdruck auf Lebensmittel muss untersucht werden, ob unter den gewählten Prozessbedingungen Peptide entstehen, die bei oraler Aufnahme biologisch aktiv sein könnten. Generell sind Peptide mit Pyroglutamat (2-Oxoprolin) am N-Terminus resistenter gegen den Abbau durch Peptidasen. Solche Substanzen sind u. U. biologisch aktiv. Die Umwandlung von Glutamin in Pyroglutamat (2-Oxoprolin) wird unter Druck, aber auch durch Temperatur, begünstigt [39–41].

Die Bildung von Acrylamid aus einer wässrigen Lösung von Glucose und Asparagin zeigte sich unter Bedingungen der Hochdruckbehandlung als stark vermindert. Auch bei Kartoffelpürree führte die thermische Behandlung erwartungsgemäß zu einer deutlichen Braunverfärbung und Acrylamidbildung, während unter Hochdruckbehandlung (560 MPa, 105 °C) keine nachweisbaren Mengen an Acrylamid gebildet wurden [44].

Fazit: Hochdruckbehandlung kann in Lebensmitteln chemische Veränderungen erzeugen, wobei Reaktionen und Konformationsänderungen, die mit einer Volumenverminderung einhergehen, bevorzugt ablaufen. Bisher untersuchte Vitamine, Farb- und Aromastoffe bleiben im Vergleich zu konventionellen thermischen Prozessen weitgehend unbeeinflusst.

15.4.3 Toxikologie

Das notwendige Ausmaß an toxikologischen Untersuchungen richtet sich nach der Art der durch die Hochdruckbehandlung induzierten Veränderungen [7, 9]. Wird durch angemessene analytische Studien belegt, dass die Hochdruckbehandlung keine oder keine wesentlichen Veränderungen der chemischen Zusammensetzung und/oder Struktur der Lebensmittelinhaltsstoffe bewirkt, kann das Erzeugnis als substanziell äquivalent zu dem entsprechenden konventionell behandelten Vergleichsprodukt bewertet und damit ohne weitere Untersuchungen akzeptiert werden. Dies ist bei den bisher zugelassenen Produkten der Fall (s. Anhang). Ergeben sich allerdings Hinweise, dass solche Veränderungen auftreten, ist eine gesundheitliche Bewertung erforderlich. Die dazu notwendigen toxikologischen Studien sind von der Art der durch die Hochdruckbehandlung induzierten Veränderungen sowie dem erwarteten Verzehr des Erzeugnisses und der daraus resultierenden Exposition des Verbrauchers gegenüber den betroffenen Inhaltsstoffen abhängig.

Des Weiteren muss sichergestellt werden, dass Bestandteile aus der Verpackung nicht in gesundheitlich relevanten Konzentrationen auf das Lebensmittel übertreten. Die jeweiligen Migrationsgrenzwerte für Bestandteile von Verpackungsmaterialien sind einzuhalten.

Aus den bisher durchgeführten Untersuchungen hochdruckbehandelter Lebensmittel haben sich keine Hinweise auf ein erhöhtes toxikologisches Potenzial im Vergleich zu nativen oder zu thermisch konservierten Lebensmitteln ergeben.

In einem Lebensmittel vorhandene Toxine werden durch Hochdruck möglicherweise nicht gleichermaßen entfernt wie in thermischen Prozessen.

15.4.4 Allergenität

Die Bewertung des Einflusses der Hochdruckbehandlung auf die Allergenität von Lebensmitteln sollte in Bezug zu traditionellen lebensmitteltechnologischen Verfahren, insbesondere der Erhitzung, erfolgen. Die Allergenität kann nach technologischer Behandlung verändert sein (Bildung von Neoallergenen oder -epitopen).

Viele technologische insbesondere thermische Verfahren führen zu einer partiellen Inaktivierung des allergenen Potenzials [48, 49]. Bisher durchgeführte Studien zum Hochdruck weisen ebenfalls in diese Richtung. Obwohl die thermische Behandlung von Lebensmitteln zu drastischen strukturellen und chemischen Veränderungen von Lebensmittelinhaltsstoffen führt, gibt es nur sehr wenige Hinweise auf eine Erhöhung der Allergenität durch Prozessierung von Lebensmitteln [50–54]. Eine Erhöhung der Allergenität durch Hochdruckbehandlung ist daher als wenig wahrscheinlich anzusehen, kann aber aufgrund der wenigen bisher durchgeführten Studien auch nicht völlig ausgeschlossen werden.

Zum Einfluss der Hochdruckbehandlung auf die Allergenität liegen bisher nur sehr wenige Studien vor. Jankiewicz et al. [49] fanden eine im Vergleich zu nativem Sellerie verminderte IgE-Reaktivität eines Extrakts aus Sellerieknollen, die einer Hochdruckbehandlung bei 600 MPa unterzogen worden waren. Insbesondere die IgE-Bindungskapazität des Hauptallergens war vermindert. Passiv mit selleriespezifischem IgE sensibilisierte RBL-2H3-Zellen („rat basophil leukemia cells") zeigten nach Stimulation durch Extrakt aus hochdruckbehandeltem Sellerie eine um mehr als 50 % verminderte Ausschüttung des Mediators β-Hexosaminidase. Das allergene Potenzial des hochdruckbehandelten Lebensmittels lag damit zwischen jenem von rohem und gekochtem Sellerie. Einen anderen Mechanismus, der eine Abschwächung einer allergischen Reaktion auf ein Nahrungsmittel nach einer Hochdruckbehandlung erklären könnte, beschrieben Kato et al. [55]. Es wurde gezeigt, dass die Hauptallergene von Reis nach einer Hochdruckbehandlung mit 500 MPa in flüssigem Medium aus den Körnern freigesetzt werden. Derzeit wird versucht, diese Beobachtung für die Herstellung eines hypoallergenen Reises zu nutzen. Da die Ergebnisse mit Lebensmitteln bzw. -extrakten erhalten wurden und nicht mit reinen Allergenen, sind hieraus keine Anhaltspunkte über Strukturveränderungen der Allergene durch die Hochdruckbehandlung zu gewinnen. Untersuchungen zur Überprüfung der klinischen Relevanz solcher *in vitro* erzielten Ergebnisse sind bisher nicht durchgeführt worden. In dieser Hinsicht aussagekräftige Resultate erfordern die Durchführung von Provokationsversuchen, möglichst mittels „double-blind placebo-controlled food challenge" (DBPCFC).

Versuche am rekombinanten Hauptallergen des Apfels zeigten mittels CD-Spektroskopie Änderungen in der Sekundärstruktur [56]. Dabei wurde eine Abnahme von α-helicalen Bereichen und eine Zunahme von β-Faltblattstrukturen festgestellt. Im Provokationstest wurden hochdruckbehandelte Äpfel von fünf Apfelallergikern ohne Symptome vertragen. Die Hauptallergene aus Apfel und Sellerie erwiesen sich im Gegensatz zu anderen Allergen, z.B. aus der Erdnuss, auch bei konventionellen Verarbeitungsprozessen als labil, so dass aus diesen Experimenten keine generellen Rückschlüsse gezogen werden können.

Fazit: Aus allergologischer Sicht sind die durch Hochdruck induzierten Veränderungen in Lebensmitteln im Vergleich zu thermischen Behandlungsverfahren als relativ gering zu bewerten. Bisher liegen keine Hinweise darauf vor, dass das allergene Potenzial von Lebensmitteln durch den Einsatz der Hochdruckbehandlung erhöht werden kann. Die bisher vorliegenden Studien lassen es hingegen möglich erscheinen, die Hochdruckbehandlung zur gezielten Verminderung der Allergenität bestimmter Proteinfamilien zu nutzen.

15.4.5 Anforderungen an die Verpackung und Lagerung

Verpackte Lebensmittel werden über ein druckübertragendes Medium (in der Regel Wasser) behandelt, woraus sich besondere Ansprüche an die Verpackung ergeben. Verpackungsmaterialien erfahren während der Hochdruckbehandlung eine mechanische

Beanspruchung. Bei einem Druck von beispielsweise 600 MPa (22 °C) vermindert sich das Volumen von Wasser bzw. flüssigen Lebensmitteln um etwa 15 %. Hochdruckgeeignete Verpackungen müssen die durch die Volumenänderung hervorgerufene elastische Verformung unbeschadet überstehen [57, 58]. Verpackungsmaterialien müssen auch nach der Hochdruckbehandlung Barriereeigenschaften gegenüber Gasen (Sauerstoff, Wasserdampf, Kohlendioxid) aufweisen, die notwendig sind, um Produktqualität und Haltbarkeit zu gewährleisten [59, 60].

Änderungen der Migrationsraten verschiedener Substanzen aus Modelllösungen in Verpackungsmaterialien nach Druckbehandlung wurden nicht beobachtet [61]. Die Absorption von Aromakomponenten durch die Folien ist nach Druckbehandlung erheblich niedriger [62, 63]. Änderungen von Gehalten an Nährstoffen sowie die Änderung sensorischer Eigenschaften von Säften in unterschiedlichen Verpackungsmaterialien durch Druck wurden bisher nicht beobachtet [64].

Fazit: Aufgrund der experimentellen Resultate wird generell akzeptiert, dass Kunststofffolien und andere Verpackungsmaterialien für Hochdruckbehandlung von Lebensmitteln verwendet werden. Die Eignung der Verpackung muss von Fall zu Fall geprüft werden, um sicherzustellen, dass die Qualität des Lebensmittels während der Lagerzeit erhalten bleibt.

15.5 Forschungsbedarf

15.5.1 Mikroorganismen

Eine breite Datenbasis über das Verhalten vegetativer Zellen unter Hochdruck zeigt, dass Risiken durch Verderbserreger oder pathogene Bakterien grundsätzlich ebenso beherrschbar sind wie durch thermische Verfahren. Die gezielte Nutzung synergistischer oder antagonistischer Wechselwirkungen einer Hochdruckbehandlung mit der Lebensmittelmatrix erfordert vertieften Einblick in die Mechanismen der druckinduzierten Abtötung von Bakterien. Die Einbeziehung mikrobieller Subpopulationen, insbesondere innerhalb pathogener Bakterienstämme ist ebenso notwendig wie die Betrachtung eukaryontischer Mikroorganismen und deren Sporen, für die es nur wenige Untersuchungen gibt.

Die Hitzeresistenz von Endosporen korreliert nicht mit der Druckresistenz. Für die Bewertung von Hochdruckprozessen müssen deswegen unter Einbeziehung hygienerelevanter Mikroorganismen und Sporen Leitkeime für die Druckinaktivierung bakterieller Endosporen identifiziert werden. Besonderes Interesse verdienen hierbei die drucktolerante Fraktion an Mikroorganismen, das Verhalten von Mikroorganismen und Sporen in Prozessen mit hoher Kompressionsrate und die potenzielle Stabilisierung bakterieller Endosporen bei kombinierten Druck/Temperaturverfahren. Hinsichtlich des Verhaltens mikrobieller Toxine in thermischen Verfahren liegen Erfahrungen vor. Diese erlauben aber keine Extrapolation auf deren Verhalten in Hochdruckbehandlungen. Deshalb sind Daten zur Inaktivierung bakterieller Toxine zu erarbeiten.

Ebenso liegen keine Untersuchungen zur Inaktivierung bzw. Infektiosität lebensmittelübertragbarer Viren nach Hochdruckbehandlung vor.

15.5.2 Chemische Aspekte

Bei der Hochdruckbehandlung von Lebensmitteln ist auf bestimmte Reaktionen von Lebensmittelinhaltsstoffen zu achten, die zu chemischen Veränderungen führen können. Dies gilt beispielsweise für folgende Reaktionstypen: *Dissoziation* organischer Säuren und Amine, Reversibilität und Reaktivität der dissoziierten Spezies; *Zyclisierungsreaktionen*: Reaktionen chinoider Systeme mit Dienen (Diels-Alder) sowie [2+2]-Zycloadditionen; Bildung von Ammonium, Sulfonium und Phosphoniumsalzen, Reversibilität und Reaktivität der unter Druck gebildeten Ionen; *Hydrolysereaktionen* von Ethern, Estern, Acetalen und Ketalen. Ob diese Reaktionen in Lebensmitteln eine Rolle spielen, muss geklärt werden.

Die mögliche Bildung bioaktiver Peptide bei der Anwendung von Hochdruck auf proteinreiche Lebensmittel muss untersucht werden. Für die bereits gezeigte Umwandlung von Glutamin in 2-Oxoprolin bzw. von Glutamat in Pyroglutamat am N-Terminus von Peptiden ist auch der Einfluss verschiedener benachbarter Aminosäuren auf die Reaktionsgeschwindigkeit zu erfassen. Eventuell werden weitere Untersuchungen, z. B. zur Resorption solcher modifizierter Peptide aus dem Gastrointestinaltrakt und zur biologischen Wirkung erforderlich.

Die Reaktionen bestimmter Aminosäuren in Peptiden und Proteinen zu Succinimidstrukturelementen sind nichtenzymatische Zyklisierungsreaktionen. Eine Ringöffnung führt zur Bildung möglicherweise unerwünschter Derivate. Die Deamidierungsreaktion ist eine bekannte Modifikation von Peptiden und Proteinen. Sie ist in Abhängigkeit der Prozessparameter zu untersuchen.

Zahlreiche zyklische Dipeptide z. B. auch mit Diketopiperazinstruktur sind bioaktiv wirksam. Die Druckabhängigkeit der Zyklisierung von Di- und Oligopeptiden mit modifiziertem C-Terminus ist zu untersuchen.

Die Beeinflussung der Konformation von Proteinen durch Hochdruck in entsprechenden Systemen sollte detailliert untersucht werden. Von besonderem Interesse sind durch fehlgefaltete Proteinaggregate assoziierte Proteinfibrillen aus β-Faltblattstapeln die bei bestimmten Krankheiten wie TSE-Erkrankungen auftreten. Trotz der bekannten Druckstabilität der β-Faltblattstrukturen verringert bereits eine Druckanwendung von mehreren hundert MPa die Proteolyseresistenz infektiöser Hamster-Prionproteine (Hirnhomogenat).

Widersprüchliche Aussagen über Oxidation von Fetten im Lebensmittel durch Hochdruckbehandlung sind zu klären.

15.5.3 Allergenität

Die Auswirkungen der Hochdruckbehandlung sollten nicht ausschließlich *in vitro*, sondern auch *in vivo* durch Hauttests und Provokationsversuche überprüft werden. Exemplarische Studien zum Einfluss der Hochdruckbehandlung auf die Allergenität von

Lebensmittelproteinen sollten sich auf Lebensmittel konzentrieren, bei denen ein allergenes Potenzial bekannt ist und die für den Einsatz der Hochdrucktechnologie geeignet sind. In den klinischen Teil neu zu initiierender Studien sollten nur Patienten einbezogen werden, bei denen das Bestehen einer Lebensmittelallergie durch einen möglichst doppelblind durchgeführten Provokationsversuch bestätigt ist. Lebensmittel sollten danach ausgewählt werden, dass entsprechende Allergene in reiner Form zur Verfügung stehen. Dies eröffnet die Möglichkeit struktureller Untersuchungen. Außerdem können Interaktionen mit Komponenten aus der Lebensmittelmatrix unter kontrollierten Bedingungen im Modell untersucht werden. Studien an Patienten mit Lebensmittelallergien können naturgemäß nur die Auswirkungen der Hochdruckbehandlung nach bereits erfolgter Sensibilisierung erfassen. Untersuchungen zu möglichen Veränderungen des Sensibilisierungspotenzials sollten in ausgewählten Tierspezies, bevorzugt in validierten Mausmodellen sowie in Zellkultursystemen erfolgen.

15.5.4 Verpackung

In Bezug auf Druckeffekte auf Verpackungsbestandteile ist beispielsweise zu untersuchen, ob sich unter Druck die chemisch-physikalischen Eigenschaften der Polymere so ändern, dass eine beschleunigte Diffusion von Weichmachern wie z. B. Phthalaten resultiert. Auch fehlen Untersuchungen zum Verhalten von Restmonomeren und flüchtigen organischen Stoffen unter Hochdruck. Ebenso ist produktspezifisch auf mögliche sensorische Veränderungen zu achten.

15.5.5 Verfahrenstechnischer Forschungsbedarf

Für den Hochdruckprozess müssen Methoden entwickelt werden, die es ermöglichen, auftretende Intensitätsspitzen oder -senken durch verfahrenstechnische Gegenmaßnahmen ausgleichen zu können. Zur Überwachung und Beurteilung der Prozesshomogenität sind Messungen des Drucks und der Temperatur an kritischen Stellen unerlässlich. Dies erfordert die Entwicklung schnell ansprechender und hinreichend genauer Druck- und Temperatursensoren für Messungen bis 1500 MPa.

Sowohl bei der Konstruktion als auch bei der Auswahl der Werkstoffe ist auf die besonderen Vorgaben für Anlagen zur Behandlung von Lebensmitteln zu achten. Aus verfahrenstechnischer Sicht ist die Konstruktion von Druckbehältern und Kompressionsaggregaten auch für Drücke größer 1000 MPa von besonderem Interesse, da eine Verkürzung der Prozesszeiten bzw. eine Optimierung des Verfahrenserfolgs erreicht werden kann. Das druckübertragende Medium hat im Zusammenspiel mit dem Kompressionsaggregat, dem Druckbehälter sowie der Verrohrung entscheidenden Einfluss auf die Geschwindigkeit und Gleichförmigkeit des Druckaufbaus.

15.6 Schlussbemerkung

Bisherige Untersuchungen an hochdruckbehandelten Lebensmitteln haben keine Hinweise auf mikrobielle, toxikologische oder allergene Risiken als Folge einer Hochdruckbehandlung ergeben. Jedoch sind diese an einigen wenigen bereits auf dem Markt befindlichen Produkten gewonnenen Erkenntnisse für eine generelle Bewertung noch nicht ausreichend. Derzeit ist bei Einbezug neuer Produktkategorien daher immer eine Einzelfallprüfung der hochdruckbehandelten Lebensmittel erforderlich. Langfristig wünschenswert ist die Erarbeitung produkt- bzw. prozessspezifischer Prüfparameter, um künftig die Sicherheitsbewertung hochdruckbehandelter Lebensmittel nach anerkannten Standardkriterien durchführen zu können.

Anhang:
Inverkehrbringen hochdruckbehandelter Produkte

In Frankreich wurde bereits vor Inkrafttreten der Verordnung (EG) Nr. 258/97 hochdruckpasteurisierter Orangensaft in den Verkehr gebracht.

Im Dezember 1998 wurde nach den Bestimmungen der Verordnung (EG) Nr. 258/97 von der Firma Danone bei der zuständigen Behörde Frankreichs ein Antrag auf Inverkehrbringen von Fruchtzubereitungen, die durch Hochdruckbehandlung pasteurisiert wurden, gestellt. Da das Hochdruckverfahren zwar bereits zur Pasteurisierung von Orangensaft, nicht aber von Fruchtzubereitungen angewendet wurde, ging die Antragstellerin somit davon aus, dass es sich bei den hochdruckpasteurisierten Fruchtzubereitungen um neuartige Lebensmittelzutaten handelt, die entsprechend Artikel 1 Absatz 2 Buchstabe f) in den Anwendungsbereich der Verordnung (EG) Nr. 258/97 fallen. Mit dem Antrag wurden Untersuchungsergebnisse vorgelegt, anhand derer gezeigt wurde, dass das Hochdruckverfahren keine wesentlichen Veränderungen der Zusammensetzung oder Struktur der Fruchtzubereitungen verursacht, die sich auf den Nährwert, Stoffwechsel oder die Menge unerwünschter Stoffe auswirken.

Die für die Antragsprüfung zuständige „Agence française de sécurité sanitaire des aliments" (AFSSA) kam ebenfalls zu dem Ergebnis, dass sich die hochdruckbehandelten Fruchtzubereitungen, abgesehen von dem in den meisten Fällen höheren Vitamingehalt, im Hinblick auf ihre relevanten Inhaltsstoffe nicht wesentlich von thermisch pasteurisierten Produkten unterscheiden.

Die Entscheidung der Europäischen Kommission über die Zulassung des Inverkehrbringens der im Antrag beschriebenen Fruchtzubereitungen, die mittels Hochdruck pasteurisiert wurden, erfolgte im Mai 2001 [65].

Die zuständigen Behörden der EU-Mitgliedsstaaten haben sich im Juli 2001 darauf verständigt, dass künftig die nationalen Behörden anhand entsprechender, vom Hersteller zur Verfügung gestellter Daten über den Rechtsstatus hochdruckbehandelter Lebensmittel entscheiden. Gelangt die hierfür zuständige Behörde zu dem Ergebnis, dass das Produkt nicht in den Anwendungsbereich der Verordnung fällt und daher ohne Genehmigung vermarktet werden kann, sollen die Kommission und die übrigen Mitgliedsstaaten entsprechend informiert werden.

Die zuständige Behörde Spaniens erklärte im Juli 2001 hochdruckpasteurisierten Kochschinken und die britische „Food Standard Agency" im August 2002 hochdruckbehandelte Austern als verkehrsfähig.

In Deutschland wurde dem damaligen Bundesinstitut für Verbraucherschutz und Veterinärmedizin (BgVV) eine Anfrage zur Prüfung des Rechtsstatus hochdruckkonservierter Früchte vorgelegt. Das BgVV gelangte im März 2001 zu der Entscheidung, dass durch die Hochdruckbehandlung keine bedeutenden Veränderungen der Zusammensetzung oder der Struktur der Früchte bewirkt werden, die sich auf Nährwert, Stoffwechsel oder die Menge unerwünschter Stoffe in den Früchten auswirken. Die Europäische Kommission und die EU-Mitgliedsstaaten wurden vom BgVV über das Bewertungsergebnis und die Verkehrsfähigkeit der hochdruckkonservierten Früchte informiert.

Literatur

1. Hite, B.: The effects of pressure on the preservation of milk. West Virginia Univ. Agric. Exp. Stnn. Bull. **58**, 15–35 (1899).
2. Bridgman, P.W.: The coagulation of albumen by pressure. J. Biol. Chem. **19**, 511–512 (1914).
3. Hendrickx, M.E.G. und Knorr, D. (Ludikhuyze, L.; Van Loey, A.; Heinz, V.; Mitherausgeber): Ultra High Pressure Treatments of Foods. Kluwer Academic/Plenum Publishers, New York (2002).
4. Palou, E.; Lopet-Malo, A.; Barbosa-Canovas, G.V.; Swanson, B.G.: High pressure treatment in food preservation. In (M.S. Rahman, Hrsg.) Handbook of food preservation. Marcel Dekker, New York (1999).
5. Cheftel, J.C. und Culioli, J.: Review: High pressure, microbial inactivation and food preservation. Food Sci. Technol. Internat. **1**, 75–90 (1995).
6. Tauscher, B.: Pasteurization of food by hydrostatic high pressure: chemical aspects. Z. Lebensmitt. Untersuch. Forsch. **200**, 3–13 (1995).
7. Regulation (EC) No 258/97 of the European Parliament and of the Councilof 27 January 1997 concerning novel foods and novel food ingre-

dients, Official Journal of the European Communities No L 43: 1–7, 14.2.1997.

8. Pfister, M. K.-H. und Dehne, L. I.: High Pressure Processing – Ein Überblick über chemische Veränderungen in Lebensmitteln. Deutsche Lebensmittel-Rundschau, 97. Jahrgang, Heft 7 (2001).

9. Commission recommendation of 29 July 1997 concerning the scientific aspects and the presentaton of information necessary to support applications for the placing on the market of novel foods and novel food ingredients and the preparation of initial assessment reports under Regulation (EC) No 258/97 of the European Parliament and of the Council (97/618/EC), Official Journal of the European Communities No L 253: 1–36, 16.9.1997.

10. Garcia-Graells, C.; Hauben, K. J.A.; Michiels, C. S.: High pressure inactivation and sublethal injury of pressure-resistant *Escherichia coli* mutants in fruit juices. Appl. Environ. Microbiol. **64**,1566–1568 (1998).

11. San Martin, M. F.; Barbosa-Cánovas, G. V.; Swanson, B. G.: Food processing by high hydrostatic pressure. Crit. Rev. Food Sci. Nutr. **42**, 627–645 (2002).

12. Smelt, J. P.P. M.; Hellemons, J. C.; Wouters, P. C.; van Gerwen, S. J.C.: Physiological and mathematical aspects in setting criteria for decontamination of foods by physical means. Int. J. Food Microbiol. **78**, 57–77 (2002).

13. Ulmer, H. M.; Gänzle, M. G.; Vogel, R. F.: Effects of high pressure on survival and metabolic activity of *Lactobacillus plantarum*. Applied and Environmental Microbiology **66**, 3966–3973 (2000).

14. Ulmer, H.M.; Herberhold, H.; Fahsel, S.; Gänzle, M. G.; Winter, R.; Vogel, R. F.: Effects of pressure induced membrane phase transitions on HorA inactivation in *Lactobacillus plantarum*. Appl. Environ. Microbiol, **68**, 1088–1095 (2002).

15. Karatzas, K. A.G. und Bennik, M. H.J.: Characterization of a *Listeria monocytogenes* Scott A isolate with high tolerance towards high hydrostatic pressure. Applied and Enviromental Microbiology, July 2002, Vol. 8 No 7, S. 3138–3189 (2002).

16. Molina-Gutierrez, A.; Stippl, V.; Delgado, A.; Gänzle, M. G.; Vogel, R. F.: Effect of pH on pressure inactivation and intracellular pH of *Lactococcus lactis* and *Lactobacillus plantarum*. Appl. Environ. Microbiol **68**, 4399–4406 (2002).

17. Wouters, P. C.; Glaasker, E.; Smelt, J. P.P. M.: Effects of high pressure on inactivation kinetics and events related to proton efflux in *Lactobacillus plantarum*. Appl. Environ. Microbiol. **64**, 509–514 (1998).

18. Heinz, V. und Knorr, D.: High pressure inactivation kinetics of *Bacillus subtilis* cells by a three-state-model considering distributed resistance mechanisms. Food Biotechnol. **10**, 149–161 (1996).

19. Margosch, D.; Ehrmann, M. A.; Gänzle, M. G.; Vogel, R. F.: Rolle der Dipicolinsäure bei der druckinduzierten Inaktivierung bakterieller

Endosporen. Poster, vorgestellt bei dem 5. Fachsymposium Lebensmittelmikrobiologie der VAAM und DGHM in Seeon, Mai (2003).

20. Reddy, N. R.; Solomon, H. M.; Fingerhut, G. A.; Rhodenhamel, E. J.; Balasubramaniam, V. M.; Palaniappan, S.: Inactivation of *Clostridium botulinum* type E spores by high pressure processing,. J. Food Safety **19**, 277–288 (1999).

21. Wuytack, E. Y.; Boven, S.; Michiels, C. W.: Comparative study of pressure-induced germination of *Bacillus subtilis* spores at low and high pressures. Appl. Environ. Microbiol. **64**, 3220–3224 (1998).

22. Margosch, D.: Behaviour of bacterial endospores and toxins as safety determinants in low acid pressurized food. Doctoral thesis 2005, TU München, Germany.

23. Vogel, R. F.: persönliche Mitteilung (2003).

24. Gruppe, C.; Marx, H.; Kübel, J.; Ludwig, H.; Tauscher, B.: Cyclization reactions of food components to hydrostatic high pressure. In (K. Heremans, Hrsg.): High pressure research in the bioscience and biotechnology. Leuven University press, Leuven, Belgium, 1997, S. 339–342.

25. Kübel, J.; Ludwig, H.; Tauscher, B.: Diels-Alder reactions of food relevant compounds under high pressure: 2,3-dimethoxy-5-methyl-p-benzoquinone and myrcene. In (N. S. Isaacs, Hrsg.): High pressure food science, bioscience and chemistry. The Royal Society of Chemistry, Cambridge, United Kingdom 1998, S. 271–276.

26. Butz, P. und Tauscher, B.: Food chemistry under high hydrostatic pressure. In (N. S. Isaacs, Hrsg.): High pressure food science, bioscience and chemistry. 8. Aufl., The Royal Society of Chemistry, Cambridge, United Kingdom 1998, S. 133–144.

27. Butz, P. und Tauscher, B.: Emerging technologies: chemical aspects. Food Res. Int. **35**, 279–284 (2002).

28. Serfert, Y.: Diplomarbeit, FH Bernburg 2002.

29. Ungerer, H.: Diplomarbeit, Universität Karlsruhe 2003.

30. Fernandez Garcia, A.; Butz, P.; Bognar, A.; Tauscher, B.: Antioxidative capacity, nutrient content and sensory quality of orange juice and an orange-lemon-carrot juice product after high pressure treatment and storage in different packaging. Eur. Food Res. Technol. **213**, 290–296 (2001).

31. Sanchez-Moreno, C.; Plaza, L.; de Ancos, B.; Cano M. P.: Vitamin C, provitamin A carotinoids, and other carotinoids in high pressurised orange juice during refrigerated storage. J. Agric. Food Chem. **51**, 647–653 (2003).

32. Tauscher, B.: Effect of high pressure tratment to nutritive substances and natural pigments. In (K. Autio, Hrsg.): Fresh novel foods by high pressure. VTT Symposium 186, Technical Research Center of Finland, ESPOO 1998, S. 83–95.

33. May, T. und Tauscher, B.: Influence of pressure and temperature on chlorophyll a inalcoholic and aqueous solutions. In (J. C. Olivera und

Literatur

F. A.R. Olivera, Hrsg.): Process optimization and minimal processing of foods. Copernicus Programme Proceedings of the Third Main Meeting Vol 4: High Pressure, 1998, S. 57–59.

34. Van Loey, A.; Ooms, V.; Weemaes, C.; Van den Broeck, I.; Ludikhuyze, L.; Denys, S.; Hendrickx, M.: Thermal and pressure-temperature degradation of chlorophyll in Broccoli (Brassica oleracea L. italica) juice: A kinetic study. J. Agric. Food Chem. **46**, 5289–5294 (1998).

35. Butz, P.; Fernandez Garcia, A.; Fister, H.; Tauscher, B.: Influence of high hydrostatic pressure on Aspartame: Instability at neutral pH. J. Agric. Food Chem. **45**, 302–303 (1997).

36. Angsupanich, K. und Ledward, D. A.: Effects of high pressure on lipid oxidation in fish. In (N. S. Isaacs, Hrsg.): High pressure food science, bioscience and chemistry. The Royal Society of Chemistry, Cambridge, United Kingdom 1998, S. 284–288.

37. Cheah, P. B. und Ledward, D. A.: High pressure effects on lipid oxidation. J. Amer. Oil Chemist Soc. **72**, 1059–1063 (1995).

38. Pfister, M. K.-H.; Butz, P.; Heinz, V.; Dehne, L. I.; Knorr, D.; Tauscher, B.: Der Einfluss der Hochdruckbehandlung auf chemische Veränderungen in Lebensmitteln. Eine Literaturstudie. Bundesinstitut für gesundheitlichen Verbraucherschutz und Veterinärmedizin. Berlin (BgVV-Hefte) 3, 2000, S. 17–22.

39. Butz, P.; Fernandez, A.; Schneider, T.; Stärke, J.; Tauscher, B.; Trierweiler, B.: The influence of high pressure on the formation of diketopiperazine and pyroglutamate rings. High Pressure Research **22**, 697–700 (2002).

40. Schneider, T.; Butz, P.; Ludwig, H.; Tauscher, B.: Pressure induced formation of pyroglutamic acid from glutamine in neutral and alkaline solutions. Lebensm.-Wiss. U. Technol. **36**, 365–367 (2003).

41. Fernandez, A.; Butz. P.; Trierweiler, B.; Zöller, H.; Stärke, J.; Pfaff, E.; Tauscher, B.: Pressure/temperature combined treatments of precursors yield hormone-like peptides with pyroglutamate at the N terminus. J. Agric. Food Chem. **51**, 8093–8097 (2003).

42. Fernandez Garcia, A.; Heindl, P.; Voigt, H.; Büttner, M.; Wienhold, D.; Butz, P.; Stärke, J.; Tauscher, B.; Pfaff, F.: Reduced proteinase K resistance and infectivity of prions after pressure treatments at 60 °C. Journal of General Virology **85**, 261–264 (2004).

43. Heinz,V. und Kortschack, F.: Method for modifying the protein structure of PrP(sc) in a targeted manner, Patent WO 02/49460 (2002).

44. Tauscher, B.: persönliche Mitteilung 2004, Bundesforschungsanstalt für Ernährung (BfE), Karlsruhe.

45. Fernandez Garcia, A.; Butz, P.; Tauscher, B.: Mechanism-based irreversible inactivation of horseradish peroxidase at 500 MPa. Biotechnol. Prog. **18**, 1076–1081 (2002).

46. Fernandez Garcia, A.; Butz, P.; Lindauer R.; Tauscher, B.: Enzyme-substrate specific interactions: In situ assessments under high pres-

sure. In: R. Hayashi (Hrsg.): Trends in High Pressure Bioscience and Biotechnology: Proceedings First International Conference on High Pressure Bioscience and Biotechnology, ISBN: 0444509968 Publisher: Elsevier Science Ltd Published, 189–192 (2002).

47. Butz, P.; Fernandez Garcia, A.; Lindauer, R.; Dieterich, S.; Bognar, A.; Tauscher, B.: Influence of ultra high pressure processing on fruit and vegetable products. J. Food Eng. **56**, 233–236 (2003).

48. Besler, M.; Steinhart, H.; Paschke, A.: Stability of food allergens and allergenicity of processed foods. J. Chromatogr. B **756**, 207–228 (2001).

49. Jankiewicz, A.; Baltes, W.; Bögl, K. W.; Dehne, L. I.; Jamin, A.; Hoffmann, A.; Haustein, D.; Vieths, S.: Influence of food processing on the immunochemical stability of celery allergens. J. Sci. Food Agric. **75**, 359–370 (1997).

50. Malainin, K.; Lundberg, M.; Johansson, S. G.O.: Anaphylactic reaction caused by neoallergens in heated pecan nut. Allergy **50**, 988–991 (1995).

51. Maleki, S. J.; Chung, S.; Champagne, E. T.; Raufman, J. P.: Effect of roasting on the allergenic properties of peanut protein. J. Allergy Clin. Imunol. **106**, 763–768 (2000).

52. Chung, S. J.; Butts, C. L.; Maleki, S. J.; Champagne, E. T.: Linking peanut allergenicity to the processes of maturation, curing, and roasting. J. Agric. Food Chem. **51**, 4273–4277 (2003).

53. Bleumink, E. und Berrens, L.: Synthetic approaches to the biological activity of β-lactoglobulin in human allergy to cow's milk. Nature **212**, 541–543 (1966).

54. Carrillo, T.; de Castro, R.; Cuevas, M.; Caminero, J.; Cabrera, P.: Allergy to limpet. Allergy **46**, 515–519 (1991).

55. Kato, T.; Katayama, E.; Matsubara, S.; Omi, Y.; Matsuda, T.: Release of allergic proteins from rice grains induced by high hydrostatic pressure. J. Agric. Food Chem. **48**, 3124–3129 (2000).

56. Grimm, V.; Scheibenzuber, M.; Rakoski, J.; Behrendt, H.; Blümelhuber, G.; Meyer-Pittroff, R.; Ring, J.: Ultra-high pressure treatment of foods in the prevention of food allergy. In: Allergy Suppl. 73, Vol. 57, p 102 (2002).

57. Mertens, B.: Packaging aspects of high-pressure food processing Technologie. Packaging Technology and Science Vol. 6, 31–36 (1993).

58. Kohno, M. und Nakagawa, Y.: Packaging for high pressure food processing. In (R. Hayashi, Hrsg.): Pressure-processed food research and development. Japan, S. 303 (1990).

59. Caner, C.; Hernandez, R. J.; Pascall, M. A.: Effect of high-pressure processing on the permeance of selected high-barrier laminated films. Packag. Technol. Sci. **13**, 183–195 (2000).

60. Ozen, B. F. und Floros, J. D.: Effects of emerging food processing techniques on the packaging materials. Trends in Food Science and Technology **12**, 60–70 (2001).

61. Lambert, Y.; Demazeau, G.; Largeteau, A.; Bouvier, J.M.; Laborde-Croubit, S.; Cabannes, M.: Packaging for high pressure treatments in the food industry. Pack. Tech. Sci. **13**, 63–71 (2000).
62. Kübel, J.; Ludwig, H.; Marx, H.; Tauscher, B.: Diffusion of aroma compounds into packaging films under high pressure. Pack. Tech. Sci. **9**, 143–152 (1996).
63. Masuda, M.; Saito, Y.M.; Iwanami, T.; Hirai, Y.: Effects of hydrostatic pressure on packaging materials for food. In (Balny, C.; Heremans, K.; Masson, P.; Hrsg.), High pressure and biotechnnology. Colloque Inserm, John Libbey Eurotext (London) **224**, 545–547 (1992).
64. Fernandez, A.; Butz, P.; Bognar, A.; Tauscher, B.: Antioxidative capacity, nutrient content and sensory quality of orange juice and an orange-lemon-carrot juice product after high pressure treatment and storage in different packaging. Eur. Food Res. Technol. **213**, 290–296 (2001).
65. Commission decision of 23 May 2001 authorising the placing on the market of pasteurised fruit-based preparations produced using high-pressure pasteurisation under Regulation (EC) No 258/97 of the European Parliament and of the Council, Official Journal of the European Communities No L 151, 42–43, 7.6.2001.

16 Lebensmittelsicherheit sollte nicht durch belastete Futtermittel gefährdet werden

Gemeinsame Stellungnahme der Senatskommissionen zur Beurteilung der gesundheitlichen Unbedenklichkeit von Lebensmitteln (SKLM) sowie zur Beurteilung von Stoffen in der Landwirtschaft (SKLW) vom 13. Dezember 2000:

Die Senatskommissionen der Deutschen Forschungsgemeinschaft zur Beurteilung der gesundheitlichen Unbedenklichkeit von Lebensmitteln sowie zur Beurteilung von Stoffen in der Landwirtschaft beobachten mit Sorge in jüngster Zeit sich häufende Mitteilungen über eine Belastung von Lebensmitteln tierischer Herkunft durch Kontamination von Futtermitteln.

Die Senatskommissionen weisen darauf hin, dass die Qualität tierischer Lebensmittel in engem Zusammenhang mit der Qualität der verwendeten Futtermittel steht und deshalb deren einwandfreier Erzeugung größte Aufmerksamkeit geschenkt werden muss. Das aktuelle Verbot der Verfütterung von Tiermehl vor dem Hintergrund einer potenziellen Gefährdung des Menschen durch die neue Variante der Creutzfeld-Jakob-Krankheit (vCJD) unterstreicht die Notwendigkeit einer strikten Kontrolle, aber auch vermehrter Anstrengungen in der Forschung, um mögliche Zusammenhänge zwischen dem Auftreten von BSE und vCJD aufklären zu können.

Weiterhin wurden in einer Reihe von Fällen erhöhte Dioxingehalte in Lebensmitteln tierischer Herkunft festgestellt. Hierzu zählt das Auftreten erhöhter Gehalte an polychlorierten Biphenylen (PCBs) und Dioxinen in Lebensmitteln belgischer Herkunft als Folge der unzulässigen Verwendung altölverunreinigter Fette. Erhöhte Dioxinwerte in Milch waren auf die Verwendung verunreinigter Futterrohstoffe (Zitrusschalenpellets) zurückzuführen. Ein weiteres Beispiel ist die Verwendung von Dioxin-haltigem Kaolinit in Futtermitteln. Auch die direkte Trocknung von Futter-

Lebensmittel und Gesundheit II/Food and Health II
DFG, Deutsche Forschungsgemeinschaft
Copyright © 2005 WILEY-VCH Verlag GmbH & Co. KGaA, Weinheim
ISBN: 3-527-27519-3

mitteln durch die Verbrennung von Abfallholz führte zu erhöhter Dioxinbelastung.

Der Einsatz gewisser Futtermittelzusätze kann ebenfalls Probleme verursachen: Der Zusatz von Kupfer zu Futtermitteln kann zu stark überhöhten Kupfergehalten in Kalbsleber führen. Solche Gehalte könnten bei Kleinkindern, die solche Nahrungsmittel verzehren, gesundheitlich nachteilige Wirkungen zur Folge haben.

Die Senatskommissionen empfehlen daher nachdrücklich, bestehende Regelungen für Futtermittel zum Schutze des Verbrauchers und die hierfür geschaffenen Kontrollmechanismen zu überprüfen. Nach Ansicht der Senatskommissionen wird z.B. in Deutschland die Futtermittelkontrolle durch die Überwachungsbehörden der Bedeutung dieses Problems nicht im angemessenen Umfang gerecht.

Die Empfehlungen der Senatskommissionen finden Unterstützung im Weißbuch zur Lebensmittelsicherheit der Europäischen Gemeinschaft (Internet-Adresse: http://europa.eu.int/eur-lex/en/com/pdf/1999/com19990719en01.pdf). Dieses Dokument der EU-Kommission betont die Notwendigkeit der Schaffung verbesserter Regelungen zur Verwendung von Futtermittelrohstoffen und zum Einsatz von Zusatzstoffen. Ebenso wird eine effizientere Kontrolle bei Erzeugung und Einsatz von Futtermitteln angemahnt.

17 Ochratoxin A (OTA) in Lebensmitteln für Babys und Kleinkinder

Die Kommission befasste sich seit 1989 mehrfach mit Ochratoxin A und veröffentlichte Beschlüsse zur Mykotoxinproblematik in Lebensmitteln. Besonderes Augenmerk galt der Erarbeitung von Höchstmengenempfehlungen. Die Kommission fasste am 2./3. Mai 1994 einen Beschluss und empfiehlt aus Präventionsgründen einen Grenzwert bei Getreide und Getreideprodukten von 3 µg/kg. Die Kommission behielt sich vor, Kindernährmittel besonders zu betrachten. Nach erneuter Bearbeitung der Ochratoxin-A-Problematik kommt die Kommission am 2./3. Juni 1997 zu folgender Empfehlung für Nahrung, die für Babys und Kleinkinder bestimmt ist:

In Lebensmitteln, die speziell für die Ernährung von Babys und Kleinkindern vorgesehen sind, sollen die Gehalte von Ochratoxim A (OTA) so niedrig wie möglich sein. Daher sollen die dazu verwendeten Rohwaren 0,3 µg OTA/kg, das entspricht einem Zehntel vom Grenzwert für Erwachsene, nicht überschreiten.

Lebensmittel und Gesundheit II/Food and Health II
DFG, Deutsche Forschungsgemeinschaft
Copyright © 2005 WILEY-VCH Verlag GmbH & Co. KGaA, Weinheim
ISBN: 3-527-27519-3

18 Phytosterole und Phytosterolester in Lebensmitteln

Die SKLM hat den Einsatz von pflanzlichen Sterolen und Steroles-
tern in Lebensmitteln zum Zwecke der Senkung des Plasmaspie-
gels an LDL-Cholesterol intensiv beraten. Nach umfangreicher
Analyse der vorliegenden wissenschaftlichen Befunde und
Erkenntnisse unter Einbeziehung von externen Wissenschaftlern
und Vertretern der Hersteller kommt die SKLM auf ihrer Sitzung
am 20./21. September 2001 in Kaiserslautern zu folgendem
Beschluss:

Nach Ansicht der SKLM sind Phytosterol- und Phytosterolester-
angereicherte Produkte funktionelle Lebensmittel.

Derzeit besteht nach Ansicht der SKLM keine ausreichende
Datenbasis, um eine allgemein gültige Bewertung Phytosterol-
und Phytosterolester-angereicherter Lebensmittel vorzunehmen.
Dennoch möchte die SKLM ausgehend von der Bewertung von
Phytosterolester-haltigen Streichfetten darauf hinwiesen, dass in
jedem Fall die Produkte nur toxikologisch geprüfte Präparationen
enthalten dürfen und jedes abweichende Phytosterolmuster einer
unabhängigen Bewertung der gesundheitlichen Unbedenklichkeit
zu unterziehen ist. D. h. die Spezifikationen der Phytosterolprä-
paration im Produkt müssen hinsichtlich Zusammensetzung, Reinheit und Herkunft jenen entsprechen, die in den zugrunde liegenden toxikologischen Studien zur Sicherheitsbewertung eingesetzt
wurden.

Die SKLM gibt darüber hinaus ihrer Besorgnis Ausdruck,
dass eine Ausweitung des Produktangebots an Phytosterol- und
Phytosterolester-angereicherten Lebensmitteln, vor allem auf
andere Produktbereiche, zu einer Gesamtaufnahme führen könnte, die nicht mehr akzeptabel ist.

Die Kommission weist außerdem darauf hin, dass die mit
Phytosterolpräparationen angereicherten Lebensmittel nur für
jene Personen geeignet sind, bei denen ein erhöhter Plasmacho-

DFG, Deutsche Forschungsgemeinschaft

lesterolspiegel vorliegt. Dies sollte durch entsprechende Hinweise auf den Produkten kenntlich gemacht werden. Die Kommission betont in diesem Zusammenhang auch die Notwendigkeit, dem Verbraucher zu verdeutlichen, dass eine ausgewogene Ernährung am besten geeignet ist, einer alimentär bedingten Hypercholesterolämie vorzubeugen.

Für die Beurteilung der Unbedenklichkeit einer hohen alimentären Sterolzufuhr ist es notwendig, mehr Kenntnisse über Art und Umfang der intestinalen Resorption von Sterolen und ihrer vermutlich genetisch bedingten Variabilität zu erhalten. Auch die Wirkungen einer hohen Zufuhr von pflanzlichen Sterolen auf die Homöostase lipophiler nichtessenzieller und essenzieller Nährstoffe (wie z. B. der Carotinoide) bedarf weiterer Untersuchungen.

19 Aspekte potenziell nachteiliger Wirkungen von Polyphenolen/ Flavonoiden zur Verwendung in isolierter oder angereicherter Form

Die Senatskommission zur Beurteilung der gesundheitlichen Unbedenklichkeit von Lebensmitteln legt mit dieser Stellungnahme vom 8. Juli 2003 die Ergebnisse ihrer Beratungen zur Bewertung von Polyphenolen/Flavonoiden aus pflanzlichen Rohstoffen vor, die in isolierter oder angereicherter Form in Nahrungsergänzungsmitteln aber auch in sog. „Funktionellen Lebensmitteln" verwendet werden. Definitionen dieser beiden unterschiedlichen Lebensmittelkategorien finden sich in der SKLM Veröffentlichung DFG-Mitteilung Nr. 6 „Kriterien zur Beurteilung Funktioneller Lebensmittel" [1].

Polyphenole/Flavonoide sind in der Natur weit verbreitet und werden mit der Nahrung aufgenommen. Eine Vielzahl an Verbindungen wurde bereits isoliert und identifiziert. Zahlreiche *in-vitro*-Studien geben Hinweise auf protektive biologische Wirkungen dieser Stoffe (Reviews siehe [2–6]). Dies lässt für den Menschen positive Effekte auf die Gesundheit vermuten. Gegenwärtig werden vermehrt Nahrungsergänzungsmittel und sog. „Funktionelle Lebensmittel", die solche Stoffe angereichert oder in isolierter Form enthalten, auf den Markt gebracht und mit entsprechenden gesundheitsbezogenen Werbeaussagen, z. B. unter der Bezeichnung „Bioflavonoide" beworben. Potenziell gesundheitlich nachteilige Wirkungen dieser sekundären Pflanzeninhaltsstoffe sind bisher kaum untersucht. Nahrungsergänzungsmittel und sog. „Funktionelle Lebensmittel", die isolierte oder angereicherte Polyphenole/ Flavonoide enthalten, müssen gesundheitlich unbedenklich sein. In der vorliegenden Stellungnahme behandelt die SKLM deshalb weniger die Vielzahl möglicher positiver Effekte, sondern konzentriert sich auf das Risiko gesundheitlich nachteiliger Effekte. Dies wird anhand einzelner ausgewählter Beispiele verdeutlicht.

Lebensmittel und Gesundheit II/Food and Health II
DFG, Deutsche Forschungsgemeinschaft
Copyright © 2005 WILEY-VCH Verlag GmbH & Co. KGaA, Weinheim
ISBN: 3-527-27519-3

19.1   Klassifizierung und Vorkommen

Unter dem Begriff Polyphenole werden neben Flavonoiden auch Hydroxyzimtsäurederivate, Hydroxybenzoesäuren und Hydroxystilbene zusammengefasst. Flavonoide besitzen ein 2-Phenylchroman (Flavan)-Grundgerüst und treten in Pflanzen hauptsächlich als Glykoside auf. Die weitere Einteilung erfolgt in die Klassen der Flavanole, Flavanone, Flavone, Flavonole, Flavandiole und Flavyliumsalze, je nach Oxidationsgrad des Chromangerüsts. Den Flavonoiden werden auch Isoflavone (Verbindungen mit einem 3-Phenylchromangrundgerüst) und Coumestane zugerechnet [6–8]. In der Natur treten Polyphenole/Flavonoide als Stoffgemische auf. Beispiele für Polyphenole/Flavonoide sowie deren Vorkommen sind in Tabelle 19.1 dargestellt.

Tab. 19.1: Vorkommen ausgewählter Polyphenole/Flavonoide [9, 10].

Gruppe	Typischer Vertreter	Vorkommen
Hydroxyzimtsäuren	Kaffeesäure	Kaffee, Mohn
Hydroxybenzoesäuren	Gallussäure	Äpfel
Hydroxystilbene	Resveratrol	Weintrauben
Flavone	Apigenin	Sellerie, Petersilie
Flavanone	Naringenin	Zitrusfrüchte
Flavanole/Catechine	Epigallocatechingallat	grüner Tee
Flavonole	Quercetin	Zwiebeln, Kohl, Äpfel, Tee, Beeren
Isoflavone	Genistein	Soja
Coumestane	Coumestrol	Soja
oligomere Procyanidine	Catechingerbstoffe	Hopfen, Weintrauben, Kakao, Tee
Anthocyanidine	Cyanidin	Beeren, Kirschen, Weintrauben

19.2   Gehalte und Aufnahmemengen

Art- und sortenbedingte bzw. genetische Faktoren aber auch Standort- und Umweltbedingungen wie Boden, Witterung und saisonale Faktoren beeinflussen die Fähigkeit der Pflanzen zur Bildung und Akkumulation von Polyphenolen/Flavonoiden. Wegen der lichtabhängigen Synthese werden Polyphenole/Flavonoide hauptsächlich in den Randschichten und äußeren Blättern der Pflanzen sowie in den sonnereichen Monaten gebildet. Im August geernteter Kopfsalat oder Endivien enthält 3- bis 5-mal mehr Polyphenole/Flavonoide als der im April geerntete [11]. Bestimmte Gemüse- und Obstsorten weisen z. T. erhebliche Polyphenol/Flavonoid-Gehalte auf, wie z. B. Apfel, Aprikose, Broccoli, Erdbeere, grüne Bohne, Grünkohl, Sellerie und Zwiebel. Quercetin findet sich besonders häufig in Gemüse- und Obstsorten, wobei die Gehalte stark variieren können. So werden für Zwiebeln Gehalte von knapp 200 bis über 600 µg/g Frischware genannt [12]. In Beeren wie z. B. Aronia, Holunder, schwarze Johannisbeere, Blau- und Brombeere sowie roten Weintrauben finden sich verstärkt bestimmte Anthocyanine. Die Gehalte bewegen sich bei Weintrauben bzw. schwarzen Johannisbeeren im Bereich von 1,5 bzw. 3 mg/g Frischware, Aronia enthält bis zu 8 mg/g Frischware [13].

Die über natürliche pflanzliche Nahrungsmittel aufgenommene Menge an Polyphenolen/Flavonoiden schwankt stark in Abhängigkeit von den individuellen Ernährungsgewohnheiten und ist aufgrund der ungenügenden Datenbasis nur schwer abzuschätzen. Nach einer älteren Abschätzung wurde eine durchschnittliche tägliche Aufnahme von etwa 1 g/Tag angenommen [14]. Neuere Abschätzungen, welche die vorherrschenden Polyphenole/Flavonoide (berechnet als Aglyka) berücksichtigen, lassen für Dänemark, Holland, Finnland und Japan auf eine mittlere tägliche Aufnahme von lediglich etwa 50 mg/Tag schließen, während für die Gesamtaufnahme ein Wert von über 100 mg/Tag angenommen wird [9]. In Deutschland betrug in einem bayerischen Teilkollektiv der Nationalen Verzehrsstudie die durchschnittliche Aufnahme der Gesamtflavonoide 54 mg/Tag bei einer Schwankungsbreite von 7–202 mg. Die dominierenden Vertreter waren Flavanone (13,2 mg/Tag), Flavonole (12 mg/Tag), Catechinen

(8,3 mg/Tag), Anthocyanidine (2,7 mg/Tag) und Proanthocyanine (3,7 mg/Tag) [15]. In den Niederlanden wurde die durchschnittliche Aufnahme an Quercetin, Myricetin, Kaempferol, Luteolin und Apigenin auf insgesamt 23 mg/Tag geschätzt, wobei ca. 70 % (16 mg/Tag) auf Quercetin entfallen [16]. In Dänemark wird durchschnittlich 12 mg Quercetin pro Tag aufgenommen [17].

Darüber hinaus werden Polyphenole/Flavonoide zunehmend auch in isolierter Form oder als angereicherte Gemische zur Nahrungsergänzung angeboten. So sind beispielsweise komplex zusammengesetzte Extrakte aus Grüntee, Grapefruitsamen, Traubenkernen bzw. -schalen, Rotwein sowie vielen weiteren Obst- und Gemüsesorten erhältlich. Die genaue Zusammensetzung dieser angereicherten Gemische ist oftmals nicht bekannt, so dass eine Abschätzung der Aufnahmemengen nicht möglich ist.

19.3 Gesundheitliche Aspekte

Die gesundheitliche Unbedenklichkeit von Polyphenolen/Flavonoiden in natürlichen Lebensmitteln, in denen diese Stoffe zumeist in geringen Mengen und als komplexe Gemische vorliegen, steht im Allgemeinen außer Frage. Die Verwendung in isolierter, hochdosierter oder angereicherter Form erfordert allerdings eine systematische wissenschaftliche Prüfung der Wirkungen sowohl von Einzelstoffen als auch von Substanzgemischen. Mögliche Einflüsse von Begleitstoffen müssen zusätzlich berücksichtigt werden.

Unterschiedliche pflanzliche Rohstoffe, Verarbeitungs- und Anreicherungsprozesse lassen eine erhebliche Variabilität in der chemischen Zusammensetzung Polyphenol/Flavonoid-haltiger Produkte erwarten. Für die Beurteilung der gesundheitlichen Unbedenklichkeit ist eine genaue Kenntnis der Zusammensetzung und der Wirkung solcher Produkte unerlässlich.

Bei der Bewertung der gesundheitlichen Unbedenklichkeit ist zu unterscheiden zwischen einer Aufnahme über den Verzehr natürlicher Lebensmittel und einer Aufnahme in isolierter, hochdosierter oder angereicherter Form. Die Verwendung von isolierten Substanzen oder Stoffgemischen in angereicherter Form ist insbesondere durch den „Fall β-Carotin" in die Diskussion geraten.

Prospektive epidemiologische Studien am Menschen hatten auf einen positiven Zusammenhang zwischen einer erhöhten Aufnahme β-Carotin-reicher Früchte und Gemüse und einem verminderten Krebsrisiko hingedeutet. Auf Basis dieser Beobachtungen wurde angenommen, dass eine vermehrte Zufuhr von β-Carotin zu einer Verminderung des Krebsrisikos führen sollte, obwohl genauere Kenntnisse zugrunde liegender mechanistischer Abläufe zu diesem Zeitpunkt noch nicht vorlagen. Aufgrund dieser Annahme wurden kontrollierte Interventionsstudien an Rauchern als besonders krebsgefährdeter Bevölkerungsgruppe konzipiert, um diesen angenommenen Schutz zu untermauern. Entgegen den Erwartungen führte jedoch in diesen Studien eine erhöhte β-Carotinzufuhr in isolierter Form zu einer erhöhten Lungenkrebsrate und zu erhöhter Mortalität bei Rauchern (weitere Informationen hierzu im Anhang).

Obwohl es stofflich keinen direkten Zusammenhang zwischen β-Carotin und Polyphenolen/Flavonoiden gibt, führt dieses Beispiel dennoch die grundsätzliche Problematik vor Augen. Es verdeutlicht, dass eine erhöhte Aufnahme als protektiv geltender Nahrungsinhaltsstoffe in angereicherter Form nicht notwendigerweise zu erhöhten Schutzeffekten führen muss, sondern im Gegenteil u. U. auch nachteilige Wirkungen auslösen kann.

19.3.1 Biologische Wirkungen

Die beanspruchten vorteilhaften Wirkungen von Polyphenolen/ Flavonoiden in isolierter, hochdosierter oder angereicherter Form sind derzeit nicht ausreichend belegt. Ebenso ist deren Potenzial zur Auslösung gesundheitlich nachteiliger Wirkungen und die Dosisabhängigkeit solcher Wirkungen derzeit nur unzulänglich untersucht.

Eine angemessene Beurteilung der gesundheitlichen Unbedenklichkeit wird auch dadurch erschwert, dass von diesen Stoffen dosisabhängig vielfältige biologische Wirkungen ausgelöst

werden können, die über unterschiedlichste zelluläre Angriffspunkte vermittelt werden [5], beispielsweise:

- die Beeinflussung von Elementen der Signaltransduktion wie
  zahlreichen Rezeptoren, Kinasen, Enzymen des Lipid-, Kohlen-
  hydrat- und Proteinstoffwechsels sowie von sekundären Boten-
  stoffen und Transkriptionsfaktoren [18, 19]
- die Beeinflussung von Elementen des Fremdstoffmetabolismus
  wie beispielsweise die Induktion oder Hemmung von Phase I-
  bzw. Phase II-Enzymen [20, 21]
- die Beeinflussung von Elementen des Transports wie ABC-
  Exportpumpen, Peptidtransportern und Glucosetransportern
  [22–24]
- die Beeinflussung der Integrität des Erbmaterials sowohl durch
  direkte Genotoxizität als auch indirekt über DNA-prozessie-
  rende Enzyme wie Reparatursysteme oder Topoisomerasen
  [25–27]
- die Beeinflussung der Funktion von Immunzellen wie T- und
  B-Lymphocyten, Makrophagen, Killerzellen [28, 29]
- die Beeinflussung des endokrinen Systems, u. a. von Steroid-
  hormonrezeptoren und anderen hormonbindenden Proteinen
  sowie von Enzymen des Hormonstoffwechsels [30, 31]
- die Beeinflussung der Homöostase zwischen pro-/antioxida-
  tiven Wirkungen [32–34]

Diese Vielfalt an biologischen Angriffspunkten erklärt z. T. das
vielfältige Wirkspektrum. Zudem sind Wirkqualitäten in der Regel dosis- bzw. konzentrationsabhängig und können sich bei manchen Stoffen in Abhängigkeit von der Konzentration am Wirkort
umkehren, so dass nicht immer eine klare Zuordnung bezüglich
einer gesundheitsförderlichen bzw. -nachteiligen Wirkung eines
Stoffs möglich ist. Eine dosisbezogene wirkmechanistische Analyse der Einzelsubstanzen ist somit für eine fundierte Sicherheitsbewertung unerlässlich. Anforderungen an die Bewertung sog.
„Funktioneller Lebensmittel" wurden von der SKLM zusammengestellt und in der Veröffentlichung „Functional Food: Safety
aspects" publiziert [1]. Eine entsprechende Zusammenstellung
von Anforderungen an Nahrungsergänzungsmittel steht bisher
aus.

Exemplarisch werden im Folgenden ausgewählte Beispiele für mögliche gesundheitlich nachteilige Wirkungen von Einzelsubstanzen gegeben.

Beeinflussung des Fremdstoffmetabolismus und des Transports. Polyphenole/Flavonoide können das Cytochrom-P450 (CYP)-Monooxygenase System, welches eines der wichtigsten Enzymsysteme für Phase I-Reaktionen des Fremdstoffmetabolismus im Organismus darstellt, beeinflussen. Hierdurch kann u. U. der Metabolismus von Arzneimitteln so beeinflusst werden, dass es zu nachteiligen Effekten kommen kann. Beispielsweise hemmt das Flavonoid Naringin das Enzym CYP 3A4, das quantitativ bedeutendste der CYP-Enzyme der Leber, welches u. a. für den Metabolismus vieler Arzneimittel verantwortlich ist [21]. Zusätzlich können Flavonoide auch Einfluss auf Phase II-Reaktionen des Fremdstoffmetabolismus haben [5].

Auch die Auswirkungen von Polyphenolen/Flavonoiden auf zelluläre Transportprozesse durch Membranen sind vielfältig. Beschrieben wurde eine Beeinflussung von membranständigen Transportern, wie z. B. die Induktion des Multidrug-Resistance-Proteins MRP1 durch Quercetin [20] sowie die dosisabhängige Regulation von P-Glycoprotein durch verschiedene Flavonoide [35]. Ferner hemmt Quercetin beispielsweise Glucosetransporter bzw. führt indirekt zu einer Steigerung der intestinalen Aminosäureabsorption durch Peptidtransporter [23, 24].

Genotoxizität. Die Genotoxizität einer Verbindung kann sich in DNA-Strangbrüchen und dem Auftreten von Mikrokernen und Chromosomenmutationen äußern. Behandlung von kultivierten Lungenfibroblastenzellen des Chinesischen Hamsters mit Genistein (10 µM) führt zu DNA-Strangbrüchen, Mikrokernen und Mutationen im hprt-Genlokus [26]. Ferner induziert Genistein in kultivierten humanen Blutlymphozyten ab einer Konzentration von 25 µM strukturelle Chromosomenaberrationen [36].

DNA-Strangbrüche und Chromosomenaberrationen können u. a. durch Hemmstoffe der eukaryotischen Topoisomerase II ausgelöst werden, indem diese dosisabhängig den intermediär auftretenden Komplex aus DNA und kovalent gebundener Topoisomerase II stabilisieren. *In vitro* bewirken Polyphenole/Flavonoide unterschiedlicher Verbindungsklassen eine Hemmung der Topoisomerase II [25].

Es ist bisher nicht bekannt, ob der Verzehr von polyphenolreichen Lebensmitteln tatsächlich mit einer nennenswerten Hemmung von Topoisomerase II *in vivo* einhergeht. Die Hypothese eines erhöhten Erkrankungsrisikos an akuter myeloischer Leukämie (AML) im Kleinkindalter durch ernährungsbedingte Exposition der Mutter mit Topoisomerase II-Hemmern während der Schwangerschaft wurde anhand einer vorläufigen, sehr begrenzten Datenerhebung über ein fragebogengestütztes Interview der Mütter untersucht. Kindliche AML-Erkrankungen sind sehr selten, insofern sollte ein biologischer Mechanismus, der über die mütterliche Ernährung verursacht wird, entsprechend selten auftreten [37, 38]. Untersuchungen an primären humanen hämatopoetischen Stammzellen *in vitro* zeigten nach Inkubation mit bestimmten Flavonen, Flavonolen und Isoflavonen in mikromolarer Konzentration eine Schädigung der für AML verantwortlichen Genregion [27]. Weitere detaillierte Studien zur Relevanz dieser Befunde für die Ätiologie der kindlichen Leukämie und zu einem möglichen Einfluss der mütterlichen Ernährung, insbesondere bei Verzehr von Polyphenol/Flavonoid-haltigen sog. „Funktionellen Lebensmitteln" bzw. Nahrungsergänzungsmitteln, sind notwendig.

Die italienische Gesundheitsbehörde hat aus Gründen des vorbeugenden Verbraucherschutzes einen Warnhinweis *„Nicht während der Schwangerschaft einnehmen"* für „Bioflavonoid"-haltige Nahrungsergänzungsmittel gefordert (http://www. gazzettaufficiale.it).

Kanzerogenität. In einer Tierstudie mit Quercetin wurde in der höchsten Dosis (40 g/kg Futter) ein signifikant verstärktes Auftreten von Nierentumoren bei männlichen Ratten nach einer 104-wöchigen Behandlung gefunden [39]. Bei Mäusen führte die orale Gabe von Quercetin (20 g/kg Futter) zum Auftreten von Tumorvorstadien im Darm [40]. Nach einer Bewertung von IARC (International Agency for Research on Cancer, [41]) besteht limitierte Evidenz für die Kanzerogenität von Quercetin an Versuchstieren, während die Evidenz für den Menschen als inadäquat eingestuft wird. Quercetin in Kombination mit bekannten Kanzerogenen wird sowohl als krebsfördernd als auch krebshemmend beschrieben [41, 42]. Exposition von Ratten mit Genistein während der Trächtigkeit führte bei den Nachkommen zu einer dosisabhängigen Erhöhung der durch das Kanzerogen DMBA (7,12-Dimethylbenz(a)anthracen) postnatal induzierten Brustkrebsrate [43]. Ferner förderte die Gabe von Genistein bzw. Genistein-reichem Sojaextrakt bei Ratten die Induktion von Tumorvorstadien im Darm durch das Kanzerogen 1,2-Dimethylhydrazin [44].

Immunmodulatorische Effekte. Mehrere *in vitro*-Untersuchungen deuten auf eine immunmodulatorische Wirkung bestimmter Polyphenole/Flavonoide hin, meist im Sinne einer Immunsuppression. Für Quercetin beschriebene Wirkmechanismen umfassen u. a. eine Hemmung des Zellwachstums bzw. der Aktivität von Immunzellen wie z. B. T-Lymphozyten, Makrophagen und natürlichen Killerzellen sowie eine Hemmung der Freisetzung von Mediatoren der Immunantwort [29, 45]. Nach Gabe eines Fruchtsafts (330 ml/d mit 236 mg Polyphenolen bzw. 226 mg Epigallocatechingallat) an gesunde Probanden über zwei Wochen wurde *ex vivo* eine gesteigerte lymphozytäre Proliferationsantwort sowie eine Steigerung der IL-2-Sekretion nach Lymphozytenaktivierung und gesteigerte lytische Aktivität von Killerzellen beobachtet [28].

Endokrine Wirkung. Nahrungsergänzungsmittel, die wegen ihrer behaupteten endokrinen Wirkung angepriesen werden, befinden sich bereits auf dem Markt. Grundsätzlich kann eine Störung der hormonellen Balance zu einem erhöhten Risiko für bestimmte Krebsarten wie Brust-, Endometrium-, Prostata- oder Schilddrüsenkrebs beitragen. Zudem sind nachteilige Effekte auf die Entwicklung und Geschlechtsdifferenzierung zu befürchten [30, 46]. Ob solche Effekte auch für Polyphenole/Flavonoide in entsprechenden Aufnahmemengen zu erwarten sind, ist zu klären.

Bestimmte, häufig als Phytoestrogene bezeichnete Polyphenole/Flavonoide, wie z. B. die Isoflavone Genistein und Daidzein, Resveratrol sowie einige Lignane können in den Hormonhaushalt eingreifen. Sie entfalten estrogene bzw. antiestrogene Wirkungen über die Interaktion mit verschiedenen Transportproteinen, Enzymen und Rezeptoren, die direkt oder indirekt am Transfer estrogener Signale beteiligt sind [47]. Viele Phytoestrogene zeigen partiell agonistisches Verhalten am Estrogenrezeptor, d.h. sie wirken bei niedrigen Dosierungen eher antiestrogen und zeigen bei höherer Dosierung estrogene Aktivität. So zeigte beispielsweise Resveratrol in Zellsystemen im höheren Konzentrationsbereich (10 µM) estrogene, im niedrigeren (100 nM bis 1 µM) dagegen antiestrogene Effekte [48–50]. Welche Wirkungen bei Aufnahmemengen, wie sie z.B. über angereicherte Nahrungsergänzungsmittel erzielt werden, ausgelöst werden, ist deshalb im Einzelfall zu untersuchen.

In vitro ist darüber hinaus eine Hemmung des Enzyms Aromatase, das die Umwandlung von Androgenen in Estrogene katalysiert, durch einige Polyphenole/Flavonoide wie z.B. Chrysin gezeigt [31, 51]. Nach oraler Gabe von 50 mg/kg Körpergewicht an Ratten zeigten allerdings weder Aromatase-hemmende nichtestrogene Flavonoide wie Chrysin noch solche mit estrogener Wirkung wie Naringenin und Apigenin Einflüsse auf das Uteruswachstum [31].

Zudem wird diskutiert, dass bestimmte Polyphenole/Flavonoide bereits in niedrigen Konzentrationen bei Ratten den Thyroidhormonhaushalt beeinflussen können, indem sie mit Thyroidhormon-bindenden Proteinen interagieren [52].

Pro-/Antioxidative Effekte. Die Bildung reaktiver Sauerstoffspezies kann durch Polyphenole/Flavonoide sowohl gehemmt als auch gefördert werden [33]. Ob sich eine Beeinflussung oxidativer Prozesse negativ oder positiv auswirkt, ist nicht immer klar zu beantworten. Die Balance zwischen pro- und antioxidativen Wirkungen unterliegt *in vivo* komplexen Einflüssen [53]. In der Regel bestehen keine eindeutigen Dosis-Wirkungsbeziehungen, da zusätzlich zu antioxidativen konzentrationsabhängig auch prooxidative Wirkungen auftreten können. Beispielsweise können Polyphenole/Flavonoide mit Catechol- bzw. Hydrochinon-Strukturelementen einem Redoxcycling unterliegen und über die Bildung von Superoxidradikalanionen oxidative Reaktionskaskaden in Gang setzen [32, 34]. Hinzu kommt, dass chinoide Oxidationsprodukte u.U. selbst nachteilige biologische Effekte auslösen können, z.B. durch Bindung an bestimmte Proteine oder Peptide wie Glutathion [54, 55].

Insgesamt besteht erheblicher Klärungsbedarf bezüglich der gesundheitlichen Relevanz der pro-/antioxidativen Effekte von

Polyphenolen/Flavonoiden für den Menschen. Insbesondere ist zu untersuchen, ob und unter welchen Bedingungen die meist *in vitro* beobachteten Effekte auf den Menschen zu übertragen sind.

19.3.2 Bioverfügbarkeit

Zusätzlich zur Aufnahmemenge bestimmen Absorption, Verteilung, Metabolismus und Ausscheidung die Bioverfügbarkeit und damit die Konzentration des Stoffs am Wirkort. Individuelle Einflussfaktoren wie genetische bzw. funktionelle Polymorphismen, aber auch Alter, Geschlecht und Ernährungsstatus haben zusätzlich Bedeutung. Darüber hinaus sind weitere, vom Individuum unabhängige Einflussgrößen wie beispielsweise die Kinetik der Stofffreisetzung aus der Matrix des Lebensmittels sowie Interaktionen mit anderen Lebensmittelinhaltsstoffen bzw. mit bestimmten Arzneimitteln zu berücksichtigen [1].

Die Bioverfügbarkeit von Polyphenolen/Flavonoiden beim Menschen ist bisher, mit Ausnahme einiger weniger Verbindungen wie z. B. des Quercetins [16, 56–58], nur ansatzweise untersucht.

Bioverfügbarkeitsstudien haben aber gleichwohl gezeigt, dass Konzentrationen an Polyphenolen/Flavonoiden im menschlichen Plasma bei einmaliger Zufuhr üblicher Mengen selten 1 µM pro Einzelstoff überschreiten. In der Regel werden nach oraler Aufnahme von Polyphenolen/Flavonoiden Plasmaspitzenwerte innerhalb von 1–2 h erreicht. Die Elimination erfolgt ebenfalls mit Halbwertszeiten in der Größenordnung von 1–2 h [10]. Für solche Polyphenole/Flavonoide ist für die Erhaltung eines konstanten Blutplasmaspiegels eine wiederholte Aufnahme über längere Zeit notwendig. So ergab sich bei wiederholter Einnahme von Tee (8 x 150 ml/d, entspr. 400 mg Teecatechinen/d) im Abstand von jeweils 2 h ein über drei Tage in etwa konstanter Plasmaspiegel an Gesamt-Teecatechinen von 1 µM [59]. Für Quercetin wird dagegen mit etwa 24 h eine relativ lange Eliminationshalbwertszeit beschrieben [58].

Nach neueren Befunden zur Bioverfügbarkeit von Quercetin aus Lebensmitteln, die Quercetinglycoside enthalten bzw. mit

Quercetin angereichert wurden, ist freies Aglykon im Plasma nicht messbar, sondern ausschließlich Konjugate [56, 57, 60, 61]. Als Hauptkomponenten im Humanplasma wurden nach Aufnahme von Speisezwiebeln Quercetin-3-glucuronide, 3′-Methylquercetin-3-glucuronide und Quercetin-3′-sulfate identifiziert, neben kleinen Anteilen an Diglucuroniden bzw. Glucuronidsulfaten [56]. Über die biologische Aktivität dieser Kopplungsprodukte ist bisher wenig bekannt. Dies verdeutlicht die Notwendigkeit der individuellen Erfassung der konjugierten Polyphenole/Flavonoide im Plasma und einer individuellen Prüfung auf biologische Aktivität.

Studien mit täglichen Verzehrsmengen von bis zu 100 mg Quercetin ergaben durchweg geringe Eliminationsraten über den Urin. Der Verzehr von bis zu 10 mg/Tag führte zu einer bis zum dritten/vierten Tag leicht steigenden mittleren Ausscheidungsrate von 0,47 % [58, 62].

Zusätzliche metabolische Umwandlungen, wie die Methylierung durch Catechol-O-methyltransferasen sind ebenfalls in Betracht zu ziehen [63, 64].

19.3.3 Fazit

Insgesamt fehlen für viele Polyphenole/Flavonoide Daten zur Bioverfügbarkeit und Wirkung als Einzelsubstanz bzw. aus Gemischen oder Extrakten. Zudem ist eine genaue Kenntnis der Zusammensetzung solcher Produkte unverzichtbar, um wissenschaftlich fundierte Rückschlüsse auf potenziell gesundheitsförderliche bzw. nachteilige Wirkungen definierter Aufnahmemengen ziehen zu können. Die gesundheitliche Bewertung kann nur auf der Grundlage einer ausreichenden Datenlage als Einzelfallbewertung vorgenommen werden.

19.4 Schlussempfehlung

- Die Aufnahme von Polyphenolen/Flavonoiden als isolierte Einzelsubstanz oder in Form stark angereicherter Gemische ist nicht gleichzusetzen mit einer Aufnahme über Lebensmittel im natürlichen Verbund.

- A priori kann nicht von einer generellen Unbedenklichkeit der Zufuhr erhöhter, über eine normale Ernährung deutlich hinausgehender Mengen an Polyphenolen/Flavonoiden in isolierter oder angereicherter Form ausgegangen werden.

- Vor dem Einsatz solcher Stoffe in isolierter oder angereicherter Form in Lebensmitteln ist der Nachweis der gesundheitlichen Unbedenklichkeit erforderlich.

- Jeder Einzelfall erfordert eine Sicherheitsbewertung nach anerkannten Standards, wie sie beispielsweise in den „Kriterien zur wissenschaftlichen Beurteilung Funktioneller Lebensmittel" von der SKLM formuliert worden sind [1].

Anhang

Entgegen den Erwartungen zeigte die in Finnland durchgeführte sog. ATBC-Studie, dass eine Supplementierung mit 20 mg β-Carotin allein oder in Kombination mit 50 I. U. α-Tocopherol pro Tag mit einer erhöhten Lungenkrebsrate und erhöhter Mortalität bei Rauchern assoziiert war [65, 66]. Dies entspricht einer gegenüber der normalen Aufnahme ungefähr 10- bzw. 5-fach erhöhten Aufnahme an β-Carotin bzw. Vitamin E. Eine weitere klinische Studie aus den USA, die sog. CARET-Studie (30 mg β-Carotin und 25000 IU Vitamin A) zeigte ebenfalls eine klare Assoziation einer β-Carotin/Retinol-Supplementierung mit einem erhöhten Lungenkrebsrisiko. Darüber hinaus wurde auch ein Anstieg der Mortalität durch Herz-Kreislauferkrankungen bei β-Carotin/Retinol-Supplementierung beobachtet [67–69].

Neuere Untersuchungen am Frettchen, das dem Menschen im Hinblick auf die enterale Resorption und den Metabolismus von β-Carotin vergleichbar ist, könnten eine erste mechanistische Erklärungsmöglichkeit für diese Befunde bieten. Bei höherer Dosierung an β-Carotin (entsprechend ca. 30 mg/Mensch) kam es in diesem Tiermodell, vermutlich aufgrund eines erhöhten u. a. durch Cytochrom P450 vermittelten Abbaus an Retinsäure, zu einem Absinken des Retinsäurespiegels im Lungengewebe. Dies führte zu einer verminderten Expression des Retinsäure-rezeptors β, der als Tumorsuppressor definiert wird. In der Folge wurden Metaplasien und stark erhöhte Proliferation im Lungenge-webe beobachtet, was als Anzeichen für frühe präneoplastische Veränderungen interpretiert werden kann. Eine niedrigere Dosie-rung (entsprechend ca. 6 mg/Mensch) hatte hingegen keine schä-digende Wirkung, sondern schien eher eine schwache Schutzwir-kung auszuüben [70]).

Literatur

1. Senatskommission zur Beurteilung der gesundheitlichen Unbedenklich-keit von Lebensmitteln (ed.): Mitteilung 6 Kriterien zur Beurteilung Funktioneller Lebensmittel und Symposium/Kurzfassung: Sicherheits-aspekte (ISBN 3-527-27515-0) 2004.
2. Bravo L (1998) Polyphenols: Chemistry, dietary sources, metabolism, and nutritional significance. *Nutrition Reviews* **56** (11), 317–333.
3. Harborne JB, Williams CA (2000) Advances in flavonoid research since 1992. *Phytochemistry* **55**, 481–504.
4. Hollman PC (2001) Evidence for health benefits of plant phenols: local or systemic effects? *J. Sci. Food Agric.* **81** (9), 842–852.
5. Middleton E Jr, Kandaswami C, Theoharides CT (2000) The effects of plant flavonoids on mammalian cells: implications for inflammation, heart disease, and cancer. *Pharmacol Rev* **52**, 673–751.
6. Nijveldt RJ, van Nood E, van Hoorn DEC, Boelens PG, van Norren K, van Leeuwen PAM (2001) Flavonoids: a review of probable mechanism of action and potential applications. *Am J Clin Nutr* **74**, 418–425.
7. Galati G, Teng S, Moridani MY, Chan TS, O'Brien PJ (2000) Cancer chemoprevention and apoptosis mechanisms induced by dietary poly-phenolics. *Drug Metabol Drug Interact* **17** (1–4), 311–349.
8. Skibola CF, Smith MT (2000) Potential health impacts of excessive fla-vonoid intake. *Free Radical Biology and Medicine* **29** (3/4), 375–383.

9. Nielsen SE (2001) Bioavailability of flavonoids. 14th International ISFE Symposium 2001.

10. Scalbert A, Williamson G (2000) Dietary intake and bioavailability of polyphenols. *J Nutr.* **130** (8S Suppl), 2073S–2085S.

11. Watzl B, Rechkemmer G (2001) Flavonoide. *Ernährungs-Umschau* **48** (12), 498–502.

12. Crozier A, Lean MEJ, McDonald MS, Black C (1997) Quantitative analysis of the flavonoid content of commercial tomatoes, onions, lettuce, and celery. *J. Agric. Food Chem.* **45** (3), 509–595.

13. Böhm H, Boeing H, Hempel J, Raab B, Kroke A (1998) Flavonole, Flavone und Anthocyane als natürliche Antioxidantien der Nahrung und ihre mögliche Rolle bei der Prävention chronischer Erkrankungen. *Z. Ernährungswiss* **37**, 147–163.

14. Kühnau J (1976) The flavonoids. A class of semi-essential food components: their role in human nutrition. *World Review of Nutrition and Dietetics* **24**, 117–191.

15. Linseisen J, Radtke J, Wolfram G (1997) Flavonoid intake of adults in a Bavarian wubgroup of the national food consumpton survey. *Z Ernährungswiss* **36** (4), 403–12.

16. Hollman PC, Katan MB (1999) Health effects and bioavailability of dietary flavonols. *Free Rad Res* **31**, S75–80.

17. Justesen U, Knuthsen P, Leth T (1997) Determination of plant polyphenols in Danish foodstuffs by HPLC-UV and LC-MS detection. *Cancer Lett* **114**,165–167.

18. Manthey JA, Guthrie N, Grohmann K (2001) Biological properties of citrus flavonoids pertaining to cancer and inflammation. *Current Medicinal Chemistry* **8**, 135–153.

19. Meiers S, Kemény M, Weyand U, Gastpar R, von Angerer E, Marko D (2001) The anthocyanidins cyanidin and delphinidin are potent inhibitors of the epidermal growth-factor. *J Agric Food Chem* **49**(2), 958–962.

20. Kauffmann H-M, Pfannschmidt S, Zöller H, Benz A, Vorderstemann B, Webster JI, Schrenk D (2002) Influence of redox-active compounds and PXR-activators on human MRP1 and MRP2 gene expression. *Toxicology* **171**, 137–146.

21. Zhang H, Wong CW, Coville PF, Wanwimolruk S (2000) Effect of the grapefruit flavonoid naringin on pharmacokinetics of quinine in rats. *Drug Metabol Drug Interact* **17** (1–4), 351–363.

22. Leslie EM, Mao Q, Oleschuk CJ, Deeley RG, Cole SPC (2001) Modulation of multidrug resistance protein 1 (MRP1/ABCC1) transport and ATPase activities by interaction with dietary flavonoids. *Mol Pharmacol* **59**, 1171–1180.

23. Song J, Kwon O, Chen S, Daruwala R, Eck P, Park JB, Levine M (2002) Flavonoid inhibition of sodium-dependent vitamin C transporter 1 (SVCT1) and glucose transporter isoform 2 (GLUT2), intestinal transporters for vitamin C and Glucose. *J Biol Chem* **277**, 15252–15260.

24. Wenzel U, Kuntz S, Daniel H (2001) Flavonoids with epidermal growth factor-receptor tyrosine kinase inhibitory activity stimulate PEPT1-mediated cefixime uptake into human intestinal epithelial cells. *J Pharmacol Exp Ther* **299** (1), 351–357.
25. Constantinou A, Mehta R, Runyan C (1995) Flavonoids as DNA-topoisomerase antagonists and poisons: structure-activity relationships. *Journal of Natural Products* **58** (2), 217–225.
26. Kulling SE, Metzler M (1997) Induction of micronuclei, DNA strand breaks and HPRT mutations in cultured Chinese hamster V79 cells by the phytoestrogen coumestrol. *Food Chem Toxicol* **35** (6), 605–613.
27. Strick R, Strissel PL, Borgers S, Smith SL, Rowley JD (2000) Dietary bioflavonoids induce cleavage in the MLL gene and may contribute to infant leukemia. *Proc Natl Acad Sci* **97** (9), 4790–4795.
28. Bub A, Watzl B, Blockhaus M, Briviba K, Liegibel U, Müller H, Pool-Zobel BL, Rechkemmer G (2003) Fruit juice consumption modulates antioxidative status, immune status and DNA damage. *Journal of Nutritional Biochemistry* **14**(2), 90–98.
29. Middleton E Jr (1998) Effect of plant flavonoids on immune and inflammatory cell function. Flavonoids in the Living System. Hrsg.: Manthey und Buslig, Plenum Press, New York.
30. Cassidy A (1998) Risks and benefits of phytoestrogen-rich diets. Hormonally active agents in food: symposium/Deutsche Foschungsgemeinschaft. Hrsg.: Gerhard Eisenbrand et al., Wiley-VCH, Weinheim, 91–120.
31. Saarinen N, Joshi SC, Ahotupa M, Li X, Ammala J, Makela S, Santti R (2001) No evidence for the *in vivo* activity of aromatase-inhibiting flavonoids. *J Steroid Biochem Mol Biol* **78** (3), 231–239.
32. Metodiewa D, Jaiswal AK, Cenas N, Dickancaite E, Segura-Aguilar J (1999) Quercetin may act as a cytotoxic prooxidant after its metabolic activation to semiquinone and quinoidal product. *Free Radic Biol Med* **26** (1–2), 107–116.
33. Miura YH, Tomita I, Watanabe T, Hirayama T, Fukui S (1998) Active oxygens generation by flavonoids. *Biol Pharm Bull* **21** (2), 93–96.
34. Wätjen W, Chovolou Y, Niering P, Kampkötter A, Tran-Thi Q-H, Kahl R „Pro- and antiopoptotic effects of flavonoids in H4IIE-cells: implication of oxidative stress". Senate Commission on Food Safety SKLM (ed.): Functional Food: Safety Aspects, Symposium (ISBN 3-527-27765-X) Wiley-VCH, Weinheim, (2004).
35. Mitsunaga Y, Takanaga H, Matsuo H, Noito M, Tsuruo T, Ohtani H, Sawada Y (2000) Effect of bioflavonoids on vincristine transport across blood-brain barrier. *Eur J Pharmacol* **395** (3), 193–201.
36. Kulling SE, Rosenberg B, Jacobs E, Metzler M (1999) The phytoestrogens coumestrol and genistein induce structural chromosomal abberrations in cultured human peripheral blood lymphocytes. *Arch Toxicol* **73**, 50–54.

37. Ross JA, Potter JD, Reaman GH, Pendergrass TW, Robison LL (1996) Maternal exposure to potential inhibitors of DNA topoisomerase II and infant leukemia (United States): a report from the children's cancer group. *Cancer Causes Control* **7** (6), 581–590.

38. Ross JA (1998) Maternal diet and infant leukemia: a role for DNA topoisomerase II inhibitors? *Int J Cancer Suppl* **11**, 26–28.

39. Dunnick JK, Hailey JR (1992) Toxicity and carcinogenicity studies of quercetin, a natural component of foods. *Fundam Appl Toxicol* **19**, 423–431.

40. Yang K, Lamprecht SA, Liu Y, Shinozaki H, Fan K, Leung D, Newmark H, Steele VE, Kelloff GJ, Lipkin M (2000) Chemoprevention studies of the flavonoids quercetin and rutin in normal and azoxymethane-treated mouse colon. *Carcinogenesis* **21** (9), 1655–1660.

41. IARC (1999) Some chemicals that cause tumours of the kidney or urinary bladder in rodents and some other substances. *Monographs on the evaluation of carcinogenic risks to humans* **73**, IARC Press, 497–515.

42. Eisenbrand G, Tang W (1997) Nutzen und Grenzen von Mutagenitäts- und Kanzerogenitätsstudien. Phytopharmaka III, Steinkopf Verlag Darmstadt.

43. Hilakivi-Clarke L, Cho E, Onojafe I, Raygada M, Clarke R (1999) Maternal exposure to genistein during pregnancy increases carcinogen-induced mammary tumorigenesis in female rat offspring. *Oncol Rep* **6** (5), 1089–1095.

44. Gee JM, Noteborn HP, Polley AC, Johnson IT (2000) Increased induction of aberrant crypt foci by 1,2-dimethylhydrazine in rats fed diets containing purified genistein or genistein-rich soya protein. *Carcinogenesis* **21** (12), 2255–2259.

45. Watzl B, Leitzmann C (1999) Bioaktive Substanzen in Lebensmitteln. 2. Überarbeitete und erweiterte Auflage. Hippokrates Verlag GmbH Stuttgart. 149–151.

46. Portier CJ (2002) Endocrine dismodulation and cancer. *Neuroendocrinol Lett* **23** Suppl 2, 43–47.

47. Benassayag C, Perrot-Applanat M, Ferre F (2002) Phytoestrogens as modulators of steroid action in target cells. *J Chromatogr Analyt Technol Biomed Life Sci* **777** (1–2), 233–48.

48. Gehm BD, McAndrews JM, Chien P.-Y., Jameson JL (1997) Resveratrol, a polyphenolic compound found in grapes and wine, is an agonist for the estrogen receptor. *Proc Natl Acad Sci* **94**, 14138–14143.

49. Höll A (2002) Einfluss des Metabolismus auf die hormonelle bzw. antihormonelle Aktivität von endokrinen Disruptoren an ausgewählten Beispielen. Dissertation, Universität Kaiserslautern.

50. Lu R, Serrero G (1999) Resveratrol, a natural product derived from grape, exhibits antiestrogenic activity and inhibits the growth of human breast cancer cells. *Journal of Cellular Physiology* **179**, 297–304.

51. Jeong HJ, Shin YG, Kim IH, Pezzuto JM (1999) Inhibition of aromatase activity by flavonoids. *Arch Pharm Res* **22** (3), 309–312.
52. Köhrle J, Fang SL, Yang Y, Irmscher K, Hesch RD, Pino S, Alex S, Braverman LE (1989) Rapid effects of the flavonoid EMD 21388 on serum thyroid hormone binding and thyrotropin regulation in the rat. *Endocrinology* **125** (1), 532–537.
53. Bast A, Hänen GRMM Dose-response relationships with special reference to antioxidants. In: Senate Commission on Food Safety SKLM (ed.): Functional Food: Safety Aspects. Symposium (ISBN 3-527-27765-X) Wiley-VCH, Weinheim (2004).
54. Awad HM, Boersma MG, Boeren S, van Bladeren PJ, Vervoort J, Rietjens IM (2001) Structure-activity study on the quinone/quinone methide chemistry of flavonoids. *Chem Res Toxicol* **14** (4), 398–408.
55. Awad HM, Boersma MG, Boeren S, van Bladeren PJ, Vervoort J, Rietjens IM (2002) The regioselectivity of glutathione adduct formation with flavonoid quinone/quinone methides is pH-dependent. *Chem Res Toxicol* **15** (3), 343–51.
56. Day AJ, Mellon F, Barron D, Sarrazin G, Morgan MRA, Williamson G (2001) Human metabobism of dietary flavonoids: identification of plasma metabolites of quercetin. *Free Radicals Research* **35**, 941–952.
57. Gräfe EU, Wittig J, Müller S, Riethling A-K, Ühleke B, Drewelow B, Pforte H, Jacobasch G, Derendorf H, Veit M (2001) Pharmacokinetics and Bioavailability of Quercetin Glycosides in Humans. *J Clin Parmacol* **41**, 492–499.
58. Hollman PC, van Trijp JM, Buysman MN, van der Gaag MS, Mengelers MJ, de Vries JH, Katan MB (1997) Relative bioavailability of the antioxidant flavonoid quercetin from various foods in man. *FEBS Lett.* **418** (1–2), 152–156.
59. Van het Hof KH, Wiseman SA, YangCS, Tijburg LBM (1999) Plasma and lipoprotein levels of tea catechins following repeated tea consumption. *Proc Soc Exp Biol Med* **220**, 203–209.
60. Gee JM, DuPont MS, Day AJ, Plumb GW, Williamson G, Johnson IT (2000) Intestinal transport of quercetin glycosides in rats involves both deglycosylation and interaction with hexose transport pathway. *Journal of Nutrition* **130**, 2765–2771.
61. Sesink ALA, O'Leary KA, Hollman PCH (2001) Quercetin glucuronides but not glucosides are present in human plasma after consumption of quercetin-3-glucoside or quercetin-4'-glucoside. *J Nutr* **131** (7), 1938–1941.
62. Young JF, Nielsen SE, Haraldsdóttir J, Daneshvar B, Lauridsen ST, Knuthsen P, Crozier A, Sandström B, Dragsted L O (1999) Effect of fruit juice intake on urinary quercetin excretion and biomarkers of antioxidative status. *Am J Clin Nutr* **69**, 87–94.
63. Kuhnle G, Spencer JP, Schroeter H, Shenoy B, Debnam ES, Srai SK, Rice-Evans C, Hahn U (2000) Epicatechin and catechin are O-methy-

lated and glucuronidated in the small intestine. *Biochem Biophys Res Commun* **277** (2), 507–512.

64. Zhu BT, Patel UK, Cai MX, Conney AH (2000) O-Methylation of tea polyphenols catalyzed by human placental cytosolic catechol-O-methyltransferase. *Drug Metab Dispos* **28** (9), 1024–1030.

65. ATBC Study Group (The alpha-tocopherol, beta-carotene cancer prevention study group) (1994) The effects of vitamin E and β-carotene on the incidence of lung cancer and other cancers in male smokers. *N Engl J Med* **330**, 1029–1356.

66. Albanes D, Heinonen OP, Taylor PR, Virtamo J, Edwards BK (1996) α-Tocopherol and β-carotene supplementation and lung cancer incidence in the alpha-Tocopherol, beta-carotene cancer prevention study: effect of base-line characteristics and study compliance. *J Natl Cancer Inst* **88**, 1560–1570.

67. Omenn GS, Goodman GE, Thornquist M, Balmes J, Cullen MR (1996) Effects of a combination of β-carotene and vitamin A on lung cancer incidence, total mortality, and cardiovascular mortality in smokers and asbestos-exposed workers. *N Engl J Med* **334**, 1150–1155.

68. Omenn GS, Goodman GE, Thornquist M, Balmes J, Cullen MR (1996) Risk factors for lung cancer and for intervention effects in CARET, the beta-carotene and retinol efficacy trial. *J Natl Cancer Inst* **88**, 1550–1566.

69. Omenn GS. (1998). Chemoprevention of lung cancer: the rise and demise of β-carotene. *Ann Rev public Health* **19**, 73–99.

70. Liu C, Wang XD, Bronson RT, Smith DE, Krinsky NI, Russell RM (2000) Effects of physiological versus pharmacological beta-carotene supplementation on cell proliferation on cell proliferation and histopathological changes in the lungs of cigarette smoke-exposed ferrets. *Carcinogenesis* **21** (12), 2245–2253.

20 Beurteilungskriterien neuer Proteine, die durch gentechnisch modifizierte Pflanzen in Lebensmittel gelangen können

Eine ad-hoc-Arbeitsgruppe der Kommission diskutierte am 31. Januar 1997 in Berlin, welche Beurteilungskriterien für neue Proteine in Lebensmitteln sinnvoll sind. Die Kommission hat am 2./3. Juni 1997 folgende Stellungnahme abgegeben:

Aufgrund der komplexen Fragestellung können keine allgemein gültigen Forderungen gestellt werden, sondern es bedarf einer Fall-zu-Fall-Betrachtung für die die Vorlage aller Originalunterlagen unerlässlich ist.

Die gesundheitliche Unbedenklichkeit neuer Proteine kann am besten durch eine Kombination verschiedener Untersuchungen belegt werden (Homologie zu bekannten Proteinen, Abbaubarkeit, Kurzzeittoxizität des Proteins). Für die Bewertung erforderlich sind auch Angaben über Art und Umfang der Exposition des Menschen.

Wird bei toxikologischen Untersuchungen ein mikrobiell exprimiertes Protein anstelle des eigentlich pflanzlichen Proteins verwendet, dann sollte ein eindeutiger Nachweis funktioneller und struktureller Äquivalenz erfolgen.

Die Kommission empfiehlt eine 28-Tage-Fütterungsstudie mit dem Protein. Dabei sind zumindest die Standards der OECD einzuhalten. Zusätzliche Untersuchungen mit der modifizierten Pflanze und dem prozessierten Lebensmittel können die Beurteilung unterstützen. Dabei sind nutritive Imbalanzen zu vermeiden.

Die im Hinblick auf biologische Wirksamkeit, insbesondere Allergenität und Resorption, wichtigen Daten zur Abbaubarkeit der Proteine sind mit adäquaten Modellsystemen, die dem physiologischen Geschehen möglichst nahe kommen (z. B. Pankreaspräparationen), zu gewinnen. Dabei sollen sich die Untersuchungen nicht auf das native Protein beschränken, sondern auch die Abbauprodukte einbeziehen. Um ein allergenes Potenzial der Proteine möglichst frühzeitig zu erkennen, sind immunologische Methoden intensiv weiterzuentwickeln.

Lebensmittel und Gesundheit II/Food and Health II
DFG, Deutsche Forschungsgemeinschaft

21 Stellungnahme zu Pyrrolizidinalkaloiden in Honigen, Imkereierzeugnissen und Pollenprodukten

Die SKLM hat sich mit Pyrrolizidinalkaloiden (PA) in Honigen und der Problematik einer möglichen Kontamination von Honigen, Imkereierzeugnissen und Pollenprodukten mit Pyrrolizidinalkaloiden beschäftigt und am 8. November 2002 folgenden Beschluss gefasst:

Die Datenlage zu Gehalten von PA in Honigen, die aus PA-haltigen Pflanzen gewonnen wurden (z. B. Kreutzkraut- bzw. Natternkopfhonig) sowie die Datenlage zur Exposition des Verbrauchers mit PA sind als unzureichend zu beurteilen. Auch die Datenbasis zur Toxikologie solcher PA und zum Metabolismus beim Menschen ist noch lückenhaft, so dass zur Zeit keine abschließende Risikobewertung vorgenommen werden kann.

Der Eintragspfad von PA in den Honig ist nicht geklärt. Erste experimentelle Befunde weisen zwar auf einen Zusammenhang von PA-Gehalt und Pollengehalt der Honige hin, so dass der Eintrag über den Pollen erfolgen könnte, es sind aber auch hierzu noch weiterführende Untersuchungen notwendig, die auch den Nektar mit einbeziehen sollten. Die SKLM empfiehlt, zunächst besonderes Augenmerk auf Produkte zu richten, die unter Verwendung von Pollen aus PA-haltigen Pflanzen hergestellt werden. Diese Produkte gelangen als Nahrungsergänzungsmittel in den Handel und werden vermutlich in größeren Mengen verzehrt.

Nach Auffassung der SKLM muss der Schwerpunkt der zukünftigen Forschung auf der sorgfältigen analytischen Erfassung von PA-Gehalten in Honigen und Pollen liegen. Außerdem ist zu untersuchen, wie durch Standortwahl für Bienenvölker und geeignete Honiggewinnungsverfahren PA-Gehalte in Honigen soweit wie möglich herabgesetzt werden können.

Lebensmittel und Gesundheit II/Food and Health II
DFG, Deutsche Forschungsgemeinschaft
Copyright © 2005 WILEY-VCH Verlag GmbH & Co. KGaA, Weinheim
ISBN: 3-527-27519-3

22 Toxikologische Bewertung von Rotschimmelreis

Rotschimmelreis wird zurzeit unter unterschiedlichen Bezeichnungen[*] *vor allem über das Internet zumeist als Nahrungsergänzungsmittel mit cholesterinspiegelsenkender Wirkung, d. h. ohne arzneimittelrechtliche Zulassung, angeboten. Diese Entwicklung hat die DFG-Senatskommission zur Beurteilung der gesundheitlichen Unbedenklichkeit von Lebensmitteln (SKLM) zum Anlass genommen, Rotschimmelreis erstmals unter dem Gesichtspunkt seiner gesundheitlichen Unbedenklichkeit zu bewerten. Die SKLM hat am 26. Oktober 2004 folgenden Beschluss gefasst:*

22.1 Einleitung

Rotschimmelreis ist ein Fermentationsprodukt von gewöhnlichem Reis mit bestimmten Schimmelpilzstämmen der Gattung *Monascus*. Die Verwendung von Rotschimmelreis zum Färben, Aromatisieren und Konservieren von Lebensmitteln sowie als Heilmittel zur Förderung der Verdauung und der Blutzirkulation in Ostasien reicht schon Jahrhunderte zurück [1]. In China wurde Rotschimmelreis 1982 als Lebensmittelzusatzstoff zur Färbung von Fleisch, Fisch und Sojaprodukten in eine Richtlinie für Lebensmittelzusatzstoffe aufgenommen [2]. In Japan hingegen sind nur die Pigmente des Rotschimmelreisstamms *Monascus purpureus* zur Verwendung in Lebensmitteln zugelassen. Dort erreichte die Produktion von Rotschimmelreis bereits im Jahre 1977 100 t/Jahr [3].

---

[*] u. a. als Roter Reis, rot fermentierter Reis, „red yeast rice", „red mould rice", Angkak, Hongqu und Red Koji sowie als Cholestin™, Xuezhikang™, HypoCol™, Cholestol™, CholesteSure™ und CholestOut™.

Lebensmittel und Gesundheit II/Food and Health II
DFG, Deutsche Forschungsgemeinschaft
Copyright © 2005 WILEY-VCH Verlag GmbH & Co. KGaA, Weinheim
ISBN: 3-527-27519-3

In Europa wurde der teilweise Ersatz von Nitritpökelsalz durch Rotschimmelreis diskutiert, aber aufgrund der unzureichenden toxikologischen Datenbasis abgelehnt [4, 5]. Rotschimmelreis ist als Zusatzstoff nicht zugelassen, trotzdem wurde sein Einsatz bei vegetarischen wurstähnlichen Produkten nachgewiesen [6]. In Zusammenhang mit Berichten über allergische Reaktionen wurde eine – unzulässige – Verwendung bei der Herstellung von Wurstwaren aufgedeckt [7–9].

In den USA wurde ein Rotschimmelreispräparat (Cholestin™) als Nahrungsergänzungsmittel vertrieben [10]. Im Jahre 2000 wurde es von der „Food and Drug Administration" (FDA) aufgrund seiner arzneimittelähnlichen Wirkung als ungeprüftes Arzneimittel eingestuft und somit der Vertrieb untersagt [11].

In der EU wird Rotschimmelreis als sog. Nahrungsergänzungsmittel zur Senkung des Cholesterinspiegels angeboten. Das Bundesinstitut für Arzneimittel und Medizinprodukte warnte in einer Pressemitteilung vor dem Verzehr solcher Produkte [12], da der wirkungsrelevante Inhaltsstoff Monacolin K identisch ist mit Lovastatin, einem potenten Statin. Statine hemmen die Cholesterinsynthese auf der Stufe der Hydroxymethylglutaryl-Coenzym A (HMG-CoA)-Reduktase. Die gleichzeitige Einnahme von Rotschimmelreis und Statinen als Arzneimittel kann zu einer Steigerung der Hemmwirkung mit der Folge von gesundheitlich nachteiligen Effekten führen.

22.2 Inhaltsstoffe und deren Toxikologie

Rotschimmelreis wird durch Fermentation von gewöhnlichem Reis mit bestimmten Schimmelpilzstämmen der Gattung *Monascus* (*M. ruber, M. purpureus, M. pilosus, M. floridanus*) gewonnen [13]. *Monascus* spp. werden taxonomisch zur Familie der Monascaceae gerechnet [14, 15]. Charakteristisch sind die endständigen, von Hyphen umgebenen Kleistothezien. Die Hauptbestandteile des Rotschimmelreises sind Kohlenhydrate (25–73 %), Proteine (14–31 %), Wasser (2–7 %) und Fettsäuren (1–5 %) [1, 16]. Die Gehaltsangaben variieren in Abhängigkeit vom Fermentationsverfahren. Während des Fermentationsprozesses über mehrere

Tage bis Wochen werden zahlreiche Produkte des Sekundär-
stoffwechsels des Schimmelpilzes gebildet, u. a verschiedene
Pigmente, pharmakologisch wirksame Monacoline (HMG-
CoA-Reduktasehemmer) und Monankarine (Hemmstoffe der
Monoaminoxidase), das Mykotoxin Citrinin sowie andere nicht-
färbende Substanzen [17, 13]. *Monascus ssp.* bilden darüber
hinaus weitere Metabolite, die zum Teil bisher nicht identifiziert
wurden [18].

22.2.1 Pigmente

Monascus spp. bilden sowohl freie als auch komplex an Proteine,
Aminosäuren und Peptide gebundene Pigmente [19]. Zu den farb-
gebenden Hauptkomponenten gehören neben den beiden roten
Farbstoffen Rubropunctamin und Monascorubramin die orangeroten Pigmente Rubropunctatin und Monascorubrin sowie die gelben Pigmente Monascin und Ankaflavin [20–24] (s. Abb. 22.1).
   Der Gehalt an Pigmenten in Rotschimmelreis schwankt in
Abhängigkeit von den Kulturbedingungen wie Feuchtigkeits-
gehalt, pH-Wert, Nährstoffangebot und Sauerstoffversorgung
[25, 26]. Daten aus einem traditionell mittels *Monascus purpureus*
hergestellten Rotschimmelreis ergaben einen Pigmentanteil von
0,3 % im Reismehl [1]. Daten zum Anteil einzelner Pigmente und
deren natürliche Schwankungsbreite im traditionellen Produkt
liegen jedoch nicht vor.
   Die chromatografisch (HPLC) aus dem Mycel aufgereinigten
Pigmente Monascorubrin, Rubropunctatin, Monascin und Ankaflavin verursachten nach Inkubation von 3 Tage alten Hühnerembryonen über 9 Tage Missbildungen bzw. Letalität. Die Dosis,
die bei 50 % behandelter Embryonen diese Effekte verursachte
(ED_{50}), lag für Monascorubrin bei 4,3 µg/Embryo, für Rubropunctatin bei 8,3 µg/Embryo, für Monascin bei 9,7 µg/Embryo
und für Ankaflavin bei 28 µg/Embryo. Im Gegensatz zu den
C_7H_{15}-Seitenkettenhomologen Monascorubrin und Ankaflavin
zeigten die C_5H_{11}-Seitenkettenhomologen Rubropunctatin und
Monascin teratogene Eigenschaften ab Dosen von 3 µg/Hühner-
embryo. Studien zur Embryotoxizität und Teratogenität an rele-

Rot   Rubropunctamin   Monascorubramin
($C_{21}H_{23}NO_4$)   ($C_{23}H_{27}NO_4$)

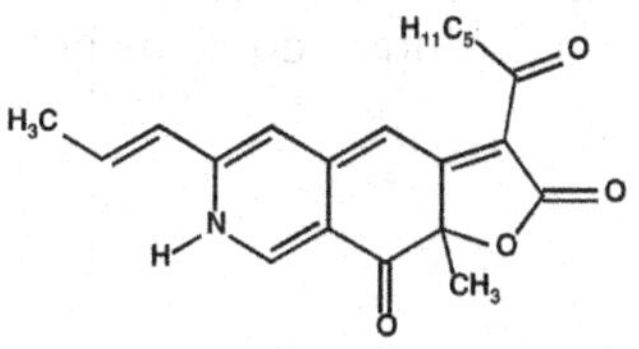

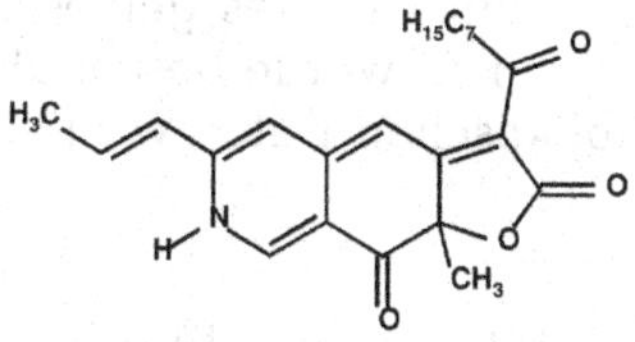

Orangerot   Rubropunctatin ($C_{21}H_{22}O_5$)   Monascorubrin ($C_{23}H_{26}O_5$)

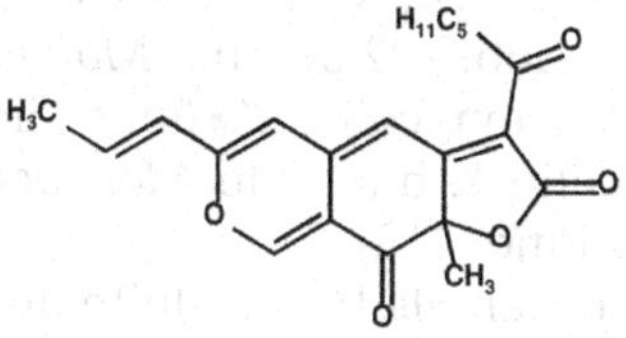

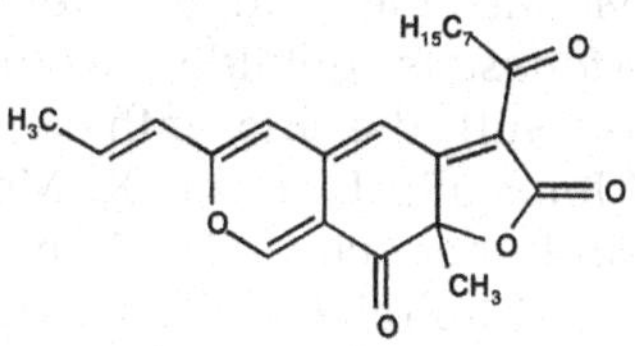

Gelb   Monascin   Ankaflavin ($C_{23}H_{30}O_5$)
(= Monascoflavin $C_{21}H_{26}O_5$)

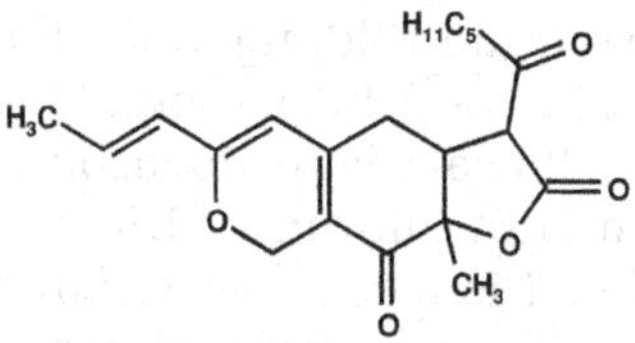

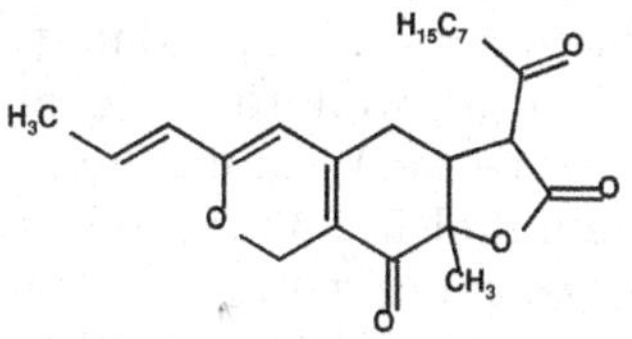

Abb. 22.1: Hauptpigmente aus *Monascus ssp.* (nach [13]).

Gelb   Xanthomonascin A

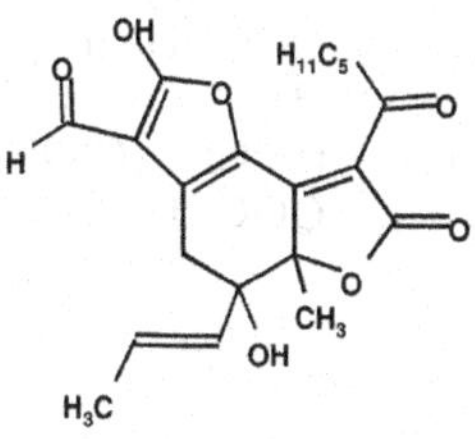

Abb. 22.2: Xanthomonascin A aus *Monascus ssp.*

155

vanten Systemen liegen nicht vor. Über antibakterielle und fungizide Eigenschaften bei einigen Pigmenten wurde berichtet [27]. Ein weiteres gelbes Pigment (s. Abb. 22.2), das Xanthomonascin A, wurde beschrieben, allerdings liegen bisher keine toxikologischen Daten vor [28].

22.2.2   Monacoline

Monacoline sind Polyketide, die u. a. von Spezies der Gattung *Monascus* gebildet werden (Abb. 22.3). In *Monascus ruber* verläuft die Biosynthese von Monacolin K über die Derivate Monacolin L, J und X. Monacolin K bildende *Monascus*-Stämme sind eher schwache Pigmentbildner [13].

Zahlreiche Monacoline wurden als Hemmstoffe der Cholesterinbiosynthese identifiziert. Die reversible kompetitive Hemmung der mikrosomalen Hydroxymethylglutaryl-Coenzym-A (HMG-CoA)-Reduktase verhindert die Reduktion von HMG-CoA zu Mevalonsäure und damit sowohl die Bildung von Cholesterin als auch die weiterer Verbindungen wie Ubichinonen [29–31].

Diese Wirkung liegt dem Einsatz von Monacolin K als Arzneimittel in Japan und in den USA zugrunde. Die heute übliche Bezeichnung für den Wirkstoff Monacolin K ist Lovastatin. Die therapeutische Dosis dieses Statins zur Behandlung der Hypercholesterinämie beträgt beim Erwachsenen durchschnittlich 40 mg täglich mit einer üblichen Einstiegsdosis von 20 mg/Tag.

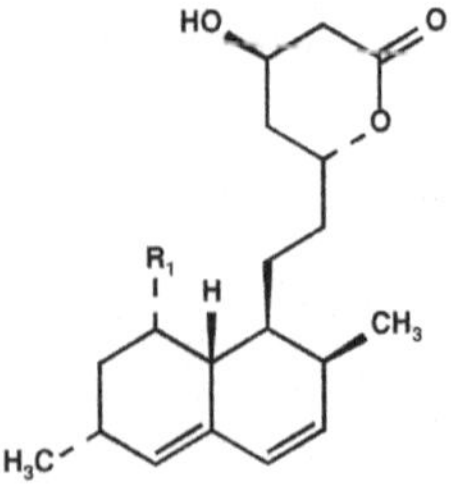

Monacoline	R_1
Monacolin J	OH
Monacolin K	$OOCCH(CH_3)C_2H_5$
Monacolin L	H
Monacolin M	$OOCCH_2C(OH)CH_3$
Monacolin X	$OOCCH(CH_3)(OC)CH_3$

Abb. 22.3: Struktur der Monacoline.

Die orale Bioverfügbarkeit von Lovastatin ist mit etwa 5 % gering [32]. In Leber und Dünndarm wird Lovastatin vornehmlich durch Mitglieder der Cytochrom-P450 (CYP)-3A-Familie metabolisiert und mit der Galle ausgeschieden [33].

Studien zur subakuten Toxizität von Lovastatin zeigten, dass am Kaninchen orale Dosen (100–200 mg/kg Körpergewicht pro Tag) tödlich waren, diese Dosen wurden dagegen von Hunden, Ratten und Mäusen toleriert. Beobachtet wurden Leber- und Nierennekrosen, die sich auf eine für das Kaninchen spezifische extrem starke Hemmung der Mevalonatsynthese zurückführen ließen. Durch Gabe des Cholesterinvorläufers Mevalonat konnte der Effekt vollständig aufgehoben werden, nicht aber durch Gabe von Cholesterin. Daraus wurde gefolgert, dass die spezifische Toxizität von Lovastatin in Kaninchen auf die Depletion eines Metaboliten des Mevalonats zurückzuführen ist, der essenziell für das Überleben der Zellen ist [34].

Beim Menschen ist die bedeutsamste unerwünschte Wirkung von Lovastatin die Muskeltoxizität, die bei einer Monotherapie nur selten auftritt, häufig jedoch bei gleichzeitiger Gabe von Arzneimitteln, die als Substrate oder Hemmstoffe von CYP-3A-Isoenzymen fungieren. Dazu gehören Vertreter aus der Klasse der Immunsuppressiva vom Ciclosporintyp [35], weitere Statine und andere Cholesterinsenker wie Fibrate, Antimykotika wie Itraconazol [36], bestimmte Antibiotika wie Erythromycin, Clarithromycin, Troleandomycin, Antidepressiva wie Nefazodon, Antikoagulantien vom Cumarintyp und bestimmte Proteaseinhibitoren. Auch die gleichzeitige Aufnahme von Grapefruitsaft kann den Metabolismus von Lovastatin hemmen [37]. Durch Blockierung des CYP-vermittelten Statinabbaus steigen die Blutspiegel von Lovastatin und seinem aktiven Metaboliten Lovastatinsäure stark an [37, 38]. In mehreren Fällen führte dies zu einer Rhabdomyolyse (gravierende Muskelschädigung) mit Todesfolge [39].

Nahrungsergänzungsmittel aus Rotschimmelreis enthalten Monacoline in einer Konzentration von 0 bis 0,58 % [40]. Bis zu 75 % der Monacolingesamtmenge entfällt dabei auf Monacolin K. Rotschimmelreisprodukte in Kapselform weisen Gehalte von 0,15 bis 3,37 mg Monacolin K/Kapsel auf. Bei einer Kapselfüllung von 600 mg und einem mittleren Monacolingehalt von 0,4 % führt die typische Dosierungsempfehlung von vier Kapseln pro Tag [63] zu einer Tagesverzehrsmenge von 10 mg Monacolin [1].

22.2.3 Citrinin

Das Mykotoxin Citrinin (identisch mit Monascidin A, Abb. 22.4) wird von verschiedenen *Penicillium*-, *Aspergillus*- und *Monascus*-Stämmen (*M. purpureus*, *M. ruber*) [41] gebildet. Die Bildung von Citrinin durch *Monascus* spp. hängt von den Kulturbedingungen ab [26], beispielsweise führt Fermentation von lebensmittelrelevanten *Monascus*-Arten auf Reis zu Citriningehalten bis etwa 2,5 g/kg Trockenmasse, während in flüssiger Kultur Werte bis 56 mg/kg Trockenmasse erreicht wurden [42, 17].

In kommerziellen Proben von *Monascus*-Fermentationsprodukten wie Rotschimmelreis wurden bis zu 17 µg Citrinin/g Trockenmasse [43], in handelsüblichen Nahrungsergänzungsmitteln bis 65 µg/Kapsel [40], in vegetarischer Wurst bis zu 105 µg/kg nachgewiesen [44]. Citrinin wurde auch in Silage gefunden [45].

Im Tierversuch erwies sich die wiederholte Gabe von Citrinin bei verschiedenen Spezies als nephrotoxisch. Bei männlichen Fischer-344-Ratten führte die orale Gabe von 0,1 % Citrinin im Futter (entsprechend 50 mg/kg Körpergewicht pro Tag) nach 40 Wochen bei allen Tieren zu fokalen Hyperplasien des Tubulusepithels und zur Bildung von Adenomen. Nach 60 Wochen wurden benigne Nierentumore beobachtet, die histopathologisch als Klarzelladenome beschrieben wurden. Bei männlichen Spraque-Dawley-Ratten wurden nach 48 Wochen oraler Gabe von bis zu 0,05 % Citrinin im Futter (entsprechend 25 mg/kg Körpergewicht pro Tag) alle Tiere getötet. Zu diesem Zeitpunkt wurden zwar Schäden an den Epithelzellen der Nierentubuli aber noch keine Tumore beobachtet. Aus keiner Studie konnte eine Dosis ohne

---

Citrinin/Monascidin A

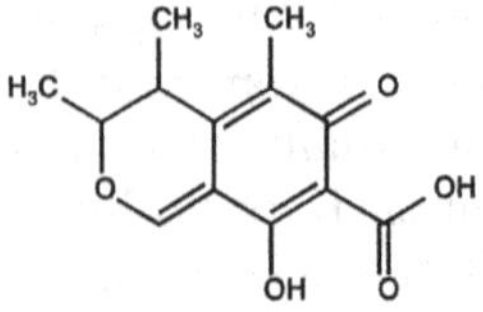

Abb. 22.4: Struktur von Citrinin.

Wirkung (NOEL) abgeleitet werden. Die „International Agency for Research on Cancer" (IARC) stuft die Substanz Citrinin in Gruppe 3 ein (Gruppe 3: Der Stoff kann bezüglich seiner krebserregenden Wirkung am Menschen nicht eingeordnet werden. Diese Kategorie wird in aller Regel für jene Stoffe, Gemische und Expositionsmöglichkeiten verwendet, für die eine krebserregendende Wirkung für Menschen unzureichend und für Versuchstiere unzureichend oder mit begrenzter Evidenz nachgewiesen wurde) [46–48]. Ein Zusammenhang mit der sog. endemischen Balkan-Nephropathie, bei der es zu Fibrosen der Nierenrinde und zu Nekrosen der Tubulusepithelien bzw. zu Tumoren der ableitenden Harnwege kommt, wird für Citrinin ebenso wie für Ochratoxin A respektive deren Interaktion diskutiert. Als Ursache für diese Mykotoxin-induzierte Nephropathie wird der Verzehr von verschimmeltem Getreide in Endemiegebieten erwogen [49–51].

Eine mutagene Wirkung von Citrinin im Ames-Test an *Salmonella typhimurium* konnte weder mit noch ohne S9 Mix gefunden werden. Der sog. *Salmonella*-Hepatocyten-Assay, bei dem eine Inkubation von *Salmonella typhimurium* (TA-98 und TA-100) mit dem zellfreien Kulturüberstand einer Inkubation von Rattenhepatocyten mit Citrinin erfolgt, zeigte im Laufe der darauf folgenden Kultivierung der behandelten Bakterien (analog zum Ames-Test) konzentrationsabhängig mutagene Wirkung. Eine CYP-3A4-abhängige Phase-I-Metabolisierung, eventuell mit anschließender Biotransformation durch Phase-II-Enzyme, wurde als Aktivierungsprozess diskutiert [43]. In transgenen CYP-3A4-exprimierenden NIH-3T3-Zellen wurde im Gegensatz zu den Wildtypzellen ein dosisabhängiger Anstieg der Mutationsfrequenz nachgewiesen. Citrinin zeigt aneuploidogene Wirkung in Chinesischen-Hamster-V79-Zellen [52]. Auch teratogene Wirkungen an Hühnerembryonen sind beschrieben, mit einer prozentualen Teratogenität von 46 % bei den Überlebenden ab einer Dosierung von 50 µg/Embryo [53].

22.2.4 Weitere Produkte des Sekundärstoffwechsels von Monascus ssp.

Die **Monankarine** A–F (Abb. 22.5) sind Verbindungen mit Pyranocumarinstruktur aus *Monascus anka* (*M. purpureus*), die trotz ihrer gelben Farbe nicht den Pigmenten zugerechnet werden. Aus der Trockensubstanz des Mycels waren 0,003 % Monankarin A, 0,0005 % Monankarin B, 0,003 % Monankarin C und 0,0007 % Monankarin D extrahierbar. Über die Konzentrationen von Monankarinen in Rotschimmelreis liegen keine Daten vor. Die diastereomeren Monankarine A und B sowie C und D wirken im mikromolaren Konzentrationsbereich hemmend auf die Monaminoxidase aus Gehirn- und Leberpräparationen von Mäusen [54]. Die höchste Aktivität zeigt Monankarin C mit einem IC_{50}-Wert von 11 µM.

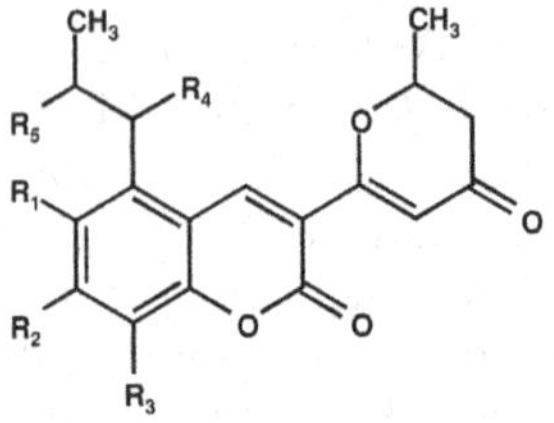

Monankarine	R_1	R_2	R_3	R_4	R_5
Monankarin A und B	CH_3	OH	H	CH_3	OH
Monankarin C und D	CH_3	OH	CH_3	CH_3	OH
Monankarin E	H	OH	CH_3	H	OH
Monankarin F	CH_3	OH	CH_3	H	OH

Abb. 22.5: Struktur der Monankarine A–F.

Monascodilon (Abb. 22.6) wurde in 6 von 12 unbehandelten Rotschimmelreisproben in Konzentrationen bis 0,4 mg/g nachgewie-

Monascodilon

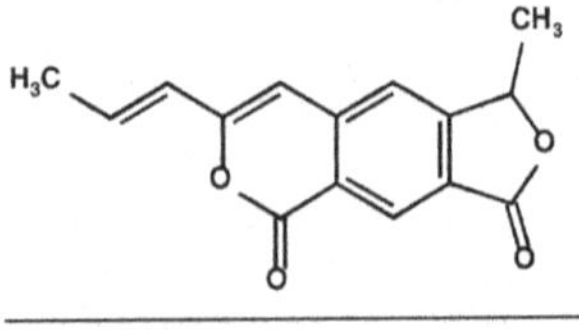

Abb. 22.6: Struktur von Monascodilon [18].

sen. Beim Erhitzen werden zusätzliche Mengen gebildet, wobei die bisher nicht identifizierten Vorläufer weder zu den Pigmenten noch zu Citrinin zählen. Unter den im Labor gewählten Bedingungen (121 °C, 20 min) werden Gehalte bis zu 5 mg/g im Rotschimmelreis gefunden [18]. Über die pharmakologischen bzw. toxischen Eigenschaften ist bisher nichts bekannt.

Die farblosen **Monascopyridine** A und B (Abb. 22.7) wurden nach der Fermentation von *Monascus purpureus* DSM1379 und DSM1603 in Rotschimmelreispräparaten in Gehalten bis zu 6 mg/g gefunden [55]. Auch hier existieren bisher keine Daten zu pharmakologischen bzw. toxischen Eigenschaften.

Monascopyridin A   Monascopyridin B

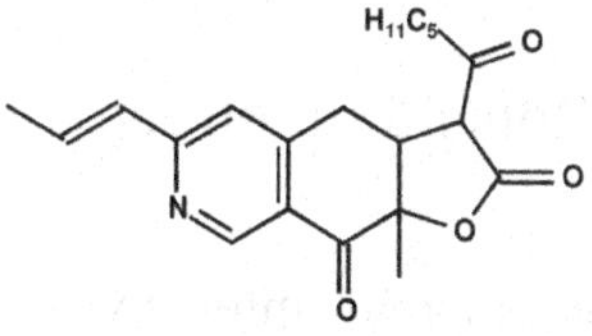

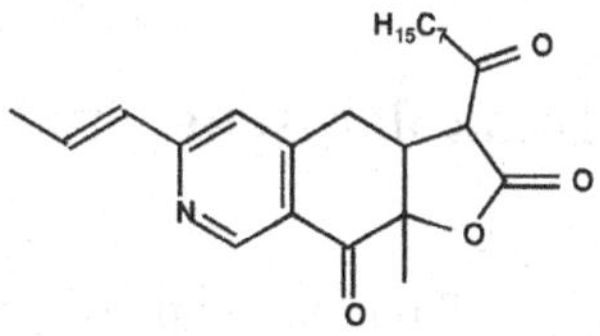

Abb. 22.7: Strukturen von Monascopyridin A und B [55].

Bei der Fermentation von *Monascus purpureus* CCRC 31615 auf Reis wurden bis zu 1,5 g **γ-Aminobuttersäure** (**GABA**, Abb. 22.8) pro kg gebildet [56]. GABA hat mehrere physiologische Funktionen, beispielsweise als Neurotransmitter inhibitorischer Neurone in Gehirn und Rückenmark und zeigt blutdrucksenkende und diuretische Wirkung [57]. Intravenöse Gabe von 250 µg/kg Körpergewicht GABA, isoliert aus Rotschimmelreis mittels HPLC, führte bei Ratten mit spontanem Bluthochdruck zur Blutdrucksenkung [58]. Weitere Daten liegen bisher nicht vor.

γ-Aminobuttersäure

$H_2N—CH_2\text{-}CH_2\text{-}CH_2—COOH$

Abb. 22.8: Struktur von GABA.

Das farblose **Ankalacton** (Abb. 22.9) aus *Monascus anka* (*M. purpureus*) hemmt das Wachstum von *Escherichia coli* und

Ankalacton

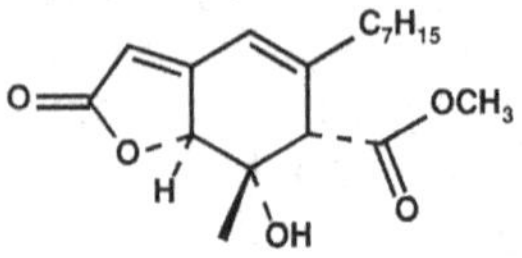

Abb. 22.9: Struktur von Ankalacton [59].

Bacillus subtilis [59]. Über weitere pharmakologische bzw. toxische Eigenschaften ist bisher nichts bekannt.

22.3 Toxikologische Studien mit Rotschimmelreis

Studien zur Toxizität von Rotschimmelreis an relevanten Systemen liegen bisher nicht vor. Untersuchungen zur Embryotoxizität von Rotschimmelreisextrakten am Hühnerembryo zeigten eine weitaus schwächere teratogene und letale Wirkung als aufgrund der Pigmentkonzentrationen zu erwarten gewesen wäre. Dies wurde darauf zurückgeführt, dass die stärker embryotoxischen orangeroten Pigmente während des Fermentationsprozesses mit Aminogruppen aus der Matrix abreagieren und nur die schwächer embryotoxischen gelben Pigmente Monascin und Ankaflavin erhalten bleiben. Ein Vergleich der Wirkung von Rotschimmelreisextrakten an Hühnerembryonen mit der Wirkung von Citrinin wurde nicht durchgeführt. Im Zusammenhang mit Untersuchungen zu Citrinin wurde aber von einer konzentrationsabhängigen mutagenen Wirkung von _Monascus_-Extrakt im _Salmonella_-Hepatocyten-Assay berichtet.

Im Zusammenhang mit Untersuchungen zur blutdrucksenkenden Wirkung von intravenös verabreichtem GABA wird von entsprechender Wirkung auch nach oraler Gabe von _Monascus-pilosus_-fermentiertem Weizen an Ratten berichtet [60].

Studien zur klinischen Wirksamkeit von Monacolin-K-haltigem Rotschimmelreis wurden bei Patienten mit Hypercholesterinämie beschrieben. Sowohl der Spiegel an Gesamtcholesterin als auch die Werte für „low density lipoprotein" (LDL)-Cholesterin und Triglyceride waren nach 12 Wochen täglicher Einnahme von 2,4 g Rotschimmelreis (entsprechend einer täglichen Dosis von 10 mg Gesamtmonacolin bzw. 5 mg Monacolin K) deutlich reduziert, während der Spiegel an „high density lipoprotein" (HDL)-Cholesterin nicht signifikant verändert war [61].

Bei Verzehr von Rotschimmelreis und gleichzeitiger Einnahme von Arzneimitteln mit CYP-3A-hemmenden Eigenschaften können muskeltoxische Wirkungen auftreten. Bei einem Patienten nach Nierentransplantation, der mit Ciclosporin behandelt wurde, führte die Einnahme eines Rotschimmelreis-haltigen Produkts zur Rhabdomyolyse [62].

Des Weiteren liegen einzelne Berichte über allergische Reaktionen nach Kontakt mit Rotschimmelreis bei der Herstellung von Wurstwaren vor. Die Exposition erfolgte sowohl über die Atemwege als auch über die Haut und äußerte sich in Symptomen wie Rhinitis, Bindehautentzündungen, Asthma und Hautekzemen. Untersuchungen am Patienten belegen eine Immunglobulin-E-vermittelte Reaktion auf *Monascus purpureus* [7–9]. Systematische Untersuchungen zum allergenen Potenzial von Rotschimmelreis liegen nicht vor.

22.4 Zusammenfassung

Rotschimmelreis enthält neben einer Reihe von bekannten biologisch wirksamen Stoffen weitere, bisher wenig oder nicht untersuchte Inhaltsstoffe. Je nach verwendetem Schimmelpilzstamm und in Abhängigkeit von den gewählten Produktionsbedingungen ist mit unterschiedlichen Gehalten der einzelnen Inhaltsstoffe zu rechnen. Für auf dem Markt befindliche Rotschimmelreisprodukte (z. B. lose Ware, Kapselprodukte) sind Daten zu Identität und Gehalt der Inhaltsstoffe sowie Produktspezifikationen und Reinheitskriterien nicht bekannt. Toxikologische Basisdaten stehen für eine wissenschaftlich fundierte Sicherheitsbewertung von Rotschimmelreis nicht zur Verfügung.

Eine typische Dosierungsempfehlung für Nahrungsergänzungsmittel auf Basis von Rotschimmelreis sieht vier Kapseln á

600 mg pro Tag vor, was zu einer Aufnahme von 2,4 g/Tag führt. Allerdings ist der Konsum von höheren Mengen durchaus vorstellbar, z. B. bei Verzehr von loser Ware.

Auf der Basis der bekannten Inhaltsstoffe sind zunächst Citrinin und Monacolin K sowie die Pigmente kritisch zu bewerten.

Citrinin wird als nephrotoxisch und teratogen beschrieben und führte in chronischen Toxizitätsstudien an Ratten ab einer Dosierung von 50 mg/kg Körpergewicht pro Tag nach 60 Wochen bei 100 % der Tiere zu Nierentumoren. Citrinin kann von allen lebensmittelrelevanten *Monascus spp.* gebildet werden. In kommerziellen Proben von Rotschimmelreis wurden Gehalte bis 17 mg/kg Trockenmasse gefunden. In handelsüblichen Nahrungsergänzungsmitteln wurden 65 µg/Kapsel gefunden. Bei einer typischen Dosierung von vier Kapseln pro Tag à 600 mg beläuft sich die Citrininexposition auf 260 µg/Tag oder 4,3 µg/kg Körpergewicht pro Tag (bezogen auf 60 kg Körpergewicht). Die als Hemmstoffe der Cholesterinbiosynthese identifizierten Monacoline wurden in marktüblichen Nahrungsergänzungsmitteln in Konzentrationen bis etwa 0,6 % gefunden, wobei Monacolin K (Lovastatin) bis zu 75 % der Gesamtmonacolinmenge ausmachte. Es wurde in Gehalten bis 3,37 mg/Kapsel gefunden. Bei empfohlener Einnahme von beispielsweise vier Kapseln pro Tag nähert man sich unter Umständen dem Bereich der therapeutischen Dosis von Lovastatin an. Bei gleichzeitiger Einnahme von Stoffen mit CYP-hemmender Wirkung kann sich das Risiko für Muskeltoxizität erhöhen.

Sowohl die orangeroten Pigmente Rubropunctatin und Monascorubrin als auch die gelben Pigmente Monascin und Ankaflavin zeigten toxische bzw. missbildungsverursachende Wirkungen am Hühnerembryo im unteren mikromolaren Bereich. Angaben zu einer möglichen teratogenen Wirkung am Warmblüter liegen nicht vor. Der Gehalt an Pigmenten in Rotschimmelreis liegt bei etwa 0,3 % im Trockenprodukt, schwankt aber in Abhängigkeit von den Kulturbedingungen. Bei typischer Dosierung lässt sich eine Aufnahme von etwa 7 mg/Tag annehmen, entsprechend 120 µg/kg Körpergewicht.

22.5 Schlussbewertung

Rotschimmelreis enthält als toxikologisch besonders relevante Inhaltsstoffe Monacolin K (Lovastatin) und Citrinin, daneben eine Vielzahl weiterer Inhaltsstoffe, deren toxikologische Relevanz nur unzureichend bekannt ist. Monacolin K ist ein potenter Wirkstoff in Arzneimitteln zur Cholesterinsenkung, der nur unter ärztlicher Aufsicht gegeben werden sollte. Citrin ist von der IARC als Substanz eingestuft worden, für deren krebserzeugende Wirkung nur eingeschränkte Belege aus Tierversuchen existieren. Zusatz von Citrinin zur Nahrung erzeugte bei männlichen Tieren eines Rattenstammes renale Tumore. In einem weiteren Experiment an Ratten wurde Citrinin nach vorheriger Gabe von N-Nitrosodimethylamin bzw. N-(3,5-dichlorophenyl)succinimid über die Nahrung verabreicht. Im Vergleich mit Tieren, denen ausschließlich N-Nitrosodimethylamin bzw. N-(3,5-dichlorophenyl)succinimid verabreicht wurde, traten vermehrt renale Tumore auf [46]. Insgesamt fehlen grundlegende Daten zur Toxikologie/Sicherheitsbewertung von Rotschimmelreis bzw. seinen Inhaltsstoffen. Standards bzw. Spezifikationen zur Sicherung von Reinheit und Identität sowie der Abwesenheit von toxischen Inhaltsstoffen fehlen völlig. Aus den genannten Gründen ist Rotschimmelreis als Lebensmittel/Nahrungsergänzungsmittel nicht geeignet.

Literatur

1. Ma J, Li Y, Ye Q, Li J, Hua Y, Ju D, Zhang D, Cooper R, Chang M (2000) Constituents of Red Yeast Rice, a Traditional Chinese Food and Medicine. *J Agric Food Chem* **48**, 5220–5.
2. Modern Food Additive Standards of the Chinese Ministry of Public Health (1982) National Standard GB 27078-27063-81, Zit. nach [1].
3. Sweeny JG, Estrada-Valdes M, Iacobucci GA, Sato H, Sakamura S (1981) Photoprotection of the red pigments of Monascus anka in aqueous media by 1,4,6-trihydroxynaphthalene. *J Agric Food Chem* **29**, 1189–93.
4. Fabre CE, Santerre AL, Loret MO, Baberian R, Pareilleux A, Goma G, Blanc PJ (1993) Production and food application of the red pigments of Monascus ruber. *J Food Sci* **59**, 1099–103.

5. Fink-Gremmels J, Dresel J, Leistner L (1991) Einsatz von Monascus-Extrakten als Nitrit-Alternative bei Fleischerzeugnissen. *Fleischwirtschaft* **71**, 329–331.
6. Wild D (2000) Rotschimmelreis: Inhaltstoffe und Anwendung in Fleischerzeugnissen. *BAFF Mitteilungsblatt* **148**(39), 701–6.
7. Wigger-Alberti W, Bauer A, Hipler UC, Elsner P (1999) Anaphylaxis due to Monascus purpureus-fermented rice (red yeast rice). *Allergy* **54**(12), 1330–1.
8. Vandenplas O, Caroyer J-M, Binard-van Cangh F, Delwiche J-P, Symoens F, Nolard N (2000) Occupational asthma caused by a natural food colorant derived from Monascus ruber. *J Allergy Clin Immunol* **105**, 1241–2.
9. Hipler U-C, Wigger-Alberti W, Bauer A, Elsner P (2002) Case report: Monascus purpureus-a new fungus of allergologic relevance. *Mycoses* **45**(1–2), 58–60.
10. Heber D (1999) Dietary supplement or drug? The case for cholestin. *Am J Clin Nutr* **70**(1), 106–8.
11. SoRelle R (2000) Appeals Court says Food and Drug Administration can regulate cholestin. *Circulation* **102**(7), E9012–3.
12. Bundesinstitut für Arzneimittel und Medizinprodukte (2002) BfArM warnt vor Red Rice-Produkten. *Pressemitteilung 17/2002.*
13. Jůzlová P, Martínková L, Kren V (1996) Secondary metabolites of the fungus Monascus: a review. *J Industrial Microbiol* **16**, 163–70.
14. Hawksworth DL, Pitt JI (1983) A new taxonomy for Monascus species based on cultural and microscopical characters. *Austr J Bot* **31**, 51–61.
15. Bridge P, Hawksworth DL (1985) Biochemical tests as an aid to the identification of Monascus species. *Letters in Applied Microbiology* **1**, 25–9.
16. Wissenschaftliche Information für Ärzte und Apotheker, Monascus purpureus fermentierter Reis. Monascus Science and Technology Development Company of Chengdu Vertretung Europa, Bratisvlava (2002).
17. Li F, Xu G, Li Y, Chen Y (2003) Study on the production of citrinin by Monascus strains used in food industry. *Wei Sheng Yan Jiu* **32**(6), 602–5.
18. Wild D, Toth G, Humpf HU (2002) New monascus metabolite isolated from red yeast rice (angkak, red koji). *J Agric Food Chem* **50**(14), 3999–4002.
19. Blanc PJ, Loret MO, Santerre AL, Pareilleux A, Prome D, Prome JC, Laussac JP, Goma G (1994) Pigments of Monascus. *J Food Sci* **59**(4), 862–5.
20. Hadfield JR, Holker JSE, Stanway DN (1967) The biosynthesis of fungal metabolites. Part II. The β-oxolactone equivalents in rubropunctatin and monascorubramin. *J Chem Soc* (C) 751–55.
21. Haws EJ, Holker JSE, Kelly A, Powell ADG, Robertson A (1959) The chemistry of fungi. Part 37. The structure of rubropunctatin. *J Chem Soc* **70**, 3598–610.

22. Kumasaki S, Nakanishi K, Nishikawa E, Ohashi M (1962) Structure of monascorubrin. *Tetrahedron* **18**, 1195–203.

23. Inouye Y, Nakanishi K, Nishikawa H, Ohashi M, Terahara A, Yamamura S (1962) Structure of monascoflavin. *Tetrahedron* **18**, 1195–203.

24. Manchand PS, Whally WB, Chen FC (1973) Isolation and structure of ankaflavin; a new pigment from Monascus anka. *Phytochemistry* **12**, 2531–2.

25. Johns MR, Stuart DM (1991) Production of pigments by Monascus purpureus in solid culture. *J Industr Microbiol* **8**, 23–8.

26. Hajjaj H, Klaebe A, Goma G, Blanc PJ, Barbier E, Francois J (2000) Medium-chain fatty acids affect citrinin production in the filamentous fungus Monascus ruber. *Appl Environ Microbiol* **66**(3), 1120–5.

27. Martínková L, Patáková-Jůzlová, Kren V, Kucerová Z, Havlícek V, Olsovsky P, Hovorka O, Ríhová B, Vesely D, Veselá D, Ulrichová J, Prikrylová V (1999) Biological activities of oligoketide pigments of Monacus purpureus. *Food Additives Contaminants* **16**(1), 15–24.

28. Sato K, Goda Y, Sakamoto SS, Shibata H, Maitani T, Yamada T (1997) Identification of major pigments containing D-amino acid units in commercial Monascus pigments. *Chem Pharm Bull* **45**, 227–9, Zit. aus [18].

29. Alberts AW, Chen J, Kuron G, Hunt V, Huff J, Hoffman C, Rothrock J, Lopez M, Joshua H, Harris E, Patchett A, Monaghan R, Currie S, Stapley E, Albers-Schonberg G, Hensens O, Hirshfield J, Hoogsteen K, Liesch J, Springer J (1980) Mevinolin: a highly potent competitive inhibitor of hydroxymethylglutaryl-coenzyme A reductase and a cholesterol-lowering agent. *Proc Natl Acad Sci USA* **77**(7), 3957–61.

30. Brown MS, Faust JR, Goldstein JL (1978) Induction of 3-hydroxy-3-methylglutaryl coenzyme A reductase activity in human fibroblasts incubated with compactin (ML-236B), a competitive inhibitor of the reductase. *J Biol Chem* **253**(4), 1121–8.

31. Endo A (1988) Chemistry, biochemistry, and pharmacology of HMG-CoA reductase inhibitors. *Klin Wochenschr* **66**, 421–8.

32. Henwood JM, Heel RC (1988) Lovastatin: A preliminary review of its pharmaco-dynamic properties and therapeutic use in hyperlipidaemia. *Drugs* **36**(4), 429–54.

33. Jacobsen W, Kirchner G, Hallensleben K, Mancinelli L, Deters M, Hackbarth I, Benet LZ, Sewing KF, Christians U (1999) Comparison of cytochrome P-450-dependent metabolism and drug interactions of the 3-hydroxy-3-methylglutaryl-CoA reductase inhibitors lovastatin and pravastatin in the liver. *Drug Metab Dispos* **27**(2), 173–9.

34. Kornbrust DJ, MacDonald JS, Peter CP, Duchai DM, Stubbs RJ, Germershausen JI, Alberts AW (1989) Toxicity of the HMG-coenzyme A reductase inhibitor, lovastatin, to rabbits. *J Pharmacol Exp Ther* **248**(2), 498–505.

35. Corpier CL, Jones PH, Suki WN, Lederer ED, Quinones MA, Schmidt SW, Young JB (1988) Rhabdomyolysis and renal injury with lovastatin

use report of two cases in cardiac transplant recipients. *Jama* **260**(2), 239–41.

36. Lees R, Lees A (1995) Rhabdomyolysis from the coadministration of lovastatin and the antifungal agent itraconazole. *New Engl J Med* **333**, 664–5.
37. Kantola T, Kivisto KT, Neuvonen PJ (1998) Grapefruit juice greatly increases serum concentrations of lovastatin and lovastatin acid. *Clin Pharmacol Ther* **63**(4), 397–402.
38. Neuvonen PJ, Jalava KM (1996) Itraconazole drastically increases plasma concentrations of lovastatin and lovastatin acid. *Clin Pharmacol Ther* **60**(1), 54–61.
39. Omar MA, Wilson JP (2002) FDA adverse event reports on statin-associated rhabdomyolysis. *Ann Pharmacother* **36**(2), 288–95.
40. Heber D, Lembertas A, Lu QY, Bowerman S, Go VL (2001) An analysis of nine proprietary Chinese red yeast rice dietary supplements: implications of variability in chemical profile and contents. *J Altern Complement Med* **7**(2), 133–9.
41. Rasheva TV, Nedeva TS, Hallet JN, Kujumdzieva AV (2003) Characterization of a non-pigment producing Monascus purpureus mutant strain. *Antonie Van Leuvenhoek. Int J Gen Molec Microbiol* **83**(4), 333–40.
42. Blanc PJ, Laussac JP, Le Bars J, Le Bars P, Loret MO, Pareilleux A, Prome D, Prome JC, Santerre AL, Goma G (1995) Characterization of monascidin A from Monascus as citrinin. *Int J Food Microbiol* **27**(2–3), 201–13.
43. Sabater-Vilar M, Maas RF, Fink-Gremmels J (1999) Mutagenicity of commercial Monascus fermentation products and the role of citrinin contamination. *Mutation Research* **444**, 7–16.
44. Dietrich R, Usleber E, Märtlbauer E, Gareis M: (1999) Nachweis des nephrotoxischen Mykotoxins Citrinin in Lebensmitteln und mit Monascus spp hergestellten Lebensmittelfarbstoffen. *Arch Lebensmittelhygiene* **50**(1), 17–21.
45. Schneweis I, Meyer K, Hormansdorfer S, Bauer J (2001) Metabolites of Monascus ruber in silages. *J Anim Physiol Anim Nutr (Berl)* **85**(1–2), 38–44.
46. IARC (1986) Citrinin. IARC *Monogr Eval Carcinog Risk Chem Hum* **40**, 67–82.
47. Arai M, Hibino T (1983) Tumorigenicity of citrinin in male F344 rats. *Cancer Lett* **17**, 281–7.
48. Shinohara Y, Arai M, Hirao K, Sugihara S, Nakanishi K, Tsonoda H, Ito N (1976) Combination effect of citrinin and other chemicals on rat kidney tumorigenesis. *Gann* **67**, 147–55.
49. Vrabcheva T, Usleber E, Dietrich R, Martlbauer E (2000) Co-occurrence of ochratoxin A and citrinin in cereals from Bulgarian villages with a history of Balkan endemic nephropathy. *J Agric Food Chem* **48**(6), 2483–8.

50. Pfohl-Leszkowicz A, Petkova-Bocharova T, Chernozemsky IN, Castegnaro M (2002) Balkan endemic nephropathy and associated urinary tract tumours: a review on aetiological causes and the potential role of mycotoxins. *Food Addit Contam* **19**(3), 282–302.

51. Lebensmittel und Gesundheit, Mitteilung 3, Deutsche Forschungsgemeinschaft. Hrsg. von der Senatskommission zur Beurteilung der gesundheitlichen Unbedenklichkeit von Lebensmitteln (SKLM), Wiley-VCH, Weinheim (1998), ISBN 3-527-27581-9.

52. Pfeiffer E, Gross K, Metzler M (1998) Aneuploidogenic and clastogenic potential of the mycotoxins citrinin and patulin. *Carcinogenesis* **19**(7), 1313–8.

53. Ciegler A, Vesonder RF, Jackson LK (1977) Production and biological activity of patulin and citrinin from Penicillium expansum. *Appl Environ Microbiol* **59**, 1004–6.

54. Hossain CF, Okuyama E, Yamazaki M (1996) A new series of coumarin derivatives having monoamine oxidase inhibitory activity from Monascus anka. *Chem Pharm Bull* **44**(8), 1535–9.

55. Wild D, Toth G, Humpf HU (2003) New Monascus metabolites with a pyridine structure in red fermented rice. *J Agric Food Chem* **51**, 5493–6.

56. Su Y-C, Wang J-J, Lin T-T, Pan T-M (2003) Production of the secondary metabolites gamma-aminobutyric acid and monacolin K by Monascus. *J Ind Microbiol Biotechnol* **30**(1), 41–6.

57. Ueno Y, Hayakawa K, Takahashi S, Oda K (1997) Purification and characterization of glutamate decarboxylase from Lactobacillus brevis IFO 12005. *Biosci Biotechnol Biochem* **61**, 1168–71.

58. Kohama Y, Matsumoto S, Mimura T, Tanabe N, Inada A, Nakanishi T (1987) Isolation and identification of hypotensive principles in red-mold rice. *Chem Pharm Bull (Tokyo)* **35**(6), 2484–9.

59. Nozaki H, Date S, Kondo H, Kiyohara H, Takaoka D, Tada T, Nakayama M (1991) Ankalactone, a new α,β-unsaturated γ-lactone from Monascus anka. *Agric Biol Chem* **55**, 899–900.

60. Tsuji K, Ichikawa T, Tanabe N, Obata H, Abe S, Tarui S, Nakagawa Y (1992) Extraction of hypotensive substances from sheat beni-koji. *Nippon Shokuhin Kogyo Gakkaishi* **39**, 913–8.

61. Heber D, Yip I, Ashley JM, Elashoff DA, Elashoff RM, Go VL (1999) Cholesterol-lowering effects of a proprietary Chinese red-yeast-rice dietary supplement. *Am J Clin Nutr* **69**(2), 231–6.

62. Prasad GV, Wong T, Meliton G, Bhaloo S (2002) Rhabdomyolysis due to red rice (Monascus purpureus) in a renal transplant patient. *Transplantation* **74**(8), 1200–1.

63. (http://www.pdrhealth.com/druginfo/nmdrugprofiles/nutsupdrugs/red0329.shtml)

23 Strahlenbehandlung von Lebensmitteln

Beschluss der DFG-Senatskommission zur Beurteilung der gesundheitlichen Unbedenklichkeit von Lebensmitteln (SKLM) vom 4./5. Dezember 2000:

Im Lichte neuerer Entwicklungen sind die von der DFG-Fremdstoffkommission am 21. November 1968 veröffentlichten „Kriterien zur Beurteilung der gesundheitlichen Unbedenklichkeit bestrahlter Lebensmittel" und der Beschluss vom 21. November 1972 zur „Strahlenpasteurisierung von Seefischen" nicht mehr relevant. Auch in Bezug auf die ergänzende Stellungnahme vom 12./13. Mai 1981 sind inzwischen entsprechende Regelungen der EU in Kraft, auf die verwiesen wird.

Lebensmittel und Gesundheit II/Food and Health II
DFG, Deutsche Forschungsgemeinschaft
Copyright © 2005 WILEY-VCH Verlag GmbH & Co. KGaA, Weinheim
ISBN: 3-527-27519-3

24 Stellungnahme zu Sucralose

Die Kommission hat sich in ihrer Sitzung am 14./15. Dezember 1998 erneut mit der Frage der gesundheitlichen Unbedenklichkeit des Süßstoffs Sucralose (1,6-Dichlor-1,6-didesoxy-β-D-fructofuranosyl-4-chlor-4-desoxy-α-D-galactopyranosid) befasst und dabei neue Untersuchungsergebnisse und Überlegungen einbezogen.

Dabei hat sich die im Beschluss vom 13./14. Dezember 1994 geäußerte Auffassung bestätigt, dass die toxikologischen Untersuchungsergebnisse nicht gegen den Einsatz von Sucralose in Lebensmitteln sprechen.

Die in diesem Beschluss zur Ergänzung geforderten humanbezogenen Daten zum Metabolismus und zur Adaptation der Darmflora sind in dieser Form nicht vorgelegt worden.

Hingegen wurde gezeigt, dass Sucralose gegenüber dem hydrolytischen bzw. enzymatischen Abbau im Gastrointestinaltrakt weitgehend resistent ist und mit metabolischen Umwandlungen, außer der in beschränktem Ausmaß erfolgenden Glucuronidbildung, auch bei langdauernder Aufnahme nicht zu rechnen ist.

Lebensmittel und Gesundheit II/Food and Health II
DFG, Deutsche Forschungsgemeinschaft
Copyright © 2005 WILEY-VCH Verlag GmbH & Co. KGaA, Weinheim
ISBN: 3-527-27519-3

25 Δ⁹-Tetrahydrocannabinol (THC) in Hanfprodukten

In Europa wird THC-armer Hanf (< 0,3 %) vermehrt zur Gewinnung nachwachsender Rohstoffe angebaut. Die Kommission nimmt zur Kenntnis, dass daraus in zunehmendem Umfang auch Lebensmittel erzeugt werden. Für diese liegen weder Langzeiterfahrungen noch hinreichende Kenntnisse über ihre gesundheitliche Unbedenklichkeit vor. Nach intensiver Diskussion kommt die Senatskommission am 2./3. Juni 1997 zu folgender Empfehlung:

Die derzeitigen Erkenntnisse über Wirkungen von Δ⁹-Tetrahydrocannabinol (THC) und anderen pharmakologisch aktiven Hanfinhaltsstoffen bei oraler Aufnahme kleiner Mengen reichen nicht aus, um genau angeben zu können, bis zu welchen Konzentrationen dieser Stoffe hanfhaltige Lebensmittel als gesundheitlich unbedenklich angesehen werden können.

Die niedrigste THC-Dosis, von der nach wiederholter oraler Gabe Wirkungen beim Menschen berichtet wurden, beträgt 2,5 mg/Person/Tag. Diese Angabe stammt aus einer Studie mit 31 AIDS-Patienten, die diese Dosis täglich über zwei Wochen oral erhalten hatten. Diese Untersuchung war allerdings nicht als Doppelblindstudie angelegt und schloss auch keine Kontrollen ein. Die Autoren sehen jedoch die bei 10 Patienten beobachteten unerwünschten Effekte im zentralnervösen Bereich als behandlungsbedingt an.

Trotz der Unzulänglichkeiten dieser Studie könnte man aus ihrem Ergebnis die Aussage ableiten, dass eine wiederholte Aufnahme von 2,5 mg THC/Tag aus Lebensmitteln bei Erwachsenen geeignet zu sein scheint, Wirkungen hervorzurufen, die als Beeinträchtigung der Gesundheit anzusehen sind. Eine solche Aufnahme ist z. B. zu erwarten, wenn Hanföl, das 250 mg THC/kg enthält, in Mengen von 10 g/Tag verzehrt wird.

Lebensmittel und Gesundheit II/Food and Health II
DFG, Deutsche Forschungsgemeinschaft

Die Ableitbarkeit von tolerierbaren Grenzwerten zur vorsorglichen Abwehr gesundheitlicher Risiken ist mit vielen Unsicherheiten verbunden. Zum einen ist die Schwellendosis der Wirkung nach oraler Verabreichung nicht bekannt, zum anderen müssen die großen Schwankungsbreite der interindividuellen Reaktion auf THC und die besondere kinetische Situation (Umverteilung, lange Halbwertszeit) berücksichtigt werden. Außerdem ist an die Möglichkeit von Interaktionen mit anderen pharmakologisch aktiven Hanfinhaltsstoffen sowie an Wirkungsverstärkung bei gleichzeitiger Aufnahme von Alkohol oder zentralnervös wirksamen Medikamenten zu denken. Im Übrigen kann beim Erhitzen von Lebensmitteln der THC-Gehalt ansteigen. Darauf ist die Analytik auszurichten.

Aus diesen Gründen sollte die tägliche Exposition mit THC aus Lebensmitteln vorsorglich den Bereich von 1–2 µg/kg Körpergewicht nicht übersteigen. Dieser Wert trägt den bestehenden Unsicherheiten bei der gesundheitlichen Bewertung Rechnung, ist aber nur als vorläufig zu betrachten.

26 THC-Grenzwerte in Lebensmitteln I

Die DFG-Senatskommission zur Beurteilung der gesundheitlichen Unbedenklichkeit von Lebensmitteln hat sich mehrfach mit der Thematik Δ^9-Tetrahydrocannabinol (THC) in hanfhaltigen Lebensmitteln beschäftigt und am 2./3. Juni 1997 hierzu einen Beschluss gefasst. Die SKLM hat aufgrund der vorliegenden Datenlage empfohlen, die maximale tägliche THC-Aufnahme auf 1–2 µg/kg Körpergewicht zu begrenzen. Bei dieser Empfehlung sind Unsicherheiten berücksichtigt wie eine Extrapolation in den niedrigen Konzentrationsbereich, eine mögliche Schwellendosis von THC nach oraler Aufnahme, interindividuelle Unterschiede und eine mögliche Interaktion mit Alkohol und anderen zentralnervös wirksamen Medikamenten.

Zu möglichen „THC-Grenzwerten", wie sie in einer Studie des „Nova-Insituts, Hürth" 1998[*] abgeleitet wurden, nimmt die Kommission am 17./18. Juni 1999 wie folgt Stellung:

Die Begründungen für Grenzwerte für THC in hanfhaltigen Lebensmitteln, wie sie in der Studie des „Nova-Instituts, Hürth" vorgelegt wurden, erfüllen nicht die Anforderungen, welche die Kommission bei der Ableitung zulässiger Höchstmengen für notwendig erachtet. Der Kommission liegen auch aus der Nova-Studie keine neuen Erkenntnisse vor, die zu einer Änderung des Beschlusses vom 2./3. Juni 1997 Anlass geben. Damit entspricht die Abschätzung der maximalen täglichen Aufnahmemenge von 1–2 µg THC/kg Körpergewicht weiterhin dem derzeitigen Kenntnisstand.

---

[*] Grotenhermen F, Karus M, Lohmeyer D „THC-Grenzwerte für Lebensmittel, eine wissenschaftliche Untersuchung", nova-Institut, Hürth, 07/98.

In alkoholischen und alkoholfreien Getränken sind derzeit Werte von 0,1 bis 3 µg/l THC gemessen worden. Diese Gehalte lassen unter Berücksichtigung der täglichen Verzehrsmengen dieser Produktgruppen keine Wirkungen auf den Konsumenten erwarten.

Anders stellt sich die Situation bei den Produktgruppen hanfhaltiger Back-, Dauer- und Teigwaren sowie Hanfölen dar. Hier sollte zukünftig sichergestellt werden, dass unter Berücksichtigung der jeweiligen Verzehrsmengen dieser Produkte die tägliche Gesamtaufnahme an THC den Wert von 2 µg/kg Körpergewicht nicht überschreitet.

27 THC-Grenzwerte in Lebensmitteln II

Die Kommission hat sich mehrfach intensiv mit der Thematik THC-Grenzwerte in hanfhaltigen Lebensmitteln befasst und am 13./14. Dezember 1999 folgenden Beschluss gefasst:

Nach Beratungen auf der Grundlage neuer Studien werden die Beschlüsse der Kommission zu hanfhaltigen Lebensmitteln vom 2./3. Juni 1997 und 17./18. Juni 1999 bestätigt. Die Ableitung der maximalen täglichen Aufnahmemenge von 1–2 µg THC/kg Körpergewicht (bei einem 60 kg schweren Menschen 60–120 µg THC/Tag) entspricht nach wie vor dem aktuellen Kenntnisstand.

Analysen von alkoholischen und nichtalkoholischen Getränken ergaben meist THC-Gehalte unter 3 µg/kg. Daher wird für diese Produktgruppe ein THC-Grenzwert von 5 µg/kg als einhaltbar angesehen.

In hanfhaltigen Speiseölen sollte der THC-Gehalt 5000 µg/kg nicht überschreiten.

Unter der Voraussetzung, dass die tägliche THC-Aufnahme eines Menschen mit 60 kg Körpergewicht eine Gesamtmenge von 120 µg nicht überschreiten soll, lässt sich unter Bezug auf durchschnittliche Verzehrsmengen der Nationalen Verzehrsstudie[*] für alle anderen Lebensmittel ein THC-Grenzwert von 150 µg/kg ableiten.

Die genannten Werte gelten für Gesamt-Δ^9-THC einschließlich der entsprechenden Säure.

Die SKLM hält es darüber hinaus für dringend erforderlich, den „No Effect Level" für psychomotorische Wirkungen von

---

[*] Adolf, T.; Schneider, R.; Eberhardt, W.; Hartmann, S.; Herwig, A.; Heseker, H.; Hünchen, K.; Kübler, W.; Matiaske, B.; Moch, K.-J.; Rosenbauer, J.: Ergebnisse der Nationalen Verzehrsstudie (1985–1988) über Lebensmittel und Nährstoffaufnahme in der Bundesrepublik Deutschland, Band XI, Vera Schriftenreihe, Wissenschaftl. Fachverlag Dr. Fleck, 1995.

THC nach oraler Aufnahme beim Menschen zu ermitteln. Dabei sind auch mögliche Interaktionen mit anderen Hanfinhaltsstoffen sowie Alkohol und/oder ZNS-wirksamen Medikamenten zu untersuchen.

Die abgeleiteten Grenzwerte sind aufgrund noch bestehender Unsicherheiten in der wissenschaftlichen Bewertung als vorläufige Orientierungswerte aufzufassen.

28 Erläuterungen zum Beschluss der SKLM über THC-Grenzwerte für Lebensmittel

Bei der Ableitung der THC-Grenzwerte wurde eine duldbare maximale tägliche Aufnahmemenge von 2 µg THC/kg Körpergewicht zugrunde gelegt (Beschluss vom 13./14. Dezember 1999). Die Kommission gibt auf ihrer Sitzung vom 29./30. Juni folgende Erläuterungen bekannt:

Für alkoholische und nichtalkoholische Getränke wird ein Wert von 5 µg THC/kg empfohlen. Dies berücksichtigt die Tatsache, dass Getränke nur sehr geringe THC-Gehalte (< 5 µg THC/kg) aufweisen.

Im Gegensatz dazu können in Speiseölen aus Hanfsamen wesentlich höhere Konzentrationen auftreten, so dass durch Verzehr solcher Speiseöle die oben genannte gegenwärtig duldbare tägliche Aufnahmemenge leicht ausgeschöpft werden kann. Unter Berücksichtigung der derzeit gefundenen THC-Gehalte in Speiseölen wird ein Richtwert von 5000 µg THC/kg für Speiseöle vorgeschlagen.

Der für die Gruppe der anderen Lebensmittel empfohlene Wert von 150 µg THC/kg wurde unter der Annahme abgeleitet, dass alle Lebensmittel, die Hanf enthalten können, in mittleren Verzehrsmengen konsumiert werden. Die täglichen Verzehrsmengen wurden der Nationalen Verzehrsstudie entnommen und betragen, bezogen auf 25–50-jährige Männer, für alkoholische und nichtalkoholische Getränke 1000 g, für Speiseöle 7 g und für die Gruppe anderer ausgewählter Lebensmittel[*] insgesamt 500 g.

---

[*] Fleisch- und Wurstwaren, Joghurt, Käse, Quark, Brot und Backwaren, Nährmittel (z.B. Teigwaren) und Süßwaren.

Lebensmittel und Gesundheit II/Food and Health II
DFG, Deutsche Forschungsgemeinschaft

Anhang

Veröffentlichungen der Kommission

Mitteilungen

Kommission zur Untersuchung des Bleichens von Lebensmitteln

Mitteilung I
Bleichen von Lebensmitteln und Behandlung von Mehl
1955*[)]

Mitteilung II
Bleichen von Ölen und Fetten
1957*[)]

Mitteilung III
Nicht duldbare Bleichmittel
1961*[)]

Mitteilung IV
Vorschläge für die Läuterung von Speisefetten und -ölen
1961*[)]

---

*[)] Vergriffen.
Publikationen ab 1992 sind im VCH Verlag Weinheim erschienen.

Lebensmittel und Gesundheit II/Food and Health II
DFG, Deutsche Forschungsgemeinschaft
Copyright © 2005 WILEY-VCH Verlag GmbH & Co. KGaA, Weinheim
ISBN: 3-527-27519-3

Kommission zur Prüfung von Lebensmittelkonservierung

Mitteilung I
Vorläufige Liste duldbarer Konservierungsstoffe
1954*⁾

Mitteilung II
Ergänzungen zu Mitteilung I
1956*⁾

Mitteilung III
Duldbare Konservierungsstoffe
(Ersatz für Mitteilungen I und II)
1958*⁾

Mitteilung IV
Reinheitsanforderungen
1959*⁾

Mitteilung V
Ergänzungen und Abänderungen der in Mitteilung III
aufgeführten Listen
1961*⁾

Mitteilung VI
Reinheitsanforderungen
(Erweiterung der Mitteilung IV)
1962*⁾

Kommission zur Prüfung fremder Stoffe bei Lebensmitteln

Mitteilung I
Stellungnahme zur Verwendung von Emulgatoren
und Stabilisatoren
1964*[)]

Mitteilung II
Reinheitsanforderungen zu den in Mitteilung I als duldbar
angesehenen Stoffen
1964*[)]

Mitteilung III
Stellungnahme zur Verwendung von Emulgatoren
und Stabilisatoren
(Ersatz für Mitteilungen I und II)
1967*[)]

Mitteilung IV
Kriterien zur Beurteilung der gesundheitlichen Unbedenklichkeit
bestrahlter Lebensmittel
1968*[)]

Mitteilung V
Stellungnahme zur Direkttrocknung von Getreide
1970*[)]

Mitteilung VI
Ergänzende Liste für die Stoffe, die für die Verwendung
in Lebensmitteln als duldbar angesehen werden
1970*[)]

Mitteilung VII
Räucherung von Lebensmitteln
1972*[)]

Mitteilung VIII
Analytik und Entstehung von N-Nitrosoverbindungen
1977*[)]

Kommission für Ernährungsforschung und
Kommission zur Prüfung fremder Stoffe bei Lebensmitteln

Gemeinsame Mitteilung
Mikroorganismen für die Lebensmitteltechnik
1974*[)]

Senatskommission zur Prüfung von Lebensmittel-
zusatz- und -inhaltsstoffen

Mitteilung IX
Nitrosamin-Forschung
(ISBN 3-527-27321-1)
1983

Mitteilung X
Kriterien und Spezifikationen zur Charakterisierung und
Bewertung von Einzelproteinen (Single Cell Proteins) zur Nutzung
in Lebensmitteln für die menschliche Ernährung
(ISBN 3-527-27356-5)
1987

Mitteilung XI
Starterkulturen und Enzyme für die Lebensmitteltechnik
(ISBN 2-527-27362-X)
1987

Mitteilung XII
Ochratoxin A (ISBN 3-527-27384-0)
1990

Senatskommission zur Beurteilung der gesundheitlichen
Unbedenklichkeit von Lebensmitteln

Mitteilung 1
Begriffsbestimmungen im Lebensmittelbereich
(ISBN 3-527-27394-8)
1991

Mitteilung 2
Food Allergies and Intolerances
(ISBN 3-527-27574-6)
1996

Mitteilung 3
Lebensmittel und Gesundheit, Sammlung der Beschlüsse,
Stellungnahmen und Verlautbarungen aus den Jahren 1984–1996
(ISBN 3-527-27581-9)
1996

Mitteilung 4
Hormonell aktive Stoffe in Lebensmitteln
(ISBN 3-527-27582-7)
1998

Mitteilung 5
Krebsfördernde und krebshemmende Faktoren in Lebensmitteln
(ISBN 3-527-27597-5)
2000

Mitteilung 6
Kriterien zur Beurteilung Funktioneller Lebensmittel und
Symposium/Kurzfassung „Functional Food: Safety Aspects"
(ISBN 3-527-27515-0)
2004

Wissenschaftliche Arbeitspapiere

Chemie der Räucherung
(ISBN 3-527-27501-0)
1982

Bewertung von Lebensmittelzusatz- und -inhaltsstoffen
(ISBN 3-527-27504-5)
1985*[)]

Phenole im Räucherraum
(ISBN 3-527-27505-3)
1965*[)]

Rundgespräche und Kolloquien

Das Nitrosamin-Problem
(ISBN 3-527-27403-0)
1983

Symposiumbände

Symposiumsband I
Food Allergies and Intolerances
(ISBN 3-527-27409-X)
1996

Symposiumsband II
Hormonally Active Agents in Food
(ISBN 3-527-27139-2)
1998

Symposiumsband III
Carcinogenic/Anticarcinogenic Factors in Food
(ISBN 3-527-27144-9)
2000

Symposiumsband IV
Functional Food: Safety Aspects
(ISBN3-527-27765-X)
2004

Mitglieder der Senatskommission zur Beurteilung der gesundheitlichen Unbedenklichkeit von Lebensmitteln

Stand 2005

Mitglieder

Prof. Dr. Gerhard Eisenbrand
– Vorsitz –
Lebensmittelchemie und Umwelttoxikologie
Technische Universität Kaiserslautern
Erwin-Schrödinger-Str.
67663 Kaiserslautern

Prof. Dr. Erik Dybing
Norwegian Institute of Public Health
P. O. Box 4404 Nydalen
0403 OSLO, Norwegen

Prof. Dr. Karl-Heinz Engel
Lehrstuhl für Allgemeine Lebensmitteltechnologie
Technische Universität München
Am Forum 2
85350 Freising-Weihenstephan

Prof. Dr. Andrea Hartwig
Institut für Lebensmitteltechnologie und Lebensmittelchemie
Technische Universität Berlin
Gustav-Meyer-Allee 25
13355 Berlin

Prof. Dr. Thomas Hofmann
Institut für Lebensmittelchemie
Corrensstr. 45
Westfälische Wilhelms-Universität Münster
48149 Münster

Prof. Dr. Hans-Georg Joost
Deutsches Institut für Ernährungsforschung Potsdam-Rehbrücke
Arthur-Scheunert-Allee 114–116
14558 Nuthetal

Prof. Dr. Dietrich Knorr
Institut für Lebensmitteltechnologie
Technische Universität Berlin (FB 15)
Königin-Luise-Str. 22
14195 Berlin

Prof. Dr. Ib Knudsen
Foedevaredirektoratet
Danish Veteriny and food Administration
Institut of food Safety and Toxicology
Morkhoj Bygade 19
2860 Soborg, Dänemark

Prof. Dr. Berthold V. Koletzko
Stoffwechselzentrum Kinderklinik
Abt. Stoffwechselkrankheiten und Ernährung
Ludwig-Maximilian-Universität München
Lindwurmstr. 4
80337 München

Prof. Dr. Reinhard Matissek
LCI – Lebensmittelchemisches Institut des Bundesverbandes
der Deutschen Süßwarenindustrie e. V.
Adamsstr. 52–54
51063 Köln

Dr. Josef Schlatter
Bundesamt für Gesundheit
Sektion Lebensmitteltoxikologie
Stauffacherstr. 101
8004 Zürich, Schweiz

Prof. Dr. Peter Schreier
Lehrstuhl für Lebensmittelchemie
Universität Würzburg
Am Hubland
97074 Würzburg

Prof. Dr. Dr. Dieter Schrenk
Lebensmittelchemie und Umwelttoxikologie
Technische Universität Kaiserslautern
Erwin-Schrödinger-Str.
67663 Kaiserslautern

Dr. Gerrit I. A. Speijers
RIVM – Rijksinstituut voor Volksgezondheid en Milieu
Centrum voor Stoffen en Risicobeoordelin (CSR)
Antonie van Leeuwenhoeklaan 9
3720 BA Bilthoven, Niederlande

Prof. Dr. Pablo Steinberg
Lehrstuhl für Ernährungstoxikologie
Universität Potsdam
Am neuen Palais 10
14469 Potsdam

Prof. Dr. Rudi F. Vogel
Lehrstuhl für Technische Mikrobiologie
Technische Universität München
Weihenstephaner Steig 16
85350 Freising

Ständige Gäste

Prof. Dr. Hans-Jürgen Altmann
Bundesinstitut für Risikobewertung
Thielallee 88–92
14195 Berlin

Prof. Dr. Manfred Edelhäuser
Ministerium für Ernährung und Ländlichen Raum
Baden-Württemberg
Kernerplatz 10
70182 Stuttgart

Prof. Dr. Stefan Vieths
Paul-Ehrlich-Institut
Bundesamt für Sera und Impfstoffe,
Abteilung Allergologie
Paul-Ehrlich-Str. 51–59
63225 Langen

Weitere Gäste

Prof. Dr. Peter Stefan Elias
Bertha-von-Suttner-Str. 3 A
76139 Karlsruhe

Prof. Dr. Werner Grunow
Bundesinstitut für Risikobewertung
Thieleallee 88–92
14195 Berlin

Prof. em. Dr. med. Dr. h. c. mult. Fritz Kemper
Umweltprobenbank des Bundes
Teilbank Humanproben und Datenbank
Westfälische Wilhelms-Universität
Domagkstr. 11
48149 Münster

Prof. Dr. Gerhard Rechkemmer
Institut für Ernährungswissenschaften
Technische Universität München
Hochfeldweg 2–6
85350 Freising-Weihenstephan

Kommissionssekretariat

Dr. Sabine Guth
Dr. Monika Kemény
Dr. Doris Wolf
Dr. Michael Habermeyer
SKLM
Technische Universität Kaiserslautern
Gebäude 56, Raum 251
Erwin-Schrödinger-Str.
67663 Kaiserslautern

Zuständige Fachreferentin der DFG

Dr. Heike Velke
Deutsche Forschungsgemeinschaft
Kennedyallee 40
53175 Bonn

Mitglieder der Senatskommission zur Beurteilung der gesundheitlichen Unbedenklichkeit von Lebensmitteln

2000–2003

Mitglieder

Prof. Dr. Gerhard Eisenbrand
– Vorsitz –
Lebensmittelchemie und Umwelttoxikologie
Universität Kaiserslautern
Gebäude 52
Erwin-Schrödinger-Str.
67663 Kaiserslautern

Prof. Dr. Hans Konrad Biesalski
Institut für Biologische Chemie und Ernährungswissenschaft
Universität Hohenheim (140)
Fruwirthstr. 12
70593 Stuttgart

Prof. Dr. Hannelore Daniel
Institut für Ernährungswissenschaften
Technische Universität München
Hochfeldweg 2–6
85350 Freising-Weihenstephan

Prof. Dr. Hans Günter Gassen
Institut für Biochemie
Technische Universität Darmstadt
Petersenstr. 22
64287 Darmstadt

Prof. Dr. Regine Kahl
Institut für Toxikologie
Heinrich-Heine-Universität Düsseldorf
Geb. 22.21, Ebene 02
Universitätsstr. 1
40225 Düsseldorf

Prof. Dr. Dietrich Knorr
Institut für Lebensmitteltechnologie
Technische Universität Berlin (FB 15)
Königin-Luise-Str. 22
14195 Berlin

Prof. Dr. Ib Knudsen
Foedevaredirektoratet
Danish Veteriny and food Administration
Institut of food Safety and Toxicology
Morkhoj Bygade 19
2860 Soborg, Dänemark

Prof. Dr. Berthold V. Koletzko
Stoffwechselzentrum Kinderklinik
Abt. Stoffwechselkrankheiten & Ernährung
Ludwig-Maximilian-Universität München
Lindwurmstr. 4
80337 München

Prof. Dr. Reinhard Matissek
LCI – Lebensmittelchemisches Institut des Bundesverbandes
der Deutschen
Süßwarenindustrie e. V.
Adamsstr. 52–54
51063 Köln

Frau Prof. Dr. Andrea Pfeifer
Nestlé Research Center Lausanne
P. O. Box 44
1000 Lausanne 26, Schweiz

Dr. Josef Schlatter
Bundesamt für Gesundheit
Sektion Lebensmitteltoxikologie
Stauffacherstr. 101
8004 Zürich, Schweiz

Prof. Dr. Peter Schreier
Lehrstuhl für Lebensmittelchemie
Universität Würzburg
Am Hubland
97074 Würzburg

Prof. Dr. Dr. Dieter Schrenk
Lebensmittelchemie und Umwelttoxikologie
Universität Kaiserslautern
Geb 52/409 B
Erwin-Schödinger-Str.
67663 Kaiserslautern

Dr. Gerrit I. A. Speijers
RIVM – Rijksinstituut voor Volksgezondheid en Milieu
Centrum voor Stoffen en Risicobeoordeling (CSR)
Antonie van Leeuwenhoeklaan 9
3720 BA Bilthoven, Niederlande

Prof. Dr. Rudi F. Vogel
Lehrstuhl für Technische Mikrobiologie
Technische Universität München
Weihenstephaner Steig 16
85350 Freising

Prof. Dr. A. G.J. Voragen
Food Science Deppartment Wageningen
Agricultural Universität
Sparrenbos 37
6705 BB Wageningen, Niederlande

Ständige Gäste

Prof. Dr. Hans-Jürgen Altmann
Bundesinstitut für Risikobewertung
Thielallee 88–92
14195 Berlin

Prof. Dr. Manfred Edelhäuser
Ministerium Ländlicher Raum
Baden-Württemberg
Kernerplatz 10
70182 Stuttgart

Weitere Gäste

Prof. Dr. Peter Stefan Elias
Bertha-von-Suttner-Str. 3 A
76139 Karlsruhe

Prof. Dr. Werner Grunow
Bundesinstitut für Risikobewertung
Thieleallee 88–92
14195 Berlin

Prof. em. Dr. med. Dr. h. c. mult. Fritz Kemper
Umweltprobenbank des Bundes
Teilbank Humanproben und Datenbank
Westfälische Wilhelms-Universität
Domagkstr. 11
48149 Münster

Prof. Dr. Gerhard Rechkemmer
Institut für Ernährungswissenschaften
Technische Universität München
Hochfeldweg 2–6
85350 Freising-Weihenstephan

Kommissionssekretariat

Dr. Matthias Baum
Dr. Sabine Guth
Dr. Monika Kemény
Dr. Doris Wolf
SKLM
Technische Universität Kaiserslautern
Gebäude 56 Raum 251
Erwin-Schrödinger-Str.
67663 Kaiserslautern

Zuständige Fachreferentin der DFG

Dr. Heike Velke
Deutsche Forschungsgemeinschaft
Kennedyallee 40
53175 Bonn

Mitglieder der Senatskommission zur Beurteilung der gesundheitlichen Unbedenklichkeit von Lebensmitteln

1997–2000

Mitglieder

Prof. Dr. Gerhard Eisenbrand
– Vorsitz –
Lebensmittelchemie und Umwelttoxikologie
Universität Kaiserslautern

Prof. Dr. Hannelore Daniel
Institut für Ernährungswissenschaft
Universität Gießen

Prof. Dr. Anthony David Dayan
St. Bartholomew's and the Royal London School of Medicine
and Dentistry
London, Großbritanien

Prof. Dr. Guy Dirheimer
Institut de Biologie Moléculaire et Cellulaire du C.N.R.S.
Straßburg, Frankreich

Prof. Dr. Hans Günter Gassen
Institut für Biochemie
Technische Universität Darmstadt

Prof. Dr. Walter P. Hammes
Institut für Lebensmitteltechnologie
Universität Hohenheim
Stuttgart

Prof. Dr. Johannes Krämer
Abt. Landwirtschaftliche und Lebensmittel-Mikrobiologie
Universität Bonn

Dr. Josef Schlatter
Bundesamt für Gesundheitswesen
Zürich, Schweiz

Prof. Dr. Peter Schreier
Lehrstuhl für Lebensmittelchemie
Universität Würzburg

Ständige Gäste

Prof. Dr. Peter Stefan Elias
Ernährungstoxikologie
SCF Brüssel

Prof. Dr. Werner Grunow
Bundesinstitut für gesundheitlichen Verbraucherschutz
und Veterinärmedizin
Berlin

Prof. Dr. Eckhard Löser
Bayer AG
Institut für Toxikologie
Wuppertal

196

Zuständiger Fachreferent der DFG

Dr. Hans-Hasso Lindner
Deutsche Forschungsgemeinschaft
Kennedyallee 40
Bonn

Kommissionssekretariat

Dr. Monika Hofer
Dr. Eric Fabian
SKLM
Universität Kaiserslautern

Food and Health II

Lebensmittel und Gesundheit II/Food and Health II
DFG, Deutsche Forschungsgemeinschaft
Copyright © 2005 WILEY-VCH Verlag GmbH & Co. KGaA, Weinheim
ISBN: 3-527-27519-3

Preface

The Senate Commission on Food Safety (SKLM) of the Deutsche Forschungsgemeinschaft (DFG, German Research Foundation) periodically publishes collections of resolutions and other communiqués on the work of the Commission. This includes the recently published volume "Lebensmittel und Gesundheit II" ("Food and Health II"), which reports on the results of the last eight years (1997–2004) of the SKLM's work.

The SKLM often chooses topics for its research following requests made by the German Federal Ministry of Consumer Protection, Food and Agriculture, and it also deals directly with issues of particular importance for consumer protection. The Senate Commission formulates evaluations and recommendations, which are used by advisory bodies as a basis for their own decision-making. The Commission enjoys freedom of scientific research and autonomy in setting priorities and selecting topics.

The work of the SKLM revolves around the scientific evaluation of food-related substances and procedures relating to health and safety. In addition, the SKLM is increasingly being called upon to address new issues, such as functional food. The Commission also held an international symposium, which formed the basis for drafting its report on "Criteria for the Evaluation of Functional Foods" ("Kriterien zur Beurteilung Funktioneller Lebensmittel"). This report shows both the results of the Commission's work and the growing range of issues addressed by the SKLM.

In recent years, the work of the Commission has been marked by increased networking between national bodies and their corresponding international institutions. This development shows the significance of the work of national expert bodies such as the SKLM in decision-making at the European level.

The chairman of the Commission wishes to thank the members, external experts and colleagues involved in both the working and ad-hoc groups for their continued efforts, which have made this project so successful. The scientific secretariat (Dr. S. Guth,

Dr. M. Kemény, Dr. M. Habermeyer and Dr. D. Wolf) and our former colleagues, Dr. M. Hofer, Dr. E. Fabian and Dr. M. Baum, have contributed significantly to this collection of resolutions. I am very grateful to them all as well as to the DFG division head, Dr. Heike Velke.

Prof. Dr. Gerhard Eisenbrand

Chairman of the DFG Senate Commission on Food Safety

1 Toxicological Evaluation of α,β-Unsaturated Aliphatic Aldehydes in Foodstuffs

Within the framework of its statutory tasks the SKLM advises parliament and authorities and also initiates independently the consideration of topical themes relating to the safety of foodstuffs, particularly the presence of potentially harmful substances or groups of substances in foodstuffs. Consequently the SKLM has evaluated the safety of α,β-unsaturated aliphatic aldehydes (2-alkenals) occurring in foodstuffs. Only those compounds were considered which are either widely distributed naturally in foodstuffs or have become ingredients of foodstuffs through the addition of flavouring substances. The German version of the opinion was adopted at the session on 18th/19th April 2002, the English version was agreed on 20th September 2002.

1.1 Occurrence

2-Alkenals may be formed in many plant tissues during destruction of the cell structure. They originate from unsaturated fatty acids which are enzymatically cleaved off from glycolipids through enzymatic-oxidative reactions by lipoxygenases. Any fatty acid hydroperoxides thus formed in plants are further degraded by lyases thereby generating a large number of substances which by themselves make an important contribution to the flavour of fruits and vegetables. 2-Alkenals are formed as intermediary products of the Maillard reaction and during the Strecker degradation of amino acids.

Short-chain representatives, such as acrolein or crotonaldehyde, are formed additionally during heating and incineration processes and occur in the exhaust gases of incinerators, in tobacco smoke, and in heated oils.

Lebensmittel und Gesundheit II/Food and Health II
DFG, Deutsche Forschungsgemeinschaft

1.1.1 Natural Content in Foodstuffs

An important representative of 2-alkenals is 2-hexenal (leaf aldehyde), which occurs in numerous fruits and vegetables as a component of their natural flavour. Relatively high amounts were found, e. g. 20–24 mg/kg in apples [1], 42 mg/kg in bananas [2], and 40–150 mg/kg in endives [3].

Other 2-alkenals, such as acrolein, crotonaldehyde, and 2,6-nonadienal, generally occur in smaller amounts. Acrolein has been detected in alcoholic spirits, for example in whisky (0.67–11.1 μg/l), and in red wine at levels up to 3.8 mg/kg [4]. Acrolein is also found in numerous fruits, for example raspberries, grapes, strawberries, and blackberries (0.01–0.05 mg/kg) and in vegetables such as cabbage, carrots, and tomatoes ($\leq$ 0.59 mg/kg), as well as in animal-derived foods such as fish (0.1–0.9 mg/kg) and cheese (0.29–1.3 mg/kg) [4, 5]. Acrolein is also produced in heated vegetable oils. After heating to 240–280 °C, 391.8 μg/l were measured in rapeseed oil, respectively 442.7 μg/l in soya oil. Contents up to 0.55 mg/m^3 air were found in the ambient air of kitchen, in which frying fats were heated [6].

Crotonaldehyde was detected in numerous vegetables, among others in varieties of cabbage (up to 0.1 mg/kg [7]), in wine (0.3–0.7 mg/kg [8]), and in mussels (11.5 mg/kg [9]).

2,6-Nonadienal occurs mainly in cucumbers at levels up to 4.6 mg/kg [10].

1.1.2 Contents in Artificially Flavoured Foodstuffs

The amounts of 2-alkenals, added to foodstuffs for flavouring purposes, are of about the same magnitude as their natural contents. Examples are the instructions relating to the amounts of 2-hexenal to be added to bakery products (up to 17 mg/kg) or non-alcoholic beverages (up to 14 mg/kg) [11]. For 2,4-nonadienal, 2,4-decadienal, and 2-decenal the amounts to be added have been reported to be 20–36 mg/kg, for other alkenals they were less than 25 mg/kg, respectively for other alkadienals they were less than 10 mg/kg [12].

1.2   Exposure

A recent estimate reported a daily 2-hexenal intake from the natural content in foodstuffs of 2.9 mg/person taking into account mean contents and mean consumption, respectively 13.8 mg/person allowing for mean contents and maximum consumption [13]. Other estimates reported a mean of 2.0 mg/person, respectively a maximum of 10.7 mg/person [14].

In the USA the combined daily intake of 2-alkenals, 2-alkenols, and 2-alkenoic acids derived from flavoured foodstuffs has been estimated to be 5.3 µg/kg of body weight (0.3 mg/person/day) as the statistical mean on the basis of a different procedure, namely the annual quantities used for flavouring foodstuffs and the number of consumers [12]. However the actual intake depends on the individual consumption pattern.

2-Alkenals can also be formed endogenously during lipid metabolism as a consequence of lipid peroxidation, so that a regular endogenous background loading of the organism with 2-alkenals must be assumed [15–17].

1.3   Toxicological Data

1.3.1   Metabolism

2-Alkenals are oxidized particularly by aldehydedehydrogenases to the corresponding alkenoic acids. The latter are subsequently converted to short-chain carbonic acids by β-oxidation [18]. For example, crotonaldehyde is converted to crotonic acid which is then further degraded during fatty acid metabolism [19]. Other metabolic pathways are the reduction to the corresponding alkenols and the conjugation with glutathione either directly or after epoxidation. The corresponding mercapturic acids represent the urinary excretion products of the glutathione conjugates [18, 20].

The biotransformation of acrolein by rat liver homogenate yielded acrylic acid, respectively after epoxidation glycidalde-hyde. The latter is subsequently transformed into glyceride alde-hyde [21].

1.3.2   Acute Toxicity

The short-chain 2-alkenals have the highest acute toxicity. The oral LD_{50} of acrolein in rats ranged from 39–56 mg/kg of body weight [22] and that of crotonaldehyde from 200–300 mg/kg of body weight [23]. The reported values for 2-hexenal in rats ranged from 850–1130 mg/kg of body weight, and in mice from 1550–1750 mg/kg of body weight [24, 25]. The oral LD_{50} in rats of 2,4-hexadienal was reported to be 300 mg/kg of body weight [26] and 730 mg/kg of body weight [27]. The oral LD_{50} in rodents of 2-alkenals with 9 and more carbon atoms amounts, as far as data are available, to more than 5000 mg/kg of body weight [12].

1.3.3   Subchronic Toxicity

Administration by gavage of crotonaldehyde over 13 weeks to rats caused inflammation of the nasal cavity and increased mortality from 5 mg/kg of body weight/day upwards as well as lesions of the forestomach from 10 mg/kg of body weight upwards. In mice lesions of the forestomach first appeared at 40 mg/kg of body weight/day [28].

In a 90-day feeding study in rats with 2-hexenal no adverse effects were reported up to a dose of 80 mg/kg of body weight/day [24].

No adverse effects were observed in subacute and subchronic feeding studies in rats administered 2.2 mg 2,4-hexadienal/kg of body weight/day over 13 weeks [29], or up to 34 mg 2,4-decadie-nal/kg of body weight/day over 13 weeks [30] or administered a mixture of 2 mg 2,6-dodecadienal and 31 mg 2,4,7-tridecatrienal/ kg of body weight/day in microcapsules over 4 weeks [31].

In dogs, administered 0.1, 0.5 and 1.5–2 mg acrolein/kg of body weight/day in gelatine capsules over 53 weeks, a dose-dependent increased frequency of vomiting occurred [32].

1.3.4 Chronic Toxicity

Data on chronic toxicity and carcinogenicity are only available for the short-chain alkenals acrolein and crotonaldehyde.

Acrolein (0, 0.05, 0.5 and 2.5 mg/kg of body weight/day administered by gavage over 102 weeks) reduced in rats the serum level of creatininephosphokinase in all dose groups and increased the mortality in the two higher dose groups. No other effects, in particular no significant increase in tumour incidence, were noted [33]. Mice (0, 0.5, 2.0 and 4.5 mg/kg of body weight/ day, administered by gavage over18 months) showed a reduced body weight gain and an increased mortality in males of the highest dose group, but no increased tumour incidence [34]. A long-term study in rats (0, 100, 250, 625 mg acrolein/l drinking water administered up to maximally 124 weeks) showed no dose-related increased tumour incidence compared to the control group [35].

The administration to rats of crotonaldehyde in their drinking water (0, 42 and 421 mg/l) for 113 weeks induced in the low dose group in 23 out of 27 animals preneoplastic hepatic foci and neoplastic hepatic nodules. Hepatocellular carcinomas appeared in this group in 2 out of 27 animals. In animals in the high dose group toxic liver damage was observed but no liver tumours were found. An increased number of preneoplastic hepatic foci was found in 13 out of 23 animals of the high dose group without accompanying liver damage, while 10 animals of the high dose group developed severe liver damage without accompanying foci [36]. IARC considered these results to be "inadequate evidence for carcinogenicity" because of absent dose dependency [37].

1.3.5 Genotoxicity

2-Alkenals are capable of reacting through a Michael addition with nucleophiles like DNA, proteins, and glutathione and may, therefore, also possess a genotoxic potential.

Acrolein exhibited a mutagenic potential in the Ames test with *S. typhimurium* TA 104 in the absence of external metabolic activation [38], also with *S. typhimurium* TA 1535 in the presence of metabolic activation [39]. Only weak mutagenic activity was noted with *E. coli* WP 2 uvrA in the absence of metabolic activation [40]. When *S. typhimurium* strains TA 98 and TA 100 were employed, positive as well as negative results were reported, depending on the test conditions [41]. Acrolein induced *in vitro* in human bronchial epithelium cells sister chromatid exchanges (SCEs) [42] and DNA single-strand breaks [43, 44] and was also strongly mutagenic in fibroblasts isolated from patients with xeroderma pigmentosum. On the other hand, no mutagenicity was observed in normal human fibroblasts [45].

Crotonaldehyde exhibited a mutagenic potential in a series of studies in bacterial systems with and without external metabolic activation (*S. typhimurium* strains BA 9, T 104, TA 100), after preincubation of the bacteria with the test substance [38, 46, 47] whilst no mutagenic potential was noted if the plate incorporation procedure was used (*S. typhimurium* strains TA 98, TA 100, TA 1535, TA 1537, TA 1538; [48, 49]). Crotonaldehyde was nongenotoxic in the SOS chromotest with *E. coli* PQ 37 with and without metabolic activation [50].

Crotonaldehyde exhibited a mutagenic potential also in a series of mammalian cell systems. The substance was inactive in the HPRT test in CHO cells up to 1 mM in the culture medium [51]. On the other hand, treatment with crotonaldehyde caused an increase in chromosomal aberrations (with and without an activating system) in CHO and Namalva cells as well as SCEs in Namalva cells [52, 53]. In contrast, in an unscheduled DNA synthesis (UDS) assay in rat hepatocytes no activity was noted [54]. Crotonaldehyde produced DNA damage, as determined by single cell electrophoresis (comet assay), in primary colon mucosa and stomach mucosa cells at levels in the culture medium of 400 µM and above [2].

The reaction of crotonaldehyde with DNA *in vitro* leads to the formation of cyclic adducts with deoxyguanosine [2, 51, 55–57].

A mutagenic action could be demonstrated *in vivo* in a host-mediated assay in CD-1 mice (orally 8–80 mg crotonaldehyde/kg of body weight; i.v. injection of *S. typhimurium* TA 100) [58]. However, crotonaldehyde did not induce micronuclei in the bone marrow of female NMRI mice after oral administration of 0.8–80 mg/kg of body weight.

2-Hexenal also reacted with nucleophiles in cell-free systems [59]. It exhibited mutagenic activity in bacteria and V79 cells, but only at relatively high concentrations and in part only at concentrations close to the cytotoxic range [38, 60–62]. Glutathione depletion occurres already at relatively low concentrations of 10–50 µM in the culture medium [13]. Significant induction of DNA adducts and DNA damage were observed generally at concentrations which were distinctly higher. DNA adducts were found in Navalma cells at concentrations of 200 µM in the culture medium [2]. DNA damage occurred in V79 cells and CaCo 2 cells from 150 µM in the culture medium upwards, in primary rat hepatocytes from 200 µM upwards [63].

In-vitro studies on the induction of genotoxicity by 2-hexenal and crotonaldehyde were carried out in primary colonic mucosal cells of rats and of humans. Both crotonaldehyde and 2-hexenal produced significant DNA damage in primary colon cells of rats at concentrations of 400 µM in the culture medium. 2-Hexenal was only weakly active in primary rat gastric mucosa cells, causing DNA damage only at concentrations above 800 µM in the culture medium [2]. 2-Hexenal (400 µM) also produced significant DNA-damage in human colon cells [2, 67].

Crotonaldehyde, 2-hexenal, and 2,6-nonadienal induced in a comparative study a dose-dependent rise in SCEs and micronuclei in primary human lymphocytes and Namalva cells. However, only crotonaldehyde induced structural chromosomal aberrations in these cells, whilst the longer-chain compounds induced aneuploidy. Crotonaldehyde acted therefore more as a clastogen while 2-hexenal and 2,6-nonadienal preferentially induced aneugenic effects [53].

DNA-adducts ($1,N^2$-propano-dG) could not be detected after oral administration to rats of 2-hexenal during the examined time period of 16 h after application. Similarly, no DNA adducts were found in gastric mucosal cells of rats under comparable experimental conditions following oral administration of 160 mg/kg of body weight 2-hexenal [2]. $1,N^2$-propano-dG adducts (maximum adduct formation after 48 h) were detected in another study with longer time intervals after oral administration of 2-hexenal (50, 200 and 500 mg/kg of body weight) particularly in the forestomach, liver, and oesophagus and after administration of crotonaldehyde (200 and 300 mg/kg of body weight) mainly in the liver but also in lung, kidneys, and colon [14, 65]).

A study in volunteers (7 healthy non-smokers) demonstrated that repeated mouthwashings with aqueous 2-hexenal solution (4 times per day, 10 ppm) over several days produced a significant increase in the frequency of micronuclei in scraped-off mouth mucosal cells after 4 days [66].

1.4   Evaluation

2-Alkenals, like other α,β-unsaturated carbonyl compounds, are highly reactive substances. They react on the one hand easily with proteins and DNA, causing cytotoxic and genotoxic effects, on the other hand they are rapidly detoxified by oxidation or reduction as well as by glutathione conjugation. In this respect they are comparable to many other naturally occurring substances, to which man has already always been exposed and for which efficient detoxification mechanisms exist in many cases. The presently available data are inadequate for a comprehensive risk assessment. They indicate, however, that toxicity and genotoxicity will become apparent only at high doses, when such detoxification mechanisms have become overloaded. It must be assumed however, that doses which lead to such overloading vary not only from substance to substance but also depend on the cell type and tissue exposed.

The short-chain 2-alkenals acrolein and crotonaldehyde are considerably more toxic than the longer-chain compounds. This holds not only for the acute toxicity but also particularly for repeated administration. No effect was observed after oral administration to rats for 13 weeks of 2-hexenal at 80 mg/kg of body weight/day, while in the case of crotonaldehyde under similar conditions mortality increased already at doses above 5 mg/kg of body weight/day. No dose without effect can presently be established for acrolein and crotonaldehyde. However, this should not be interpreted to mean that the intake of acrolein and crotonaldehyde as natural components of foodstuffs is associated with any appreciable risk to health but there is also no evidence that their additional intake from use as added flavouring agents can be regarded as being of no concern.

The situation differs for long-chain 2-alkenals. At least in some cases animal studies are available on their subchronic effects with indications of the existence of no-adverse-effect levels. These doses lie considerably above the intakes to be expected from consumption of foodstuffs, even if they are based on maximum consumption levels. For 2-hexenal this difference is estimated to be in the range of 2–3 powers of 10.

The relevance of the available data relating to genotoxicity is unclear. The cells of the gastrointestinal tract, that are directly exposed to these substances after oral ingestion, would be particularly affected by any direct genotoxic action of 2-alkenals. Investigations with crotonaldehyde and 2-hexenal on primary colonic mucosal cells of rats have demonstrated significant DNA damage but only at concentrations in the culture medium above 400 µM. Similarly, DNA damage was induced in human primary colonic mucosal cells at concentrations of 400 µM hexenal. 2-Hexenal induces in primary gastric mucosal cells of rats only minor DNA damage at concentrations of 800 µM. Preliminary *in-vivo* studies in rats have shown that 2-hexenal in high oral doses (160 respectively 320 mg/kg of body weight) causes no demonstrable DNA damage either in gastric or in colonic mucosal cells up to 16 h after application. It seems therefore that cells in the mucosal layer are better protected against the direct genotoxic action of any applied substances than the isolated cells in a culture medium. The existence of DNA damage in a number of organs including colon, as shown by ^{32}P-postlabelling at a later time point (1–2 days) after administration to rats of 2-hexenal and crotonaldehyde [14], suggests that their formation may have been delayed, for instance by glutathione conjugation.

The available limited toxicological data do not permit a final evaluation of the health implications of the consumption of longer-chain 2-alkenals in foodstuffs. However, so far exposure to these compounds at levels currently present in food seems to pose no appreciable risk.

1.5 Research Requirements

Adequate data for the evaluation of the exposure to 2-alkenals are lacking, covering the occurrence in ready-to-eat foodstuffs as well as the effects of foodstuffs production techniques and food processing procedures (like roasting, frying) on the 2-alkenal content of foodstuffs. Important toxicological data are missing to enable making a comprehensive safety evaluation. In the case of acrolein and crotonaldehyde subchronic and chronic studies with low doses are not available for the derivation of a NOEL. No studies on the carcinogenic potential of longer-chain 2-alkenals are available. Also adequate data on the bioavailability of 2-alkenals as well as data on their metabolism and on the substance concentration to be expected in the gastrointestinal tract after consumption of 2-alkenals are missing. In addition, more *in-vivo* data relating to the induction of genotoxicity, particularly when in direct contact with the cells of the gastrointestinal tract, are needed.

Glossary

CaCo-2 cells	human colon carcinoma cells
CHO cells	ovary cells of the Chinese hamster
2,4-decadienal	(E-2-E-4)-decadienal
2-decenal	(E-2)-decenal
2,6-dodecadienal	(E-2-Z-6)-dodecadienal
2,4-hexadienal	(E-2-E-4)-hexadienal
2-hexenal	(E)-2-hexenal
Namalva cells	human lymphoblastoma cells

2,4-nonadienal	(E-2-E-4)-nonadienal
2,6-nonadienal	(E-2-Z-6)-nonadienal
2,4,7-tridecatrienal	(E-2-Z-4-Z-7)-tridecatrienal
V79 cells	lung fibroblasts of Syrian hamster

References

1. Drawert F., Tressel R., Heimann W., Emberger R., Speck M. (1973) Über die Biogenese von Aromastoffen bei Pflanzen und Früchten XV; Enzymatisch-oxidative Bildung von C6-Aldehyden und Alkoholen und deren Vorstufen bei Äpfeln und Trauben. Chem. Mikrobiol. Technol. Lebensm. **2**, 10–22.
2. Gölzer P., Janzowski C., Pool-Zobel B.L., Eisenbrand G. (1996) (E)-2-Hexenal-induced DNA damage and formation of cyclic $1,N^2$-(1,3-propano)-2'-deoxyguanosine adducts in mammalian cells. Chem. Res. Toxicol. **9**, 1207–1213.
3. Götz-Schmidt E.M., Wenzel M., Schreier P. (1986) C6-Volatiles in homogenates from green leaves: localization of hydroperoxide lyase activity. Lebensm. Wiss. U.-Technol. **19**, 152–155.
4. Feron V.J., Til H.P., deVrijer F., Woutersen R.A., Cassee F.R., van Bladeren P.J. (1991) Aldehydes: Occurrence, carcinogenic potential, mechanism of action and risk assessment. Mutation Research **259**, 363–385.
5. Collin S., Osman M., Delcambre S., El Zayat A., Dufour J.P. (1993) Investigation of volatile flavour compounds in fresh and ripened Domiati cheeses. J. Agric. Food Chem. **41**, 1659–1663.
6. Schuh C. (1992) Thesis: Entwicklung eines Meßverfahrens zur Bestimmung kurzkettiger aliphatischer Aldehyde in Küchendämpfen und Expositionsmessungen in Küchen. Kaiserslautern.
7. Maarse H., Boelens M.H. (1990) The TNO database "Volatile Compounds in Food": past, present and future (eds.: Bessiere Y., Thomas A.F.) Wiley, Chichester.
8. Sponholz W.R. (1982) Analysis and occurrence of aldehydes in wines. Z. Lebensm. Unters. Forsch. **174**, 458–462.
9. Yasuhara A., Morita M. (1987) Identification of volatile organic components in mussel. Chemsphere **16**, 2559–2565.
10. Schieberle P., Ofner S., Grosh W. (1990) Evaluation of potent odorants in cucumbers and muskmelons by aroma extraction dilution analysis. J. Food Sci. **55**, 193–195.

11. Fenaroli G. (1995) Fenaroli's handbook of flavour ingredients (ed. Burdock G. A.) Vol. II, 3rd ed., CRC Press.
12. FEMA (1994) Summary of linear aliphatic acyclic α,β-unsaturated alcohols, aldehydes and acids used as flavour ingredients. Unpublished Report.
13. Glaab V., Collins A. R., Eisenbrand G., Janzowski C. (2001) DNA damaging potential and glutathione depletion of 2-cyclohexene-1-one in mammalian cells, compared to food relevant 2-alkenals. Mutation Research **497**, 185–197.
14. Eder E., Schuler D., Budiawan (1999) Cancer risk assessment for crotonaldehyde and 2-hexenal. An approach. In: Exocyclic DNA Adducts in Mutagenesis and Carcinogenesis (Singer B. und Bartsch H.) IARC Scientific Publications No. 150.
15. Ghissassi F. E., Barbin A., Nair J., Bartsch H. (1995) Formation of 1,N6-ethenoadenine and 3,N4-ethenocysteine by lipid peroxidation products and nucleic acid bases. Chem. Res. Toxicol. **8**, 278–283.
16. Bartsch H., Nair J., Owen R. W. (1999) Dietary polyunsaturated fatty acids and cancers of the breast and colorectum: emerging evidence for their role as risk modifiers. Carcinogenesis **20**; 2209–2218.
17. Nair J., Fürstenberger G., Bürger F., Marks F., Bartsch H. (2000) Promutagenic etheno-DNA adducts in multistage mouse skin carcinogenesis: correlation with lipoxygenase-catalyzed arachidonic acid metabolism. Chem. Res. Toxicol. **13**, 703–709.
18. Schuhmacher J. (1990) Thesis: Untersuchungen zur Gentoxizität und zum Metabolismus aromawirksamer α,β-ungesättigter Aldehyde. Kaiserslautern.
19. Brabec M. J. (1981) Aldehydes and acetals; Patty's Industrial Hygiene and Toxicology, 3rd ed., 2A, 2629–2637.
20. Eisenbrand G., Schumacher J., Gölzer P. (1995) The influence of glutathione and detoxifying enzymes on DNA damage induced by 2-alkenals in primary rat hepatocytes and human lymphoblastoid cells. Chem. Res. Toxicol. **8**, 40–46.
21. Patel J. M., Wood J. C., Leibman K. C. (1980) The biotransformation of allyl alcohol and acrolein in rat liver and lung preparations. Drug Metabolism and Disposition **8** (5), 305–308.
22. Smyth H. F. Jr., Carpenter C. P., Weil C. S. (1951) Range-finding toxicity data: List IV, Arch. Ind. Hyg. Occup. Med. **4**, 119–122.
23. Smyth H. F. Jr., Carpenter C. P. (1944) The place of the range finding test in the industrial toxicolcogy laboratory. J. Ind. Hyg. Tox. **26**, 269–273.
24. Gaunt I. F., Colley J., Wright M., Creasey M., Grasso P., Gangolli S. D. (1971) Acute and short-term toxicity studies on trans-2-hexenal. Food Cosmet Toxicol. **9**, 775–786.
25. Moreno O. (1973) Unpublished results, quoted by FEMA (1994).
26. Moreno O. (1980) Unpublished results, quoted by FEMA (1994).

27. Smyth H. F. Jr., Carpenter C. P., Weil C. S., Pozzani U. C. (1954) Range-finding toxicity DATA List V. Arch. Ind. Hyg. **10**, 61–58.
28. Wolfe G. W., Rodwin M., French J. E., Parker G. A. (1987) Thirteen week subchronic toxicity study of crotonaldehyde (CA) in F344 rats and B6C3F1 mice. Toxicologist **7**, 209, Abstr. 835.
29. Mecler F. J., Craig D. K. (1980) trans,trans-2,4-Hexadienal. Unpublished results quoted by FEMA (1994).
30. Damske D. R., Mechler F. J., Beliles R. P., Liverman J. L. (1980) 2,4-Decadienal Unpublished results, quoted by FEMA (1994).
31. Edwards K. B. (1973) Acute toxicity evaluation of tridecatrienal. Unpublished results quoted by FEMA (1994).
32. Parent R. A., Caravello H. E., Balmer M. F., Shellenberg T. E., Long J. E. (1992) One-year Toxicity of orally administered acrolein to the beagle dog, J. Appl. Toxicol. **12** (5), 311–316.
33. Parent R. A., Caravello H. E., Hoberman A. M. (1992) Reproductive study of acrolein on two generations of rats. Fundam. Appl. Toxicol. **19** (2), 228–237.
34. Parent R. A., Caravello H. E., Long J. E. (1991) Oncogenicity study of acrolein in mice. Journal of the American college of Toxicology **10** (6), 647–659.
35. Lijinski W., Reuber M. D. (1987) Chronic carcinogenesis studies of acrolein and related compounds. Toxicology and Industrial Health **3**, No. 3, 337–345.
36. Chung F. L., Tanaka T., Hecht S. S. (1986) Induction of liver tumours in F344 rats by crotonaldehyde. Cancer Research **46** (3), 1285–1289.
37. IARC (1995) IARC Monographs on the evaluation of the carcinogenic risk of chemicals to humans **63**, Lyon, 373–391.
38. Marnett L. J., Hurd H. K., Hollstein M. C., Levin D. E., Esterbauer H., Ames B. N. (1985) Naturally occurring carbonyl compounds are mutagens in *Salmonella* tester strain TA 104. Mutation Research **148**, 25–34.
39. Hales B. (1982) Comparison of the mutagenicity and teratogenicity of cyclophosphamide and its active metabolites, 4-hydroxycyclophosphamide, phophoramide mustard, and acrolein. Cancer Research **42**, 3016–3021.
40. Hemminki K., Falck K., Vainio H. (1980) Comparison of alkylation rates and mutagenicity of directly acting industrial and laboratory chemicals. Epoxides, glycidyl ethers, methylating and ethylating agents, halogenated hydrocarbons, hydrazine derivates, aldehydes, thiuram and dithiocarbamate derivates. Arch. Toxicol. **46**, 277–285.
41. Haworth S., Lawlor T., Mortelmans, K., Speck, W., Zeiger E. (1983) *Salmonella* mutagenicity test results for 250 chemicals. Environ. Mutag. **Suppl. 1**, 3–142.
42. Au W., Sokova O. I., Kopnin B., Arrighi F. E. (1980) Cytogenetic toxicity of cyclophosphamide and its metabolites *in vitro*. Cytogenet. Cell genet. **26**, 108–116.

43. Grafström R. C., Edman C. C., Sundqvist K., Liu Y., Hybbinette S. S., Atzori L., Nicotera P., Dypbukt J. (1986) Cultured human bronchial cells as a model system in lung toxicology and carcinogenesis: implications from studies with acrolein. Altern. Lab. Anim. **16**, 231–243.

44. Grafström R. C., Dypbukt J. M., Willey J. C., Sundqvist K., Edman C., Atzori L., Harris C. (1988) Pathobiological effects of acrolein in cultured human epithelial cells. Cancer Research **48**, 1717–1721.

45. Curren R. D., Yang L. L., Conklin P. M., Grafstrom R. C., Harris C. C. (1988) Mutagenesis of xeroderma pigmentosum fibroblasts by acrolein. Mutation Research **209**, 17–22.

46. Ruiz-Rubio M., Hera C., Pueyo C. (1984) Comprison of a forward and reverse mutation assay in *Salmonella typhimurium* measuring L-arabonose resistance and histidine prototrophy. EMBO Journal **3** (6), 1435–1140.

47. Cooper K., Witz G., Wilmer C. (1987) Mutagenicity and toxicity studies of several α,β-unsaturated aldehydes in the *Salmonella typhimurium* mutagenicity assay. Environmental Mutagenesis **9**, 289–295.

48. Simmon V., Kauhanen K., Tardiff R. (1977) Mutagenic activity of chemicals identified in drinking water, progress in genetic toxicology, Elsevier/North Holland. Biomedical Press, 249–285.

49. Florin I., Rutberg L., Curvall M., Enzell C. (1980) Screening of tobacco smoke constituents for mutagenicity using the Ames test. Toxicology **18**, 219–232.

50. Von der Hude W., Behm C., Gürtler R., Basler A. (1988) Evaluation of the SOS chromotest. Mutation Research **203**, 81–94.

51. Foiles P., Akerkar A., Miglietta I., Chung F. L. (1990) Formation of cyclic deoxyguanosine adducts in Chinese hamster ovary cells acrolein and crotonaldehyde. Carcinogenesis **11** (11), 2059–2061.

52. Galloway S. M., Armstrong M. J., Reuben C., Colman S., Brown B., Cannon C. (1987) Chromosome aberrations and sister hamster chromatid exchanges in Chinese hamster ovary cells. Evaluation of 108 chemicals. Environmental and Molecular Mutagenesis **10** (10), 1–175.

53. Dittberner U., Eisenbrand G., Zankl H. (1995) Genotoxic effects of the α,β-unsaturated aldehydes 2-trans-butenal, 2-trans-hexenal and 2-trans-6-cis-nonadienal. Mutation Research **335**, 259–265.

54. Williams G. M., Mori H., McQuenn C. (1989) Structure-activity relationships in the rat hepatocyte DNA-repair test for 300 chemicals. Mutation research **221**, 263–286.

55. Chung F. L., Young R., Hecht S. S. (1984) Formation of cyclic $1,N^2$- propanodeoxyguanosine adducts in DNA upon reaction with acrolein or crotonaldehyde. Cancer Research **44**, 990–995.

56. Chung F. L., Hecht S. (1983) Formation of Cyclic $1,N^2$-adducts by Reaction of Deoxyguanosine with α-Acetoxy-N-nitrosopyrrolidine, 4-(carethoxynitrosamino) butanal, or Crotonaldehyde. Cancer Research **43**, 1230–1235.

57. Eder E., Schekenbach S., Deiniger C., Hoffman C. (1993) The possible role of α,β-unsaturated carbonyl compounds in mutagenesis and carcinogenesis. Toxicology Letters **67**, 87–103.

58. Jagannath D. R. (1980) Intra-sanguineous mouse host-mediated assay of crotonaldehyde. Unveröffentlichter Bericht (LBI Project No. 20998) der Litton Biocosmetics, Inc. Kensington, MD, USA (im Auftrag der Gewerbetoxikologie der HOECHST AG, Frankfurt/Main, Bericht Nr. 06/81), 1–17.

59. Kautiainen A. (1992) Determination of hemoglobin adducts from aldehydes formed during lipid peroxidation *in vitro*. Chem.-Biol. Interactions **83**, 55–63.

60. Eder E., Deininger C., Neudecker T., Deininger D. (1992) Mutagenicity of β-alkyl substituted acrolein congeners in the *Salmonella typhimurium* strain TA100 and genotoxicity testing in the SOS chromotest. Environmental and Molecular Mutagenesis **19**, 338–345.

61. Canonero R., Martelli A., Marinari U. M., Brambilla G. (1990) Mutation induction in Chinese hamster lung V79 cells by five alk-2-enals produced by lipid peroxidation. Mutation Research **244**, 153–156.

62. Eder E., Hoffman S., Sporer S., Scheckenbach S. (1993) Biomonitoring studies and susceptibility markers for acrolein congeners and allylic and benzyl compounds. Environmental Health Perspectives **99**, 245–247.

63. Janzowski C., Glaab V., Samimi E., Schlatter J., Eisenbrand G. (2000) 5-Hydroxymethlfurfural. Assessment of mutagenicity. DNA damaging potential and reactivity towards cellular glutathione. Food Chemical Toxicol. **38**, 801–809.

64. Glaab V., Müller C., Eisenbrand G., Janzowski C. (2000) α,β-Unsaturated carbonyl compounds: inducers of oxidative DNA modifications? Archives of Pharmacology Suppl. to Vol 361, No 4, R 155.

65. Eder E., Schuler D. (1999) Detection of 1,N²-propanodeoxyguanosine adducts of 2-hexenal in organs of Fischer 344 rats by a ^{32}P-postlabelling technique. Carcinogenesis **20**, 1345–1350.

66. Dittberner U., Schmetzer B., Gölzer P., Eisenbrand G., Zankl H. (1997) Genotoxic effects of 2-trans-hexenal in human buccal mucosa cells *in vivo*. Mutation Research **390**, 161–165.

67. Janzowski C., Glaab V., Samimi E., Schlatter J., Pool-Zobel B. L., Eisenbrand G. (2000) Food relevant α,β-unsaturated carbonyl compounds. *In vitro* toxicity, genotoxic (mutagenic) effectiveness and reactivity towards glutathione. In: Carcinogenic and Anticarcinogenic Factors in Food (eds. Eisenbrand G., Dayan A. D., Elias P. S., Grunow W., Schlatter J.) 469–473.

2 Opinion on Algal Toxins

The DFG-SKLM has been considering the health risks arising from the ingestion of algal toxins. Following examination of the available data this opinion was agreed at the session of 10th/11th April 2003, the English version was accepted on 8th May 2003.

Dinophyceae (dinoflagellates), Cyanophyceae (blue algae) also known as Cyanobacteria because of their similarity to bacteria, Bacillariophyceae, and Prymnesiophyceae are included among the toxin-producing algae.

Toxin-producing algae occur in most regions of the earth in sea water as well as fresh water. They are ingested by certain organisms as their food, yet these organisms are not necessarily damaged by this exposure. Ingestion of toxin-producing algae may, however, lead to an accumulation of toxin either directly or indirectly by being mediated through the food chain. This applies principally to marine organisms, such as mussels, but also to various (sub)tropical edible fish.

In Germany residues of algal toxins in mussels are controlled at present under the regulations of the "Fischhygiene-Verordnung" (Regulation) of 8th June 2000. This Regulation requires the testing of mussels for the presence of algal toxins by means of animal tests (so-called mouse bioassays) or by chemical analytical procedures. Limits for water-soluble algal toxins PSP (paralytic shellfish poisoning), fat-soluble algal toxins DSR (diarrhoetic shellfish poisoning), and ASP (amnesic shellfish poisoning) are set forth herein.

The residue limits and analytical methods for the marine biotoxins of the DSP group, i. e. azaspiracid (AZA), yessotoxins (YTX), and pectenotoxins (PTX), are listed in the Council Directive 91/492/EWG since March 2002. The Commission of the European Communities quick requested development of alternative detection methods to the presently employed biological methods [1].

Lebensmittel und Gesundheit II/Food and Health II
DFG, Deutsche Forschungsgemeinschaft

Little information is available on the frequency and severity of human intoxications with algal toxins other than PSP and DSP. Presumably mild intoxications are frequently not recognized because their symptomatology hardly differs from that appearing as a consequence of the consumption of microbially spoiled food-stuffs.

For some time now products based on algae have found increasing use as foodstuffs or as food supplements. The Commission expresses its concern that the risk of a serious exposure to algal toxins may become associated with this practice, because the products involved are often consumed in larger quantities. Investigations of food supplements based on algae have shown a significant degree of contamination with microcystins in those products made from blue-green algae [2].

Whenever surface waters are used for the production of drinking water, there is a need to ensure the absence of algal toxins. The example of microcystins has provided evidence that adequate ozone treatment combined with appropriate filtration techniques is suitable for this purpose. It is important, however, to ensure constant supervision of the effectiveness of the measures taken for the removal of toxins [3]. The WHO has recommended a limit of 1 µg/l of microcystin in drinking water, based on microcystin-LR [4]. This value is being enforced in Germany at present.

The following data are missing for many algal toxins:

- residues in fishery products
- incidence of poisonings
- aspects of the toxicity and the toxic mechanisms involved

Research needs exist especially for:

- the development of screening methods as replacement for the so-called mouse bioassays
- the development of sensitive and structure-selective methods for the detection and the determination of those algal toxins capable of causing serious adverse health effects
- the collection of data on the toxicity and the explanation of the basic mechanisms of action
- the identification of the chemical structural elements relevant for toxicity

- the elucidation of the exposure taking into account both algal food products as well as food supplements

The provision of the data set out above will permit the necessary risk assessments to be undertaken.

Conclusion

The SKLM considers the data base on algal toxins to be generally inadequate. Adequate toxicological data are not available for many algal toxins, particularly those data related to long-term effects. Similarly, hardly any data exist on residues in foodstuffs and on what would enable reliable estimates to be made of consumer exposure. The SKLM considers it not possible to carry out a properly based risk assessment at present.

References

1. Amtsblatt der Europäischen Gemeinschaft; Entscheidung der Kommission vom 15. März 2002 mit Durchführungsbestimmungen zur Richtlinie 91/492/EWG des Rates hinsichtlich der Grenzwerte und der Analysenmethoden für bestimmte marine Biotoxine in lebenden Muscheln, Stachelhäutern, Manteltieren und Meeresschnecken (2002/225/EG).
2. Gilroy DJ, Kauffmann KW, Hall RA, Huang X, Chu FS (2000) Assessing potential health risks from microcystin toxins in blue-green algae dietary supplements. Environmental Health Perspectives **108**, 435–439.
3. Hoeger SJ, Dietrich DR, Hitzfeld BC (2002) Effect of ozonation on the removal of cyanobacterial toxins during drinking water treatment. Environmental Health Perspectives **110** (11), 1127–1132.
4. Guidelines for drinking-water quality, 2nd ed. Addendum to Vol. 1. Recommendations. Geneva, World Health Organization, 1998.

3 Criteria for the Evaluation of Functional Foods

The Senate Commission on Food Safety (SKLM) of the Deutschen Forschungsgemeinschaft (DFG) organised with the participation of experts from Germany and abroad a symposium on Functional Foods held on 5th to 7th May 2002. With the presentation of the publication "Criteria for the Evaluation of Functional Foods" the Senate Commission has created the framework for evaluating the benefits and risks of functional food.

3.1 Preamble

The Senate Commission on Food Safety (SKLM) of the DFG has elaborated the following recommendations entitled "Criteria for the Evaluation of Functional Foods" with the objective of defining the minimum requirements for the evaluation of the safety to health of functional foods and for the scientific proof of their functionality.

With these recommendations the SKLM does not take a position regarding the legal aspects of functional foods set out below nor does the SKLM discern a need for taking any action on the legal or quasi-legal assessment of health-related claims (so-called health claims). For this purpose attention is drawn to the efforts of other authoritative bodies (Codex Alimentarius Commission, Council of Europe) and to the initiative of the EU Commission in preparing a Directive at the European level. If the functional food falls within the field of application of the EU Novel Food Directive (Nr: 258/97) then the placing on the market of any such product is subject to a specified approval procedure [1].

The SKLM assumes that the criteria for the scientific evaluation of "functional foods" will be modified and updated in conformity with the state of science existing at the relevant time.

DFG, Deutsche Forschungsgemeinschaft

3.2   Differentiation of Functional Foods from Other Foodstuffs and Products

3.2.1   Functional Foods

No legally binding definition exists as yet for functional foods. The SKLM therefore relies on the definition described in a consensus document elaborated in the context of an EU initiative, the so-called FUFOSE working group [2]. According to this definition a foodstuff may be considered as being "functional", if it exerts a demonstrable positive effect beyond its normal nutritional physiological effects on one or several target functions in the human body, thereby achieving an improved state of health or an increased feeling of wellness and/or a reduction in the risk of developing a disease. Functional foods are offered for sale exclusively in the form of foodstuffs and not, as are food supplements, in the form of medicinal preparations resembling medicines. They must be an integral component of normal nutrition and should already exert their effects when consumed in normal amounts. A functional food may be a natural foodstuff or one containing an ingredient that has been added, enriched, reduced or removed. Additionally, it may be a foodstuff in which the natural chemical structure of one or several components or their bioavailability has been modified. A functional food may be functional for the whole population or only for a defined population group (e. g. defined by age or genetic constitution)

3.2.2   Foodstuffs Enriched with Certain Nutrients

According to the definition of the Codex Alimentarius Commission foodstuffs enriched with certain nutrients are foodstuffs to which essential nutrients, i. e. substances for which generally accepted intake recommendations exist, have been added as enrichment or supplementation with the aim of preventing a deficiency of one or several nutrients in the general population or only in certain population groups [3]. Such a modification of a foodstuff, covered by accepted nutritional recommendations as issued by societies recognized as peer advisory bodies in this field, does not provide any functional effects over and above those of normal nutrition that could be identified by the criteria described below. Therefore, simple enrichment with essential nutrients cannot be regarded as a functional principle within the meaning of definition for functional foods mentioned above. Similar considerations apply to any reductions in the content of any food component.

3.2.3   Food Supplements

Food supplements are defined in a Draft Directive of the European Parliament and Council as foodstuffs consisting of concentrates of single or multiple nutrients, marketed in the form of dosed preparations and destined to supplement the intake of these nutrients within the scope of normal nutrition [4]. In this draft the concept of nutrients encompasses merely vitamins and minerals. "In the form of a dosed preparation" signifies a form of preparation similar to medicines, e. g. capsules, tablets, pills, ampoules.

3.3   Evaluation of the Safety to Health

3.3.1   General Requirements

Functional foods must not be a hazard to the health of the consumer and it is required that they be thoroughly investigated and evaluated in this respect. Targeted investigations of their functional effects in humans may only be initiated when no indication of a risk to health is apparent in the light of current knowledge.

Any safety evaluation should comply with the guideline recommendations for novel foods of the EU Scientific Committee on Food (SCF) [5], independent of whether the functional food does or does not fall within the scope of the definition in the EC-Directive Nr. 258/97 and any subsequent amendments concerning novel foodstuffs and novel food ingredients [1].

According to these recommendations any novel food is evaluated following the principle of substantial equivalence or difference, i. e. on the basis of a comparison with an equivalent traditional product. A functional food usually differs from its comparable product either by the presence or absence or an increased or reduced concentration or bioavailability of one or several functional components. It is possible in such circumstances to restrict the safety evaluation to the functionally effective ingredients. If necessary, the additional influence of the matrix of the foodstuff has to be considered. Because of the expected diversity of functional foods or of the added ingredients an individual case by case evaluation is essential.

The nature and extent of the required investigations depend on the properties of the functional components or active principle and also on the expected future exposure of the target population or the potential population group at risk. It is essential to prepare a systematic summary of the entire available information on the properties of the functional components and their possible adverse effects. In carrying out this task information from unpublished studies and from studies not performed according to accepted criteria should also be considered as is already required for certain dietary products [6]. Human experience, e. g. from lifespan consumption in other cultures, from epidemiological studies or from other human studies, has to be specially considered in this context. The exposure of the general population including the targeted population as well as potential population groups at risk should be estimated. This estimate should also include the total consumption of all other functional components having similar functionality or exerting comparable effects.

3.3.2 Single Substances, Mixtures of Substances, and Extracts

The SKLM recommends that the testing requirements for the evaluation of the safety to health of functional ingredients should follow internationally recognized testing criteria for food additives as published in an opinion of the SCF:

- Guidance on submissions for food additive evaluations by the Scientific Committee on Food [7]

Essentially, the requested information includes an adequate characterization of the functional ingredients, i. e. a description of their chemical composition, their physico-chemical and microbiological properties, their sources, and the processes employed for their isolation or production. Additionally, specifications, purity criteria, and practical methods of analysis must be provided. Information must be supplied on their stability in the foodstuff, their possible degradation and reaction products, and on possible interactions with nutrients and any influences on the bioavailability of these nutrients.

For the safety evaluation the basic data listed in the SCF guidelines [7] must be submitted. In certain cases it may be necessary to perform supplementary studies as described in the guidelines.

3.3.3 Enzymes

If pure enzymes or enzyme preparations are added as functional components over and above their use for purely technological purposes, the SKLM recommends that the testing criteria chosen for the safety evaluation should be defined within the context of a case-by-case consideration according to the guidelines mentioned below:

- Guidelines of the SCF on the submission of data for enzymes for foodstuffs [8]

- Recommendations of the SKLM on the evaluation of starter cultures and enzymes used in food technology [9]
- Recommendations of the SKLM on the evaluation of novel proteins, which may enter foodstuffs through the use of genetically modified plants [10]

According to the SCF guidelines [8] information is required on the source of the enzyme, the method of production, the catalytic activity, the stability in the food product, and the intended use of the product. For the safety evaluation of enzymes of different origin the basic toxicological data listed in the SCF guidelines must be submitted for each individual enzyme.

Also, as the catalytic function of the enzyme may cause not only changes in the foodstuffs but also in the digestive processes and in the bioavailability of nutrients after uptake from the intestinal tract, this aspect has to be examined.

According to the recommendations of the SKLM [10] evidence for the safety to health must be provided in the form of a case-by-case consideration using a combination of various investigations. These may include comparisons for homology with toxic proteins and allergens. Furthermore, information is needed on the degradability of the enzyme protein in the gastrointestinal tract.

3.3.4   Cultures of Microorganisms

Whenever the functionality of a functional food depends on the presence of cultures of microorganisms, the SKLM recommends that the testing criteria for the evaluation of the safety to health should be in accordance with the following recommendations and guidelines:

- Recommendations of the SKLM on starter cultures and enzymes for food technology [9]
- Recommendations of the BgVV on cultures of probiotic microorganisms in foods [11]
- FAO/WHO guidelines for the evaluation of probiotics in foodstuffs [12]

Preferentially strains of such species should be used that during their traditional long-term employment in food production have proven themselves to be safe for consumption by man or to be commensals in the human intestinal tract. It is necessary to characterize the taxonomic position and to provide information on the possible infectivity, virulence, and persistence.

The FAO/WHO guidelines mention *in-vitro* tests for the safety evaluation [12]. The FAO/WHO recommendation also points out in connection with the extent of the requirements for demonstrating the safety of probiotic strains of microorganisms, that historically lactobacilli and bifidobacteria in foodstuffs have always been regarded as safe and that this assumption is supported by their presence as normal commensals in the human intestinal tract as well as their proven safe use in foodstuffs and food supplements. However, there is the theoretical possibility of their causing side effects such as systemic infections, adverse metabolic activities, excessive stimulation of the immune system, and a possible gene transfer in sensitive individuals. These possibilities must be investigated.

In addition, tests may become necessary for specific, potentially adverse metabolic activities or properties. Examples would be the formation of biogenic amines or of toxins, the activation of pro-carcinogens, an influence on blood coagulation or a possible haemolytic activity, the induction of allergic reactions as well as effects on the immune system.

3.4   Functionality and Claims

A functional food must produce–according to the intended claim–one or several effects which exceed those that may be achieved by a comparable product consumed in comparable amounts as part of a balanced diet.

Evidence for a special effect is the precondition for any desired claim. A claim represents the linguistic description of product-specific properties which extend beyond the properties of a comparable foodstuff. This claim serves as the basis for defining the type and extent of the necessary studies.

For the scientific proof of any functionality it is necessary to carry out prospective studies in humans after assurance of the safety to health. Evidence of the claimed effect should be produced for the product under examination. For the scientific proof of functionality a study hypothesis must be formulated a priori. Preliminary pilot studies are frequently useful for deciding about the final study design and the targeted parameters, analogous to requirements in [6].

In this connection the type and extent of the necessary studies in humans are to be determined depending on the actual functional food, its functional principle, and the intended claim. A minimum of two independent studies is desirable, of which at least one human study is essential, preferably following the design of a controlled, randomized double-blind study against a non-functional comparable product. The choice of the study population depends on the intended target population group. Apart from this, the study has to be based on normal amounts consumed and conditions have to be chosen which represent a characteristic nutritional habit for the selected target population group.

The study plan must be so designed that the study goal can be reached with an adequate precision. Generally such studies will have parallels to studies required for the registration of medicinal preparations. Although, the type and extent of studies with functional foods may deviate from those performed for medicines, yet their quality, as concerns concept, execution, and evaluation must not be lower than that required for the testing of medicines. They must be carried out on the basis of generally accepted scientific criteria and in compliance with acceptable scientific quality standards. In these human studies GLP and GCP conditions (good laboratory practice, good clinical practice) must be observed [13]. The studies should be so designed that they also record undesirable effects. In order to estimate reliably the type and extent of adverse effects a sufficient number of observations on sufficient subjects are needed. The SKLM recommends that the demonstration of a functional effect with probiotic foodstuffs should follow the criteria of the BgVV-working group "Probiotic Microorganism Cultures in Foodstuffs" [11].

Important quality criteria for human studies to demonstrate the functional effect of a food are listed as key phrases:

- procedure to follow a hypothesis
- prospective character
- test parameters for the effect to be fixed in advance of study
- control groups
- study plan
- biometry
- adequate power of the study
- informed consent of participants, agreement of ethics commission
- randomization
- double-blind study
- stratification according to factors influencing the functional effect, e. g. age, sex, nutritional status, health status, other parameters defining the chosen endpoints
- criteria for discontinuing the study
- compliance, i. e. maintaining the amounts consumed and the consumption frequency as well as documentation of the parameters (concordance)
- limited default rate for participants in the study group
- adequate biometric evaluation
- monitoring to confirm the quality of the diet
- accounting for adverse reactions
- report of results of the study to follow recognized criteria; CONSORT statement [14]

Questions which are of paramount importance in the evaluation of the relevance and validity of the results:

- Have all relevant findings and knowledge contained in the available literature and other sources been appropriately considered and according to which criteria were they collected?
- Are the results of the studies directly correlated with the hypothesis?
- Is there evidence for the observed functionality also from experimental studies in animals?

- If the finding concerns an effect on a so-called surrogate bio-marker, has the relationship of the surrogate biomarker to the hypothesis been ascertained and validated?
- Is the group of individuals examined representative of the target population group for the product?
- Does confirmation exist of the nature and strength of the effect through one or more studies carried out according to recognized criteria?
- Do comparable studies exist with negative findings?
- Are long-term changes of the test parameters included among the observations with special attention being paid to adaptive responses of the organism to or reversibility of the effects?

3.5   Observation After the Market Introduction

The procedure for the post-marketing observation must be suitable for sampling the actual consumer groups and measuring the amounts actually consumed. On the basis of these data a comparison should be made between the actual and the expected amounts consumed and of the specificity of the product for the target population. After placing on the market of a functional food it is sensible to determine the functional effects and any potential undesirable effects appearing as a consequence (post-launch monitoring).

3.6   Concluding Remarks

The SKLM has assembled together these criteria for the evaluation of the safety to health of functional foods as well as for the scientific proof of their functional effects in conformity with the state of knowledge in 2002. The SKLM is aware that this opinion will require constant updating according to the state of the science existing at the relevant time.

References

1. Verordnung (EG) Nr. 258/97 des europäischen Parlaments und des Rates vom 27. Januar 1997 über neuartige Lebensmittel und neuartige Lebensmittel-zutaten; Amtsblatt Nr. L 043 vom 14/02/1997 S. 1–6.
2. Diplock AT, Aggett PJ, Ashwell M, Bornet F, Fern EB, Roberfroid MB (1999) Scientific Concepts of Functional Foods in Europe: Consensus Document. British Journal of Nutrition **81** Suppl. 1.
3. General Principles for the Addition of Essential Nutrients to Foods. 1987 (amended 1989, 1991). Codex Alimentarius Commission CAC/GL 09-1987.
4. Richtlinie 2002/46/EG des Europäischen Parlaments und des Rates vom 10. Juni 2002 zur Angleichung der Rechtsvorschriften der Mitgliedstaaten über Nahrungsergänzungsmittel. Amtsblatt der Europäischen Gemeinschaften 183/51 vom 12.7.2002.
5. 97/618/EG: Empfehlung der Kommission vom 29. Juli 1997 zu den wissen-schaftlichen Aspekten und zur Darbietung der für Anträge auf Genehmigung des Inverkehrbringens neuartiger Lebensmittel und Lebensmittelzutaten erforderlichen Informationen sowie zur Erstellung der Berichte über die Erstprüfung gemäß der Verordnung (EG) Nr. 258/97 des Europäischen Parlaments und des Rates; Amtsblatt Nr. L 253 vom 16/09/1997 S. 1–36.
6. Aggett PJ, Agostini C, Goulet O, Hernell O, Koletzko B, Lafeber HL, Michaelsen KF, Rigo J, Weaver LR (2001) The Nutritional and Safety Assessment of Breast Milk Substitutes and Other Dietary Products for Infants: A Commentary by the ESPGHAN Committee on Nutrition. Journal of Pediatric Gastroenterology and Nutrition **32**, 256–258.
7. Guidance on submissions for food additive evaluations by the Scientific Committee on Food, SCF 12. Juli 2001.
8. Report of the Scientific Committee for Food 27th series, 1992: Guidelines for the presentation of data on food enzymes (Opinion expressed on 11 April 1991).
9. Starterkulturen und Enzyme für die Lebensmitteltechnik. DFG, Deutsche Forschungsgemeinschaft. Wiley-VCH-Verlag, Weinheim 1987; ISBN 3-527-27362-X.
10. Beschluss der SKLM vom 2./3. Juni 1997: Beurteilungskriterien neuer Proteine, die durch gentechnisch modifizierte Pflanzen in Lebensmittel gelangen können (Beschluss 20).
11. Probiotische Mikroorganismenkulturen in Lebensmitteln, Arbeitsgruppe "Probiotische Mikroorganismenkulturen in Lebensmitteln" am Bundesinstitut für gesundheitlichen Verbraucherschutz und Veterinärmedizin (BgVV), Berlin. Ernährungs-Umschau **47**, 191–195, 2000.

12. Guidelines for the Evaluation of Probiotics in Food. Report of a Joint FAO/WHO Working Group on Drafting Guidelines for the Evaluation of Probiotics in Food. London, Ontario, Canada, April 30 and May 1, 2002.
13. ICH Topic E6; Guideline for Good Clinical Practice. http://www.emea.eu.int/pdfs/human/ich/013595en.pdf
14. Moher D, Schulz KF, Altmann DG (2001) CONSORT GROUP (Consolidated Standards of Reporting Trials). The CONSORT statement: revised recommendations for improving the quality of reports of parallel-group randomized trials. Ann Intern Med **134**, 657–662
http://www.consort-statement.org

4 Main Conclusions and Recommendations
Symposium "Functional Food: Safety Aspects, 2002"

The Senate Commission on Food Safety (SKLM) of the Deutschen Forschungsgemeinschaft (DFG) organised with the participation of experts from Germany and abroad a symposium on Functional Foods held on 5th to 7th May 2002. This had safety aspects as its main theme and the aim was to provide a critical survey and evaluation of the existing state of knowledge. In pursuance of its advisory task the SKLM has formulated these Conclusions and Recommendations.

4.1 Introduction

The interest in functional foods and the corresponding range of products marketed are increasing worldwide. Functional foods now play an increasing role also in Europe as shown by the example of the introduction of spreads enriched with phytosterol esters to reduce plasma cholesterol levels in individuals with a disposition to hypercholesterolaemia. When compared with traditional foods, functional foods should exert effects on the improvement of health and the reduction of the risk of developing disease which go beyond their nutritional effect. The aim of favourably influencing certain body and organ functions as well as the risks for developing specific diseases requires high standards both of the scientific evidence for any effects which are the subject of so-called health claims and of their scientifically based evaluation. In addition, for functional foods, as for all other foodstuffs, the basic premise is that they must be safe within the limits of the recommended or foreseeable amounts consumed. How this generally accepted basic requirement can be assured or plausibly verified in every case, has so far not been discussed in depth nor uniformly regulated. Clear definitions are needed for this discussion in order to differentiate between functional foods and food supplements.

In Asia the use of foodstuffs or food ingredients to influence well-being has been practiced for ages in traditional medicine. The first systematic and market-orientated approaches to the development of foods with health-improving effects originated in Japan. Standardization and the safety of such foods with defined benefits for health, the so-called FOSHU (Food for Specified Health Uses), have been regulated by law since 1991. Each product is subjected to an individual approval procedure, for which scientific data have to be submitted on functionality, safety and on the estimated daily amounts taken in. The FOSHU regulations cover only foods which are consumed within the context of normal nutrition but not food supplements. More detailed information can be found in the symposium volume in the contribution by Dr. Watanabe entitled "Functional Food Research and Regulation in Japan" [1].

In the USA, functional foods, in contrast to food supplements, are not a distinct and separately regulated food category. They are included among the general foodstuffs which in the course of their intended use must satisfy the usual safety provisions to ensure reasonable certainty of their causing no harm. Health claims and corresponding labelling are evaluated in the context of legal regulations. However, these regulations apply – in contrast to Japan – not only to special products (functional foods) but also to the generally recognized properties of ingredients, which are added to foods (generic health claims). Food supplements have been legally regulated as "dietary supplements" by the coming into force of the "Dietary Supplement Health and Education Act" of 1994 (DSHEA). In the year 2002 the Institute of Medicine (IOM) of the National Academy of Sciences (NAS) prepared at the request of the Food and Drug Administration (FDA) processes and procedures for the systematic safety evaluation of food supplements. More extensive information may be found in the symposium volume in the contribution by Dr. Schneeman entitled "Regulatory Framework for Functionality and Safety: A North American Perspective" [1] and on the Internet [2].

In Europe expert committees are occupied at present mainly with the requirements for the scientific proof of health-promoting or disease risk-reducing effects. An initial consensus document of an expert committee, FUFOSE (Functional Food Science in Europe) was published in 1999 [3] which was concerned with the scientific basis for the development of functional foods and with the different health claims related thereto. Building on this concept a discussion has been initiated in various authorities, e. g. the Council of Europe and the EU Commission (PASSCLAIM, A Process for the Assessment of Scientific Support for Claims on Foods) on the scientific requirements for such health claims and the corresponding criteria are being developed. Since mid-2002 a directive has existed for the uniform regulation of the addition of vitamins and minerals to food supplements [4]. As a first step this directive established a positive list for vitamins and minerals, set forth labelling rules and defined the procedure for establishing maximum or eventually minimum levels.

The SKLM felt the need for a thorough scientific discussion, including potential risks of functional foods and for this reason has directed the emphasis of this symposium to the safety aspects. As a result of its own extensive scientific consultations and taking into account the results of the symposium, the SKLM has, in addition, prepared an opinion entitled "Criteria for the Evaluation of Functional Foods" (Opinion 3).

4.2 General Aspects of the Safety Evaluation

Foods are mostly complex mixtures of macro- and microcomponents, the safety and nutritional value of which generally are established. The procedure to establish the safety to health of foods usually follows this basic principle and therefore focuses classically on the evaluation of food additives, processing aids, contaminants, other ingredients, and of manufacturing and processing procedures [5]. More recent regulatory activities cover novel foods with and without associated health claims. Market developments with the aim of combining foods in a novel way or the addition of substances with nutritional, physiological or health-promoting effects to foods raise new questions particularly concerning the safety evaluation of such novel substances or foods.

A purely nutritional scientific evaluation of such foods or diets cannot normally serve as a basis for the evaluation of the safety to health. For functional foods therefore a safety evaluation following generally accepted procedures is needed. However, the individual steps of the safety evaluation need to be adjusted to the special requirements for the evaluation of functional foods. Initially, the basis is the definition of the problem and the collection of existing knowledge including the experiences from consumption in other cultures. Building on this, there then follows the determination of data relevant to safety, of an estimate of the exposure and the preparation of a risk characterization as a basis for the final safety evaluation.

For functional foods, destined solely for special target population groups it is necessary to ensure safety to health for all groups likely to be potential consumers, particularly sensitive groups, e. g. infants, pregnant women, breast-feeding mothers, and elderly and chronically sick people. Prospective estimates of the exposure of specific consumer groups can be made, for example, by using reliable market and consumption analyses of comparable products already marketed with special attention being paid to the total consumption of functional ingredients from all different products claiming similar effects.

After a functional food is put on the market its consumption needs to be examined by appropriate means (post-launch monitoring). This should enable the verification of previously predicted exposure and target group specificity as well as, for example, the early recognition of any changes in nutritional habits. Although post-launch monitoring cannot provide any evidence for efficacy, it is desirable to utilize it as an early check to verify the claimed functional properties or to detect eventually any undesirable accompanying effects.

Epidemiological studies to discover long-term effects of functional foods should complete the existing information. Particularly desirable is the development and validation of suitable biomarkers for effect and for exposure which would enable an early detection of even minimal effects and a more accurate determination of the exposure.

4.3 Special Aspects of the Safety Evaluation

Functional ingredients are able to induce a multitude of biological effects which are mediated through different cellular pathways. Examples are the influence on cellular signalling pathways, on enzymes of the xenobiotic metabolism or on the proteins of the transmembrane transport systems, and, in addition, the influence on the integrity of the hereditary material or the activity of DNA-processing enzymes, on the immune system and the homoeostasis between pro-oxidative and anti-oxidative effects. Similarly, the influence on the hormonal homoeostasis may be of importance, e. g. on biosynthesis, metabolism, and secretion of hormones and the interaction with transport or receptor proteins. Potential interactions with absorption, distribution, metabolism, and excretion of nutrients as well as drugs must be considered. If several functional ingredients are added to a product the potential interaction between the individual components needs to be examined.

Such biological effects are normally dose- and concentration-dependent and are determined primarily by the actual intake and the bioavailability of the substance. Whether an influence on the cellular target sites produces a positive or negative effect on health cannot always be clearly determined, because the balance between the individual effects *in vivo* is subject to complex regulatory systems. Some substances may exert non-linear dose-effect relationships or the nature of the effect may be reversed, e. g. an anti-oxidative effect becoming a pro-oxidative effect. The multitude of biological points of attack that may show health-relevant effects requires an analysis of dose dependency and of the mechanism of action, in order to provide a reliable database for a safety evaluation.

The ultimate nature of the effect depends not only on the amount of the functional food taken in but also on its absorption, distribution, metabolism, and excretion and thus on the concentration at the target site. Other parameters that can influence the response of individuals and of which account must be taken are genetic and functional polymorphisms, age, sex, and nutritional status. Additional further influence parameters, independent of the subject involved, e. g. the matrix of the food, the interaction with other food components as well as with certain drugs, also require investigation.

Detailed explanations of the multiplicity of biological effects and of the kinetics and the bioavailability of functional food ingredients are exemplified in an opinion of the SKLM entitled "Aspects of potentially adverse effects of flavonoids/polyphenols to be used in isolated or enriched form in so-called functional foods or food supplements" (Opinion 9).

For functional foods, in which the functional components are represented by single substances or mixtures of substances and extracts, recognized toxicological test and evaluation methods are mandatory such as those described for food additives [5]. The actual procedure is described in greater detail in the section "Criteria for the Evaluation of Functional Foods" (Opinion 3).

In functional foods with prebiotic ingredients, i. e. containing more or less indigestible materials which are intended to support the growth of certain bacterial strains in the microflora of the gut, it is in general impossible to predict the selective effects on individual, defined group of microorganisms.

Functional foods with probiotic microorganisms, which are designed to maintain or improve the microbial balance in the gut flora, have been marketed for several years. Because the consumption of such foods involves the intake of living bacteria, it is most important to ensure the safety of these microorganisms. The effects of the intake of probiotic bacteria depend on the host organism and also on the bacterium and therefore in principle a null risk does not exist for the host organism involved. However, in view of the long-term experience in man the health risk from probiotic microorganisms altogether is considered to be comparatively small. Guidelines on the evaluation of cultures of microorganisms for use as or in so-called probiotic foodstuffs have been issued by a Joint FAO/WHO Working Group. It is pointed out there [6] that historically lactobacilli and bifidobacilli in foods have always been regarded as safe.

4.4   Gaps in Knowledge and Recommendations for Research for the Safety Evaluation

The scientific discussion within the scope of the symposium has revealed a series of gaps in the existing knowledge and, consequently, the resulting research needs are explained in more detail below.

4.4.1   Exposure Assessment

A need for research has been noted regarding the development of newer, reliable, and suitable procedures for monitoring the marketing, which should enable a reliable determination of the amounts of products and of product groups with similar effects consumed by defined target population groups and sensitive groups. The development and evaluation of "biomarkers of exposure" which permit an indirect ascertainment of the amounts consumed and the monitoring of individual subjects are of special importance for the determination of the exposure.

4.4.2   Analysis of Effects

Knowledge of the dose-related effects of functional food ingredients and their mechanisms of action together with a reliable determination of the exposure provide the basis for a safety evaluation. The emphasis of further research work should be directed to the identification and the reliable exclusion of potentially adverse health effects for man. It is necessary to take account of the potential interactions between several functional ingredients or between functional ingredients and other nutritional components. Investigations of the mechanisms of action by means of *in-vitro* and animal experimental models might furnish important knowledge but the plausibility of the mechanisms for man must be always ensured e. g. by comparison with appropriate human data such as that obtained from biopsy samples [7].

Innovatory models e. g. examining the effect of substances on specific groups of genes (nutrient/gene interaction) or the further development of biomarkers might yield new mechanistic insights and also deepen the understanding of individual sensitivities. These new techniques open not just the possibility for demonstrating the plausibility of the experimental results for man but also offer a great potential for the development of "biomarkers for effects" for use in studies in molecular epidemiology.

4.4.3   Kinetics of the Substance

Substance-specific parameters such as absorption and elimination rates, bioavailability, metabolism, tissue levels, adduct formation as well as a possible tissue-specific accumulation of substances have not yet been examined adequately.

Further research is needed to clarify the importance of individually determined parameters for substance kinetics and bioavailability, e. g. genetic or functional polymorphisms. Account must also be taken of age, sex, nutritional, and hormonal status. Furthermore, it is necessary to examine other parameters which are not directly determined through the exposed subject. Examples are the influences of the food matrix on bioavailability or the consequences of therapy with certain medicaments as well as interactions with other food ingredients. Finally, the importance of the influence of the gut flora on the substance kinetics and the contribution to metabolism should be considered.

4.4.4   Epidemiology

Research needs exist for the development of well-substantiated procedures for the analysis of the mechanisms of the effects of a functional food in man. Of primary importance is the development, standardization, and validation of "biomarkers of the effect" induced or affected by functional ingredients, which would permit a reliable statement to be made about effect patterns relevant to safety. A further point of emphasis for research is the identification of genetic or lifestyle-associated predisposition and of corresponding molecular markers (biomarker) in order to enable an early recognition of population groups at risk.

References

1. Eisenbrand G. (ed.): Functional Food: Safety Aspects. Symposium. Deutsche Forschungsgemeinschaft, ISBN 3-527-27765-X, Wiley-VCH, Weinheim 2004.
2. Proposed Framework for Evaluating the Safety of Dietary Supplements– For Comment (2002); http://www.nap.edu/books/NI000760/html/
3. Diplock AT, Aggett PJ, Ashwell M, Bornet F, Fern EB, Roberfroid MB: Scientific Concepts of Functional Foods in Europe: Consensus Document. *Brit. J. Nutr.* **81** Suppl. 1, 1999.
4. Directive 2002/46/EU of the European Parliament and the Council of 10. June 2002 on the Harmonization of the Laws of Member States on Food Supplements. O. J. Nr. L 183 of 12/07/2002 pp 0051–0057.
5. Guidance on Submissions for Food Additive Evaluations by the Scientific Committee on Food, SCF 12. Juli 2001. http://europa.eu.int/comm/food/fs/sc/scf/out98en.pdf
6. Guidelines for the Evaluation of Probiotics in Food. Report of a Joint FAO/WHO Working Group on Drafting Guidelines for the Evaluation of Probiotics in Food, London, Ontario, Canada, April 30 and May 1, 2002.
7. Eisenbrand G, Pool-Zobel B, Baker V, Balls M, Blaauboer BJ, Boobis A, Carer A, Kevekordes S, Lhuguenot JC, Pieters R, Kleiner J: Methods of *In vitro* Toxicology. *Food Chem Toxicol* **40** (2/3) 193–236, 2002.

5 Contamination of Feed and Food with the *Fusarium* Toxins Deoxynivalenol (DON) and Zearalenone (ZEA) Should be Considered Separately

Joint statement by the DFG Senate Commissions on Food Safety (SKLM) and on Substances and Resources in Agriculture (SKLW). The German version of the opinion was adopted on 6th November 2003, the English version was agreed on 30th June 2005.

Benchmarks for contamination of feed with the Fusarium toxins deoxynivalenol and zearalenone are derived according to other criteria than those used for the definition of maximum levels in foods, which are based on the TDI values for human consumption.

Fusarium toxins comprise a large group of toxic compounds produced by plant pathogenic fungi of the *Fusarium* species. The *Fusarium* toxins deoxynivalenol (DON) and zearalenone (ZEA) in grain are of particular significance under the climatic and production conditions prevalent in Germany. The concentration of these two "main toxins" can vary considerably, depending on the *Fusarium* species, year, location, type and variety of grain, as well as a number of other factors. It will never be possible to entirely eliminate the formation of these toxins even if all possible measures in agriculture and crop farming are taken to minimize the risk of infection with *Fusarium*. This is primarily a consequence of the strong impact of the weather and climate on disease progression [1]. Especially warm and wet weather during the flowering stage is associated with high levels of these toxins in wheat. Studies of wheat have revealed maximum DON content of 35 mg/kg feed and maximum ZEA content of approximately 8 mg/kg feed; a median content of ZEA up to 0.5 mg/kg feed was found in extreme years [2]. High doses have been shown to cause adverse effects effects in experimental animals and livestock and are suspected to cause adverse effects in humans [3, 4].

Lebensmittel und Gesundheit II/Food and Health II
DFG, Deutsche Forschungsgemeinschaft
Copyright © 2005 WILEY-VCH Verlag GmbH & Co. KGaA, Weinheim
ISBN: 3-527-27519-3

Reduced feed consumption and thus reduced weight gain as well as a reduction in fertility and other unspecified effects are observed in livestock, although the effects on various livestock differ significantly. Pigs were found to be the most sensitive species to either *Fusarium* toxins. Acute exposure to DON is characterized by vomiting, feed refusal, and diarrhoea. Chronic exposure to DON is characterized primarily by reduced feed consumption and adverse effects on the immune system [2, 5–7]. ZEA is an estrogenic mycotoxin, which causes hyperestrogenis city and also has other effects on reproduction in female pigs due to its structural similarity to endogenous estrogens [3, 8–11]. Poultry and ruminants are less sensitive to mycotoxins [12], see Table 5.1.

Exposure of farm livestock to *Fusarium* toxins occurs primarily by way of contaminated feed grain. Benchmarks for *Fusarium* toxins in feed were primarily based on health aspects by species, age group, and purpose. If these benchmarks are not exceeded, no detrimental effects for the respective species/category are anticipated. Benchmarks for DON and ZEA based on the No Observed Effect Level (NOEL) were, thus, proposed by a working group of the Mycotoxin Research Association (Table 5.1) and by the German Federal Ministry for Nutrition, Agriculture and Forestry [13]. There is no significant "carryover" of these mycotoxins to animal products such as milk, meat or eggs, because they are rapidly metabolized and excreted [2, 11]. There is a need for additional detailed studies, including consideration of other *Fusarium* toxins in order to more completely elucidate the toxicology of these compunds.

Tab. 5.1: Benchmarks for DON and ZEA in pigs, poultry and cattle feedingstuff [13] (in mg/kg at 88 % dry matter).

Species/Category	DON [mg/kg]	ZEA [mg/kg]
prepubertal breeding gilt	1.0	0.05
fattening pigs and breeding sows	1.0	0.25
preruminant calves	2.0	0.25
heifers/dairy cattle	5.0	0.5
beef cattle, laying hens, broilers	5.0	*)

*) According to the current state of knowledge no benchmark is required, since typical doses have no observed adverse effects.

A risk assessment of DON toxicity to humans was carried out by the Scientific Committee on Food (SCF) [4, 6] and by the Joint FAO/WHO Expert Committee on Food Additives (JECFA) [14]. The Tolerable Daily Intake (TDI) of 1 µg/kg of body weight was established on the basis of data obtained in studies in animals on chronic and immunotoxicity together with reproductive and developmental toxicity [4]. This TDI value was set on the basis of the NOEL of 100 µg/kg of body weight per day, as determined by a long-term study on mice, measuring growth impairment as the most sensitive effect.

A temporary TDI (tTDI) for ZEA of 0.2 µg/kg body weight for humans was established on the basis of the dose that elicited no reproductive toxicity in mature breeding pigs [3]. This value is based on the NOEL of 40 µg/kg of body weight per day, given an uncertainty factor of 200. A higher uncertainty factor was chosen in order to consider other data from a limited study on effects of lower doses in prepubertal female pigs.

The key source of exposure in humans is almost entirely consumption of contaminated foods of plant origin, in particular grain and cereals. An EU-wide definition of maximum intakes of DON and ZEA in food would be desirable.

Needs for Further Studies
- There is still a significant lack of suitable methods for measurement and expertise on the prevalence of other *Fusarium* toxins, predominantly in low concentrations. Examples include the T-2 and HT-2 toxins, whose toxicity considerably exceeds that of DON.
- There is also a need for further research to clarify the toxicological potential, including possible neurotoxicological effects, the basic mechanism of toxic action and the extent of any carry-over of various other *Fusarium* toxins that have not been adequately studied.
- Finally, there is a need for research to clarify the conditions under which *Fusarium* toxins are formed and to develop measures to prevent or minimise their formation.

Conclusions

1. Since there is no significant transfer of the *Fusarium* toxins DON and ZEA to animal products, benchmarks for feed may be established primarily on the basis of animal health, i. e. the prevention of adverse effects on health for the animal based on the No Observed Effect Level (NOEL). In this respect the procedure for establishing the benchmarks in animal fodder differs from the definition of maximum levels in fodder on the basis of TDI values for humans.

2. In the opinion of the DFG Senate Commissions on Food Safety (SKLM) and on Substances and Resources in Agriculture (SKLW), there is therefore no scientifically justifiable reason to adopt the same, far stricter, DON and ZEA threshold values applicable to food intended for human consumption to animal feed.

References

1. Birzele, B.; Meier, A.; Hindorf, H.; Krämer, J.; Dehne, H.-W. (2002): Epidemiology of *Fusarium* infection and deoxynivalenol content in winter wheat in the Rhineland, Germany. Europ. J. Plant Pathol. **108**, 667–673.

2. Dänicke, S.; Oldenburg, E. (2000): Risikofaktoren für die *Fusarium*-toxinbildung in Futtermitteln und Vermeidungsstrategien bei der Futtermittelerzeugung und Fütterung. Landbauforschung Völkenrode, Sonderheft Nr. 216, 138.

3. SCF (2000): Scientific Committee on Food: Opinion on *Fusarium* toxins. Part 2: Zearalenone (ZEA). SFC/CS/CNTM/MYC/22 Rev 3 Final 22/06/00.

4. SCF (2002): Scientific Committee on Food: Opinion on *Fusarium* toxins. Part 6: Group evaluation of T-2 toxin, HT-2 toxin, nivalenol and deoxynivalenol (adopted on 26 February 2002).

5. Rotter, B. A.; Prelusky, D. B.; Pestka, J. J.(1996): Toxicology of deoxynivalenol (vomitoxin). J. Toxicol. Environm. Health **48**, 1–34.

6. SCF (1999): Scientific Committee on Food: Opinion on *Fusarium* toxins. Part 1: Deoxynivalenol. SFC/CS/CNTM/MYC/19 Final 09/12/99.

7. Böhm, J. (2000): *Fusarien*-Toxine und ihre Bedeutung in der Tierernährung. Übersichten Tierernährung **28**, 95–132.

8. Bauer, J.; Heinritzi, K.; Gareis, M.; Gedek, B. (1987): Veränderungen am Genitaltrakt des weiblichen Schweines nach Verfütterung praxisrelevanter Zearalenonmengen. Tierärztliche Praxis **15**, 33–36.

9. Drochner, W. (1990): Aktuelle Aspekte zur Wirkung von Phytohormonen, Mykotoxinen und ausgewählten schädlichen Pflanzeninhaltsstoffen auf die Fruchtbarkeit beim weiblichen Rind. Übersichten Tierernährung **18**, 177–196.

10. Bauer, J. (2000): Mykotoxine in Futtermitteln: Einfluss auf Gesundheit und Leistung. In: Handbuch der tierischen Veredlung. 25. Auflage, Kammlage-Verlag, Osnabrück, 169–192.

11. JECFA (2000): Joint FAO/WHO food standards programme, Codex Committee on Food Additives and Contaminants: Position paper on zearalenone. CX/FAC 00/19.

12. Dänicke, S.; Gareis, M.; Bauer, J. (2001): Orientation values for critical concentrations of deoxynivalenol and zearalenone in diets for pigs, ruminants and gallinaceous poultry. Proc. Soc. Nutr. Physiol. **10**, 171–174.

13. BML (2000): Orientierungswerte für kritische Konzentrationen an Deoxynivalenol und Zearalenon im Futter von Schweinen, Rindern und Hühnern. VDM 27/00 2–3.

14. JECFA (2001): Joint FAO/WHO Expert Committee on Food, Fifty-sixth-meeting: Safety evaluation of certain mycotoxins in food, WHO food additives series 47; FAO food and nutrition paper 74.

6 Opinion on Glycyrrhizin

Following the publication of an earlier opinion on glycyrrhizin in liquorice products (1990) the SKLM has reconsidered the safety to health of glycyrrhizin. The German version of the opinion was adopted on 20th February 2004, the English version was agreed on 31st August 2004.

Glycyrrhizin (synonym: glycyrrhizinic acid) is a substance which has fifty times the sweetening power of sucrose as well as a distinct liquorice taste. Glycyrrhizin occurs (up to 14 %) as the potassium and the calcium salt in the roots of the liquorice plants *Glycyrrhiza glabra*, *G. glandulifera* and *G. typica* which are being cultivated in Europe and the Near East. It is the 2β-glucuronido-α-glucuronide of glycyrrhetic acid [1]. The glycyrrhizin-containing liquorice juice extracted from plants serves as the raw material for the production of liquorice products. Apart from their occurrence as natural constituent of liquorice both glycyrrhizinic acid and also ammonium glycyrrhizinate are being added to foodstuffs as chemically-defined flavouring substances.

In the SKLM consideration of 1990 it was not possible to arrive at a final position on the acceptable limit for glycyrrhizin in the light of the then existing state of knowledge. It was, however, recommended, that on average a consumer should not ingest more than 100 mg glycyrrhizin per day on a regular basis. The provision of corresponding advice on the packaging labels could have addressed this recommendation. It was also considered essential to inform the risk groups, sufferers from heart and circulatory disease as well as those affected by high blood pressure, that it would be disadvantageous for them to consume more than small amounts of liquorice products [2].

Accordingly, the Federal Health Department (BGA) proposed recommendations for consumption which, for liquorice containing 0.2 %–0.4 % of glycyrrhizin, adviced a maximum consumption of 25 g/day for intake over a lifetime and, for liquorice with a glycyr-

DFG, Deutsche Forschungsgemeinschaft
Copyright © 2005 WILEY-VCH Verlag GmbH & Co. KGaA, Weinheim
ISBN: 3-527-27519-3

rhizin content of 0.4 %–1 %, a maximum consumption of 10 g/day for intake over a lifetime [3]. These recommendations served as the basis of a voluntary agreement with the German manufacturers. As no corresponding regulations existed in other European countries this agreement was abandoned by the manufacturers after some time for reasons of competitiveness.

In the meantime a placebo-controlled, randomized, double-blind study in humans was carried out and published in the Netherlands. In this study groups of 9–11 healthy female trial participants ingested orally 0, 1, 2 or 4 mg glycyrrhizinic acid/kg of body weight per day over a period of 8 weeks. At the highest dose 9 of 11 participants showed signs of pseudohyperaldosteronism such as water retention and a reduction of potassium levels, of rennin activity and of aldosterone concentration in the blood plasma. Systolic and diastolic blood pressure were slightly but significantly raised as compared to the control group yet remained within normal limits. The dose without effect was 2 mg/kg of body weight per day [4].

In recent years a number of case reports have also been published which demonstrated that even doses at or just below the recommended maximum consumption level of 100 mg/day could cause signs of pseudohyperaldosteronism in particularly sensitive reacting individuals [5, 6].

Genetically-determined variation in the activity of 11-betahydroxysteroid dehydrogenase-2 (11-BOHD-2) was found to be one of the key factors for the existence of individual differences in the sensitivity to glycyrrhizin. The inhibition of 11-BOHD-2 by glycyrrhetic acid alters the cortisol/cortisone status and thus can lead to pseudohyperaldosteronism. Other possible factors must also be considered such as the effect on gastrointestinal functions and bioavailability [7–10].

A Dutch food consumption study [11] revealed that the mean daily consumption by a regular consumer of liquorice is 11.5 g. Assuming an average content of 0.17 % glycyrrhizin in liquorice products [12] this would provide a mean daily intake of 19 mg glycyrrhizin. According to this consumption study about 2 % of regular consumers of liquorice ingest more than 100 mg glycyrrhizin per day.

In addition, it is known that glycyrrhizin may occur not only in liquorice but also, among other foodstuffs, in beverages, particularly teas, as well as chewing gum and medicines. Glycyrrhizinic acid and ammonium glycyrrhizinate are also used as chemically-defined flavouring substances. It must be recognized that in isolated cases the total intake of glycyrrhizin from liquorice or from all sources respectively may exceed 100 mg/day. Reliable estimates of total daily intake of glycyrrhizin by children are not available.

The recent data provide an improved basis for the estimation of a more accurate value of the safe daily intake of glycyrrhizin and confirm that the statement of the SKLM, that 100 mg glycyrrhizin per day represents an intake that should not be exceeded following regular consumption, is based on a correct assessment.

The Scientific Committee of the EU (SCF) in its advice has arrived at similar conclusions, that in the case of regular consumption a maximum intake of 100 mg glycyrrhizinic acid per day provides adequate safety for the majority of consumers. The SCF has, however, emphasized that the new studies are inadequate for the establishment of an ADI (acceptable daily intake) because of the small group sizes and the short study durations, and that there exist risk groups, for which the above-mentioned value may not offer adequate safety [13, 14]. The SKLM agrees with this assessment by the SCF. It therefore reiterates its recommendation to label products that contain liquorice, glycyrrhizin or liquorice extract as a constituent. Furthermore, and depending on the glycyrrhizin content, information should be included concerning the acceptable amounts of consumption which should not be exceeded in order to avoid intakes of greater than 100 mg glycyrrhizin per day on regular consumption*). Finally, it should be pointed out that excessive intakes should be avoided by individuals with hypertension.

Knowledge about groups of individuals with special sensitivity is still inadequate, in particular there are no data on the sensitivity of children. The SKLM therefore considers that research is needed to achieve a more precise definition of these groups, especially for elucidation of:

---

*) An example could be that the consumption of 25 g/day of a product with a glycyrrhizin content of 0.2 % – 0.4 % or of about 10 g/day of a product with a higher content could be regarded as acceptable.

- the frequency of 11-BOHD-2 polymorphism
- the correlation of this polymorphism with hypertension due to glycyrrhizin
- the extent of constipation as a risk factor
- the sensitivity of children

Independent of the above, the SKLM recommends that there should be an analytical survey of glycyrrhizin in all those products which are likely to contain it in order to be able to estimate the total exposure of the consumer from all different sources (multiple exposure). A HPLC method of analysis according to § 35 LMBG (L 43.08-1) for the determination of glycyrrhizin is available [15].

References

1. RÖMPP Online: Deckwer W-D, Dill, B, Eisenbrand G, Fugmann B, Heiker FR, Hulpke H, Kirschning A, Pühler A, Schmid RD, Schreier P, Steglich, W., RÖMPP Online [Online, November 2003], Thieme Stuttgart (2003); <http://www.roempp.com>
2. SKLM (1990) Glycyrrhizin in Lakritzerzeugnissen. Deutsche Forschungsgemeinschaft Mitteilung 3, Lebensmittel und Gesundheit, Wiley-VCH Verlag GmbH Weinheim, 1998, 48–49.
3. BGA (1991). Unveröffentlichter Bericht an das Bundesministerium für Gesundheit (BMG).
4. Van Gelderen CE, Bijlsma JA, van Dokkum W, Savelkoul TJ (2000) Glycyrrhizic acid the assessment of a no effect level. Hum Exp Toxicol **19** (8), 434–439.
5. Russo S, Mastropasqua M, Mosetti MA, Persegani C, Paggi A (2000) Low dose of liquorice can induce hypertension encephalopathy. Am J Nephrol **20** (2), 145–148.
6. Rosseel M and Schoors D (1993) Chewing gum and hypokalaemia. Lancet **341** (8838), 175.
7. Ploeger BA (2000) Development and use of a physiologically based pharmacokinetic-pharmacodynamic model for glycyrrhizinic acid in consumer products. PhD thesis University of Utrecht.
8. Ploeger BA, Meulenbelt J, De Jongh J (2000) Physiologically based pharmacokinetic modelling of glycyrrhizic acid, a compound subject to presystemic metabolism and enterohepatic cycling. Toxicol Appl Pharmacol **162** (3),177–188.

References

9. Ploeger BA, Mensinga T, Sips A, Seinen W, Meulenbelt J, De Jongh J (2001) The pharmacokinetic of glycyrrhizic acid evaluated by physiologically based pharmacokinetic modeling. Drug Metab Rev **33** (2), 125–147.

10. Ploeger BA, Mensinga T, Sips A, Deerenberg C, Meulenbelt J, De Jongh J (2001) A population physiologically based pharmacokinetic/pharmacodynamic model for the inhibition of 11-beta-hydroxysteroid dehydrogenas activity by glycyrrhetic acid. Toxicol Appl Pharmacol **170** (1), 46–55.

11. Kistemaker C, Bouman M, Hulshof KFAM (1998) De consumptie van afzonderlijke producten door Nederlandse bevolkingsgroepen. Voedselconsumptiepeiling 1997–1998. [The consumption of separate products by Dutch population subgroups. Food Consumption Survey 1997–1998; in Dutch]. TNO-report V98.812, TNO-Voeding, Zeist, The Netherlands.

12. Maas P (2000) Zoethout in levensmiddelen: onderzoek naar het glycyrrhizine gehalte van thee, kruidenmengsels, dranken en drop. [Liquorice root in food stuffs: survey of the glycyrrhizin content of tea, herbal mixtures, alcoholic drinks and liquorice; in Dutch] De Ware(n) Chemicus **30**, 65–74.

13. SCF (1991) Reports of the Scientific Committee on Food (29th series). Commission of the European Communities, Food Science and Techniques. Report No EUR 14482 EN, CEC, Luxembourg.

14. SCF (2003) Opinion of the Scientific Committee on Food on glycyrrhizinic acid and its ammonium salt (opinion expressed on 4 April 2003). http://europa.eu.int/comm/food/fs/sc/scf

15. Matissek R and Spröer P (1996) Bestimmung von Glycyrrhizin in Lakritzwaren und Rohlakritz mittels RP-HPLC; Deutsche Lebensmittel-Rundschau **92** (12), 381–387.

7 Safety Assessment of High Pressure Treated Foods

The DFG-Senate Commission for Food Safety (SKLM) considered the high pressure treatment of foodstuffs already in 1998 and published an opinion entitled "High Pressure Treatment of Foodstuffs, Particularly Fruit Juices"(Opinion Nr. 14). In view of the continued development of this technology, the extension of the types of product involved and the ongoing research in this field, the Working Group "Food Technology and Food Safety" of the SKLM has re-evaluated the microbiological, chemical, toxicological, allergological, and legal aspects of the high pressure technology. On 6th December 2004 the SKLM agreed on the following opinion on the safety assessment of high pressure treated food, the English version was adopted on 1th April 2005.

7.1 Introduction

The high hydrostatic pressure treatment (HHP pasteurisation) of foodstuffs is used for the preservation and modification of foodstuffs. Thereby, foodstuffs are normally subjected for periods of a few seconds up to several minutes to hydrostatic pressures above 150 MPa. This treatment permits the destruction of microorganisms and the inactivation of enzymes at low temperatures, whilst valuable low-molecular constituents, such as vitamins, colours, and flavourings, remain largely unaffected.

The ability of hydrostatic pressures to inactivate microorganisms as well as to denature proteins was demonstrated about a hundred years ago [1, 2]. Over the last decades process development has progressed rapidly and high pressure treated foodstuffs have been marketed in Japan since 1990 and in Europe and the United States since 1996 [3–6].

Lebensmittel und Gesundheit II/Food and Health II
DFG, Deutsche Forschungsgemeinschaft
Copyright © 2005 WILEY-VCH Verlag GmbH & Co. KGaA, Weinheim
ISBN: 3-527-27519-3

Since May 1997, when Regulation (EC) No 258/97 concerning novel foods and novel food ingredients [7] came into force, the placing on the market of foods and food ingredients to which a novel production process has been applied—which might include high pressure treatment –, requires an authorization unless it has been shown that the production process does not give rise to significant unintended changes in the composition or structure of the foods or food ingredients. In this case, the high pressure treated food can be marketed without approval procedure. So far, the knowledge obtained from the assessment of available high pressure treated products regarding the resulting effects on endogenous ingredients and contaminants is, however, insufficient for a general judgement on the safe use of the high pressure technology. Therefore, at present, a case-by-case evaluation of high pressure treated foodstuffs and food ingredients is requested.

7.2 Basis of the High Pressure Technology

Hydrostatic pressure acts equally at all points of the product. The efficacy of the pressure is thus independent of the geometry of the product, so that even in non-homogeneous food preparations all components experience a homogeneous treatment. In contrast, the thermal treatment of foodstuffs by pasteurization processes is basically associated with large temperature gradients, in which heat-induced changes, such as denaturation, browning or film formation, may occur [8].

The basis of the efficacy of high hydrostatic pressure is Le Chatelier's principle. Reactions, conformational alterations or phase changes, that are associated with a volume reduction occur preferentially under pressure, while those accompanied by a volume increase are inhibited.

The increased pressure can be achieved by two differing technological processes. In the direct system a hydraulically driven piston is pushed into the pressure container and the volume is decreased. In the indirect system a pressure transferring medium is injected with the help of a pressure pump. Liquid foodstuffs can therefore be put directly into the pressure container, while packaged foodstuffs are treated by means of a pressure-transferring medium (usually water).

The efficacy of high pressure treatment is influenced by the pressure in the system and also by the temperature. The internal friction occurring during the compression raises the product temperature under adiabatic conditions in the case of foodstuffs containing much water by about 4 °C per 100 MPa. For the simulation of the temperature profile in the pressure container it is necessary to use easily accessible points for measurements, because it is difficult to carry out in-situ temperature measurements for process control. Because of the practically delay-free impulse transport in liquids one can regard fluctuations of the pressure in the pressure vessel as unimportant.

7.3 Placing on the Market of High Pressure Treated Foodstuffs

Before high pressure treated foodstuffs can be introduced into the European Union's (EU) market it needs to be determined, whether they fall within the scope of Regulation (EC) No 258/97 which considers as novel *"foods and food ingredients to which has been applied a production process not currently used, where that process gives rise to significant changes in the composition or structure of the foods or food ingredients which affect their nutritional value, metabolism or level of undesirable substances."*

Before the Regulation (EC) No 258/97 came into force on 15th Mai 1997, high pressure pasteurized orange juice had been placed on the French market. Subsequently, national authorities of the EU member states that are responsible for the enforcement of the Regulation have examined applications for approval or requests regarding the legal status of the following high pressure treated products: fruit preparations (France), cooked ham (Spain), oysters (Great Britain), fruits (Germany). In all cases, it was shown that the high pressure treatment has not caused significant changes in the composition or the structure of the products affecting their nutritional value, metabolism or the amounts of undesirable substances (see Annex).

7.4 Safety Evaluation

Guidance on the types and extent of information that are likely to be required to establish the safety of foods which have been subjected to a process not currently used in food production can be found in the Commission Recommendation of 29th July 1997 concerning the scientific aspects and the presentation of information necessary to support applications for the placing on the market of novel foods and food ingredients [9].

In the case of high pressure treated foodstuffs information on the specification of the origin and the composition of the product and on the technical details of the applied process, the apparatus and equipments as well as packaging materials is considered necessary to predict whether the potential of the process to introduce physical, chemical and/or biological changes in the food might have an impact on essential nutritional, toxicological, and microbiological parameters. This includes a description of storage conditions of the food before and after application of the process. The food to which high pressure has been applied should be compared either to untreated counterparts or to counterparts which have been processed in a related traditional manner, e. g. thermal heating, with regard to the chemical composition and/or structure of inherent nutrients and toxicants of the food, taking into consideration the information available in the scientific literature. In particular, evidence should be provided, that an adequate destruction of health-relevant microorganisms has been achieved.

Additionally, the potential of the process to inactivate naturally occurring food components or contaminants which are hazardous to health should be examined in order to show whether the high pressure treatment might be advantageous compared to traditional processes.

7.4.1 Microbiological Aspects

Vegetative cells of bacteria relevant for foodstuffs are destroyed by hydrostatic pressures ranging from 150–800 MPa. Evidence for this derives from numerous investigations including pathogenic microorganisms. The inactivation kinetics for microorganisms under pressure show a steady decrease which, as in thermal processing, may tail off. It is not yet clear as to whether this represents a pressure-resistant sub-population. The survival of vegetative cells during and after high pressure treatment strongly depends on the matrix of the foodstuff [10–15].

The pressure-induced killing of vegetative cells is considerably accelerated at low pH values compared to pH values in the neutral range. During high pressure treatment the gradient of protons across the cell membrane is quickly and initially reversibly destroyed and membrane proteins, e. g. the transport enzymes necessary for acid tolerance, are inactivated. Sub-lethally damaged cells with an impaired acid tolerance are therefore destroyed in this manner also in acid foodstuffs during storage under normal pressure. This has a very favourable influence on the production of microbiologically safe, high pressure treated foodstuffs in the pH range below 4.5 , but the preceding history of the foodstuff and the nature of the process sequence have to be taken into account [10, 16, 17].

The presence of molar concentrations of ionic substances, such as NaCl, or non-ionic substances, such as sucrose and low a_w values or embedding in a matrix can considerably impair the pressure-induced destruction of vegetative cells.

Bacterial endospores, as compared to vegetative cells, display a considerably higher resistance to high pressure. Spores of *Clostridium botulinum* and *Bacillus* species are key bacteria for the safety or the spoilage of low acid (heat-treated) preserved goods; these tolerate pressures above 1000 MPa at room temperature. By combined pressure/temperature treatment an inactivation of such food-relevant bacterial endospores is possible. In principle the required inactivation temperature and/or time is lowered by combination with pressure [11, 18–21]. Bacterial endospores can, however, be protected under certain pressure/temperature combinations through high pressure treatment against thermal inactivation [22]. This has to be taken into account, particularly in the development of rapid processes with very high pressures and temperatures. It is not possible to make extrapolations on the basis of data from conventional systems.

The pressure tolerance of bacterial endospores varies within species and strains, and within strains it is also dependent on sporulation conditions. Among the examined endospore formers the spores of *Bacillus amyloliquefaciens* showed the highest resistance to pressure. In a carrot pulp matrix these spores are inactivated at 800 MPa and 80 °C within 50 min by 5 log. The endospores of *C. botulinum* type A, B and F were inactivated at 600 or 800 MPa within a few minutes by more than 5 log [23].

In principle, viruses can also be inactivated by high pressure. The multiplicity of virus types and their structures is, however, so large as to make it impossible to formulate a general statement at the present time. An increased risk compared to untreated foodstuffs is presently not recognizable.

Conclusion: The microbiological safety of high pressure treated foodstuffs can be evaluated by following established criteria. A case-by-case evaluation is necessary by using realistic numbers of the relevant bacterial species. A specific microbiological risk to health from high pressure treatment is not discernible according to the existing state of knowledge. However the inactivation by high pressure treatment of undesirable microorganisms present in a raw material has to be examined in each individual instance. A global assessment is not possible on the basis of conclusions drawn from the experience of the behaviour of substances and microorganisms during thermal processes. For the development and evaluation of processes it is therefore necessary to characterize the hygiene-relevant key organisms.

7.4.2 Chemical Aspects

In principle, those chemical reactions are accelerated under pressure for which the reaction and activation volumes are negative. Examples of such reactions are the formation of covalent bonds by cycloadditions and the formation of ions e. g. through dissociation. Under realistic production conditions cycloadditions of appropriate reaction partners have not been observed in the food matrix [24, 25]. Homolytic cleavage (radical formation) is, however, inhibited by pressure. Interactions between the dissolved species and the solvent influence the partial volumes and thereby the reactivity [6, 26, 27].

Water soluble vitamins, such as vitamin C, the vitamins B1, B2, B6 and folic acid [28], appear to be not or only little affected by pressure treatment under realistic production conditions. Changes are noticed in model systems rather than in the food matrix which exerts a protective effect. This holds also for fat soluble vitamins, such as vitamin A, vitamin E [29], and vitamin K as well as provitamin A [30, 31]. Chlorophyll is stable under pressure at low temperatures [32–34].

Only few data exist so far on food additives and their behaviour under hydrostatic pressure. For the sweetener aspartame it is known, that it cyclizes to a diketopiperazine derivative through high pressure treatment within a few minutes at neutral and basic pH conditions [35].

Contradictory statements exist regarding the oxidation of fats in foodstuffs through high pressure treatment. Such changes are often not clearly distinguished from changes occurring during storage [36, 37]. Residual enzymatic activities, fatty acid spectrum, water content, pH values, degree of oxidation before pressure treatment, pro- and antioxidants all have a decisive influence on the pressure-induced changes in lipids and the progress of oxidation during storage. Structural changes in the cell membrane up to destruction of the cellular agglomerate and decompartmentation all have an effect on the oxidation of lipids.

Carbohydrates are largely insensitive to pressure. Methylglycosides may be hydrolysed under pressure into the aglycone and MeOH (the activation volume is slightly negative). Disaccharides are stable (the activation volume is slightly positive). At pressures above 1000 MPa solvolysis reactions of the glycosidic bonds can occur [6]. Polysaccharides can, however, be influenced as concerns their water binding and gel forming properties [38]. These changes relate, however, to the functional properties and do not involve structural alterations.

The primary structure of proteins is not affected by pressure. Pressure influences the quaternary structure of the protein through hydrophobic interactions, the tertiary structure through reversible unfolding, and the secondary structure through irreversible unfolding. Pressure-induced gels have rheological properties different from heat-induced gels. The break-down of pressure-modified proteins by proteases is increased, which probably points to a higher water binding capacity.

Of special interest is the behaviour of prion proteins. High pressure treatment of hamster and cattle prion proteins reduces their resistance to proteolysis [42, 43].

Pressure treatment can affect not only the activity but also the substrate specificity of enzymes. A partial inactivation is also possible. Reactivation of the enzyme activity, e. g. during storage, can possibly lead to the formation of undesirable substances. In some cases an increase under pressure in the activity of enzymes has been observed, which could produce off-flavours during the build-up phase of the pressure. Only very few data exist on the substrate specificity of enzymes in the field of foodstuffs. Thus peroxidases are inactivated at low pressures in the presence of some substrates but not of others [45, 46]. As yet, the formation of toxic compounds as a consequence of a changed substrate specificity under pressure has not been observed.

Studies have shown that the antioxidative and antimutagenic potential of fruit and vegetable juices remains intact after high pressure treatment, although it is often lost through heat treatment [47].

If high pressure is used on foodstuffs it must be examined whether, under the chosen processing conditions, peptides may be formed, which after oral uptake might be biologically active. In general those peptides with pyroglutamate (2-oxyprolin) at the N-terminal are more resistant to breakdown by peptidases. Such substances are occasionally biologically active. Under conditions of elevated pressure as well as of elevated temperature, the conversion of glutamine into pyroglutamate (2-oxyprolin) is favoured [39–41].

Under the conditions of high pressure treatment the formation of acrylamide in an aqueous solution of glucose and asparagine is considerably reduced. Thermal treatment of mashed potatoes results in obvious browning and acrylamide formation as expected, whilst under high pressure treatment (560 MPa, 105 °C) no detectable amounts of acrylamide are formed [44].

Conclusion: High pressure treatment can cause chemical changes in foodstuffs, which involve preferentially those reactions and conformational changes, that are associated with a reduction in volume. The vitamins, colours, and flavourings so far examined remain largely unaffected in comparison with conventional thermal processes.

7.4.3 Toxicology

The required extent of toxicological investigations depends on the type of changes induced by the high pressure treatment [7, 9].

If it can be shown by appropriate analytical studies, that the high pressure treatment causes none or no significant changes in the chemical composition and/or the structure of the foodstuff ingredients, then the product may be judged to be substantially equivalent to the corresponding conventionally treated comparison product and therefore can be accepted without further investigations. This is the case with the presently permitted products (see annex). If however any evidence appears that such changes occur, then an evaluation of the safety to health becomes necessary. The toxicological studies needed depend on the nature of changes induced by the high pressure treatment, the expected magnitude of the consumption of these products, and the resulting exposure of the consumer to the ingredients concerned.

Furthermore, it must be ensured, that components of the packaging do not transfer into the foodstuff in concentrations relevant for health. The corresponding migration limits for packaging components must be met.

From the investigations of high pressure treated foodstuffs so far carried out no evidence has appeared for an increased toxicological potential compared to unprocessed or thermally preserved foodstuffs. But, present toxins may not be eliminated in the same way as in a thermal process.

7.4.4 Allergenicity

The assessment of the influence of high pressure treatment on the allergenicity of foods should be performed by comparison with traditional food technological processes, in particular heat treatment. Allergenicity can be altered after technological processing (e. g. by formation of new allergens or epitopes).

Many technological, particularly thermal, processes result in a partial inactivation of the allergenic potential [48, 49]. Studies of high pressure processes performed to date point in the same direction. Although the thermal treatment of foodstuffs causes drastic structural and chemical changes of food constituents, there is very little evidence for an increase in allergenicity from food processing [50–54]. An increase of the allergenic potential through high pressure treatment of foods is therefore unlikely, but cannot be entirely excluded because of the few studies carried out so far.

Up to now very few studies have been performed on the influence of high pressure treatment on allergenicity. Jankiewicz et al. found reduced IgE reactivity of an extract from celery tuber which had been treated with high pressure at 600 MPa, when compared to untreated celery [49]. In particular, the IgE-binding capacity of the major allergen was reduced. RLB-2H3 cells (rat basophil leukaemia cells), passively sensitized with celery-specific IgE, showed a more than 50 % reduced release of the mediator β-hexosaminidase. Therefore, the allergenic potential of the high pressure treated vegetable was graded between that of raw and of cooked celery. Another mechanism which might explain reduced allergenicity of a food after high pressure treatment has been described by Kato et al. [55]. It was shown, that the major allergens of rice are released from the grains after high pressure treatment at 500 MPa in a liquid medium. Presently attempts are being made to use this observation for industrial production of hypoallergenic rice. Because these results were obtained with whole foods or food extracts and not with the pure allergens, no clues are available regarding potential structural changes of allergen molecules through high pressure treatment. Investigations to confirm the clinical relevance of such results that were obtained *in vitro* have not yet been carried out. Food challenge tests, preferably by means of a double-blind placebo-controlled food challenge (DBPCFC) are required to prove the clinical relevance of *in-vitro* data.

Experiments with the recombinant major allergen from apple revealed by CD-spectroscopy changes in the secondary structure [56]. Here a decrease of the α-helical regions and an increase of the β-sheet structures were found. Subsequent to high pressure treatment, apples were tolerated in challenge tests without symptoms by five individuals allergic to apples. Moreover, the major allergens of apple and celery were also found to be susceptible to conventional treatment processes. Since this is in contrast to other allergens such as those from peanuts, it is not possible to draw general conclusions from these experiments.

Conclusion: The changes induced in foodstuffs by high pressure are from the allergological point of view relatively minor as compared to those occurring during thermal processing. Up to now no evidence is available that the allergenic potential of foodstuffs might be increased by high pressure treatment. Results of presently available studies suggest that high pressure treatment might be used for the specific reduction of the allergenicity of certain protein families.

7.4.5 Requirements for Packaging and Storage

Packaged foodstuffs are treated by means of a pressure-transmitting medium (usually water), which results in special demands on the packaging. Packaging materials sustain a mechanical strain during the high pressure treatment. At a pressure of, for example, 600 MPa (22 °C) the volume of water or of liquid foodstuffs decreases by about 15 %. Packaging suitable for high pressure must therefore be able to withstand without any damage the elastic deformation caused by this volume change [57, 58]. After high pressure treatment packaging materials must retain their barrier properties against gases (oxygen, water vapour, carbon dioxide), as these properties are needed in order to maintain product quality and shelf life expectancy [59, 60].

No changes in the migration rates of different substances from model solutions into packaging materials after high pressure treatment were observed [61]. The absorption of flavouring components through wrapping foils is considerably lowered after pressure treatment [62, 63]. Changes in the content of nutrients as well as alteration of the sensory properties of juices in different packaging materials through pressure have not been observed so far [64].

Conclusion: On the basis of these experimental results it is generally accepted that plastic foils and other packaging materials may be used in the high pressure treatment of foodstuffs. The suitability of the packaging must be examined case-by-case to ensure that the quality of the foodstuff is maintained during the storage period.

7.5 Research Needs

7.5.1 Microorganisms

A large data base on the behaviour of vegetative cells under high pressure shows that the risks from spoilage organisms or pathogenic bacteria are in principle as manageable as in thermal processes. The intentional utilization of synergistic or antagonistic effects of high pressure treatment with the foodstuff matrix requires an in-depth understanding of the mechanisms of the pressure-induced inactivation of bacteria. The inclusion of microbial sub-populations, especially in the case of pathogenic bacterial strains, is as necessary as the consideration of eukaryotic microorganisms and their spores, for which only few investigations exist.

The heat resistance of endospores does not correlate with their pressure resistance. For the evaluation of high pressure processes it is necessary to identify key organisms for the pressure inactivation of bacterial endospores including the participation of hygiene-relevant microorganisms and spores. Special interest should be directed toward the pressure-tolerant fraction of microorganisms, the behaviour of microorganisms and spores in processes with high compression rates, and the potential stabilization of bacterial endospores in combined pressure-thermal processes. Experience exists regarding the behaviour of microbial toxins in thermal processes. However, these do not permit any extrapolation to their behaviour in high pressure treatment. Therefore data on the inactivation of bacterial toxins require to be determined.

Similarly no investigations are available on the inactivation or infectivity of foodstuff-transmitted viruses after high pressure treatment.

7.5.2   Chemical Aspects

In the high pressure treatment of foodstuffs attention must be paid to certain reactions of food ingredients, that could lead to chemical changes. This holds in particular for the following reaction types: *dissociation* of organic acids and amines, the reversibility and reactivity of the dissociated species; *cyclization reactions:* reactions of quinones with dienes (Diels-Alder) as well as [2+2] cycloadditions; formation of ammonium, sulfonium, and phosphonium salts, reversibility and reactivity of ions formed under pressure; *hydrolysis reactions* of ethers, esters, acetals, and ketals. There is a need to clarify whether these reactions really play a role in foodstuffs.

The possible formation of bioactive peptides following the application of high pressure to protein-rich foodstuffs requires to be investigated. In the case of the already demonstrated transformation of glutamine into 2-oxyproline or of glutamate into pyroglutamate at the N-terminus of peptides it is also necessary to determine the influence of different neighbouring amino acids on the reaction rate. Possibly further investigations may become necessary, e. g. of the absorption of such modified peptides from the gastrointestinal tract and of their biological effects.

The reactions of certain amino acids in peptides and proteins to form succinimide structural elements are examples of non-enzymatic cyclization reactions. Ring opening may lead to the formation of possibly undesirable derivatives. The deamidation reaction is a known modification of peptides and proteins. Here the investigation of its dependence on process parameters is required.

There exist numerous cyclic dipeptides, e. g. also with diketopiperazine structure, which represent bioactive substances. The pressure dependence of the cyclization of di- and oligopeptides with a modified C-terminus requires investigation.

The effect of high pressure on the conformation of proteins in appropriate systems requires detailed investigation. Of special interest are protein fibrils from β-sheets associated through wrongly folded protein aggregates, which appear in certain diseases such as the TSE diseases. Despite the known pressure stability of β-sheets the use of a pressure of several hundred MPa already reduces the resistance of infective hamster prion proteins (brain homogenates) to proteolysis.

Contradictory statements on the oxidation of fats in foodstuffs through high pressure treatment require clarification.

7.5.3 Allergenicity

The effects of high pressure treatment should not be examined exclusively *in vitro* but also *in vivo* by skin tests and challenge experiments. Model studies on the influence of high pressure treatment on the allergenicity of food proteins should concentrate on foods with known allergenic potential, and which are suitable for the application of high pressure technology. Only patients with confirmed food allergy, preferably by means of a double-blind challenge test, should be included in the clinical part of such studies. Foods from which purified, preferably recombinant, allergens are available should be selected in order to facilitate structural investigations. Moreover, the use of pure allergen molecules would permit to examine in models the interactions with constituents of the food matrix under controlled conditions. Studies in food-allergic patients can of course only cover the effects of the high pressure treatment after sensitization has already occurred. Possible alterations of the sensitising potential should be studied in selected animal species, preferentially using validated mouse models as well as cell culture systems.

7.5.4   Packaging

Concerning the effects of pressure on components of packaging materials it should be, for example, examined whether the physico-chemical properties of polymers change so much under pressure as to result in an accelerated diffusion of plasticizers, such as phthalates. There is also a dearth of investigations on the behaviour of the residual monomers and volatile organic substances under high pressure. Similarly, product-specific attention should be paid to possible sensory changes.

7.5.5   Research Needs of the Processing Technology

Methods must be developed for the high pressure process, which allow any intensity peaks or troughs to be balanced by process technology countermeasures. Measurements of the pressure and the temperature at critical points are necessary for the supervision and judgement of the process homogeneity. This requires the development of quickly responsive and sufficiently accurate pressure and temperature sensors for measurements up to 1500 MPa.

In the construction as well as in the choice of materials it is necessary to meet the special requirements of plants for the treatment of foodstuffs. From the point of view of process technology the construction of pressure containers and compression aggregates for pressures greater than 1000 MPa is also of special interest, because a shortening of process times or an optimization of the process outcome can be achieved. The pressure-transferring medium in combination with the compression aggregate, the pressure container and the flow-pipe system have a decisive influence on the speed and uniformity of the pressure build-up.

7.6 Final Comments

Hitherto, investigations on high pressure treated foodstuffs have not revealed any evidence of any microbial, toxicological or allergenic risks as a consequence of high pressure treatment. However, these findings do not suffice for a general evaluation, because they derive from only a few already marketed products. At present it is necessary, when a new product category is involved, always to carry out an individual case-by-case examination of high pressure treated foodstuffs. In the future it would be desirable to develop product- and process-specific test parameters, in order to be able to carry out any future safety evaluation of high pressure treated foodstuffs according to recognized standard criteria.

Annex: The Placing on the Market of High Pressure Treated Foodstuffs

In France high pressure pasteurized orange juice had already been marketed before Regulation (EC) No 258/97 came into force.

In December 1998 the Groupe Danone submitted in accordance with Regulation (EC) No 258/97 an application for the placing on the market of high pressure treated fruit preparations to the French competent authority. Since high pressure treatment had been employed for the pasteurization of orange juice but not for fruit preparations, the applicant considered the latter as a novel food ingredient in accordance with article 1, paragraph 2 f of Regulation (EC) No 258/97. However, the results of the studies that the applicant provided that the high pressure treatment does not cause significant changes in the composition or structure of the fruit preparation, which might affect its nutritional value, metabolism or level of undesirable substances.

Having examined the dossier, the competent authority, the "Agence française de sécurité sanitaire des aliments" (AFSSA) arrived at the same conclusion and stated that the high pressure treated fruit preparations, apart from a higher vitamin content in most cases, did not differ significantly from those that have been thermally pasteurized.

The European Commission decided in May 2001 to authorize the placing on the market of the high presssure pasteurized fruit preparations [65].

The competent authorities of the EG-Member States agreed in July 2001, that in future the national authorities should decide on the legal status of high pressure treated foodstuffs on the basis of appropriate data provided by the manufacturer. If the competent authority arrives at the decision, that the product does not fall within the scope of Regulation (EC) No 258/97 and thus can be marketed without approval, the Commission and the other Member States should be informed accordingly.

The competent authority of Spain informed in July 2001, that high pressure pasteurized cooked ham, and the British "Food Standards Agency" in August 2002, that high pressure treated oysters are not considered novel foods and could therefore be placed on the market without approval.

In Germany an application for the examination of the legal status of high pressure preserved fruits was submitted to the then existing "Bundesinstitut für Verbraucherschutz und Veterinärmedizin" (BgVV). The BgVV came in March 2001 to the decision that the high pressure treatment does not cause significant changes in the composition or the structure of the fruits, which affect their nutritional value, metabolism or level of undesirable substances. The European Commission and the EU-Member States were informed accordingly by the BgVV.

References

1. Hite, B.: The effects of pressure on the preservation of milk. West Virginia Univ. Agric. Exp. Stnn. Bull. **58**, 15–35 (1899).
2. Bridgman, P. W.: The coagulation of albumen by pressure. J. Biol. Chem. **19**, 511–512 (1914).
3. Hendrickx, M. E. G. and Knorr, D. (Ludikhuyze, L.; Van Loey, A.; Heinz, V.; co-eds.): Ultra High Pressure Treatments of Foods. Kluwer Academic/Plenum Publishers, New York (2002).

4. Palou, E.; Lopet-Malo, A.; Barbosa-Canovas, G. V.; Swanson, B. G.: High pressure treatment in food preservation. In (M. S. Rahman, ed.): Handbook of food preservation. Marcel Dekker, New York (1999).

5. Cheftel, J. C. and Culioli, J.: Review: High pressure, microbial inactivation and food preservation. Food Sci. Technol. Internat. 1, 75–90 (1995).

6. Tauscher, B.: Pasteurization of food by hydrostatic high pressure: chemical aspects. Z. Lebensmitt. Untersuch. Forsch. 200, 3–13 (1995).

7. Regulation (EC) No 258/97 of the European Parliament and of the Councilof 27 January 1997 concerning novel foods and novel food ingredients, Official Journal of the European Communities No L 43: 1–7, 14.2.1997.

8. Pfister, M. K.-H. and Dehne, L. I.: High Pressure Processing – Ein Überblick über chemische Veränderungen in Lebensmitteln. Deutsche Lebensmittel-Rundschau, 97. Jahrgang, Heft 7 (2001).

9. Commission recommendation of 29 July 1997 concerning the scientific aspects and the presentaton of information necessary to support applications for the placing on the market of novel foods and novel food ingredients and the preparation of initial assessment reports under Regulation (EC) No 258/97 of the European Parliament and of the Council (97/618/EC), Official Journal of the European Communities No L 253: 1–36, 16.9.1997.

10. Garcia-Graells, C.; Hauben, K. J.A.; Michiels, C. S.: High pressure inactivation and sublethal injury of pressure-resistant *Escherichia coli* mutants in fruit juices. Appl. Environ. Microbiol. 64,1566–1568 (1998).

11. San Martin, M. F.; Barbosa-Cánovas, G. V.; Swanson, B. G.: Food processing by high hydrostatic pressure. Crit. Rev. Food Sci. Nutr. 42, 627–645 (2002).

12. Smelt, J. P.P. M.; Hellemons, J. C.; Wouters, P. C.; van Gerwen, S. J.C.: Physiological and mathematical aspects in setting criteria for decontamination of foods by physical means. Int. J. Food Microbiol. 78, 57–77 (2002).

13. Ulmer, H. M.; Gänzle, M. G.; Vogel, R. F.: Effects of high pressure on survival and metabolic activity of *Lactobacillus plantarum*. Applied and Environmental Microbiology 66, 3966–3973 (2000).

14. Ulmer, H. M.; Herberhold, H.; Fahsel, S.; Gänzle, M. G.; Winter, R.; Vogel, R. F.: Effects of pressure induced membrane phase transitions on HorA inactivation in *Lactobacillus plantarum*. Appl. Environ. Microbiol, 68, 1088–1095 (2002).

15. Karatzas, K. A.G. and Bennik, M. H.J.: Characterization of a *Listeria monocytogenes* Scott A isolate with high tolerance towards high hydrostatic pressure. Applied and Enviromental Microbiology, July 2002, Vol. 8 No 7, pp. 3138–3189 (2002).

16. Molina-Gutierrez, A.; Stippl, V.; Delgado, A.; Gänzle, M. G.; Vogel, R. F.: Effect of pH on pressure inactivation and intracellular pH of *Lac-*

tococcus lactis and Lactobacillus plantarum. Appl. Environ. Microbiol **68**, 4399–4406 (2002).

17. Wouters, P. C.; Glaasker, E.; Smelt, J. P. P. M.: Effects of high pressure on inactivation kinetics and events related to proton efflux in Lactobacillus plantarum. Appl. Environ. Microbiol. **64**, 509–514 (1998).

18. Heinz, V. and Knorr, D.: High pressure inactivation kinetics of Bacillus subtilis cells by a three-state-model considering distributed resistance mechanisms. Food Biotechnol. **10**, 149–161 (1996).

19. Margosch, D.; Ehrmann, M. A.; Gänzle, M. G.; Vogel, R. F.: Rolle der Dipicolinsäure bei der druckinduzierten Inaktivierung bakterieller Endosporen. Poster, vorgestellt bei dem 5. Fachsymposium Lebensmittelmikrobiologie der VAAM und DGHM in Seeon, Mai (2003).

20. Reddy, N. R.; Solomon, H. M.; Fingerhut, G. A.; Rhodenhamel, E. J.; Balasubramaniam, V. M.; Palaniappan, S.: Inactivation of Clostridium botulinum type E spores by high pressure processing. J. Food Safety **19**, 277–288 (1999).

21. Wuytack, E. Y.; Boven, S.; Michiels, C. W.: Comparative study of pressure-induced germination of Bacillus subtilis spores at low and high pressures. Appl. Environ. Microbiol. **64**, 3220–3224 (1998).

22. Margosch, D.: Behaviour of bacterial endospores and toxins as safety determinants in low acid pressurized food. Doctoral thesis 2005, TU München, Germany.

23. Vogel, R. F.: personal communication (2003).

24. Gruppe, C.; Marx, H.; Kübel, J.; Ludwig, H.; Tauscher, B.: Cyclization reactions of food components to hydrostatic high pressure. In (K. Heremans, ed.): High pressure research in the bioscience and biotechnology. Leuven University press, Leuven, Belgium, 1997, pp. 339–342.

25. Kübel, J.; Ludwig, H.; Tauscher, B.: Diels-Alder reactions of food relevant compounds under high pressure: 2,3-dimethoxy-5-methyl-p-benzoquinone and myrcene. In (N. S. Isaacs, ed.): High pressure food science, bioscience and chemistry. The Royal Society of Chemistry, Cambridge, United Kingdom 1998, pp. 271–276.

26. Butz, P. and Tauscher, B.: Food chemistry under high hydrostatic pressure. In (N. S. Isaacs, ed.): High pressure food science, bioscience and chemistry. 8. Aufl., The Royal Society of Chemistry, Cambridge, United Kingdom 1998, pp. 133–144.

27. Butz, P. and Tauscher, B.: Emerging technologies: chemical aspects. Food Res. Int. **35**, 279–284 (2002).

28. Serfert, Y.: thesis for diploma examination, FH Bernburg 2002.

29. Ungerer, H.: thesis for diploma examination, Universität Karlsruhe 2003.

30. Fernandez Garcia, A.; Butz, P.; Bognar, A.; Tauscher, B.: Antioxidative capacity, nutrient content and sensory quality of orange juice and an orange-lemon-carrot juice product after high pressure treatment and storage in different packaging. Eur. Food Res. Technol. **213**, 290–296 (2001).

31. Sanchez-Moreno, C.; Plaza, L.; de Ancos, B.; Cano M.P.: Vitamin C, provitamin A carotinoids, and other carotinoids in high pressurised orange juice during refrigerated storage. J. Agric. Food Chem. **51**, 647–653 (2003).

32. Tauscher, B.: Effect of high pressure tratment to nutritive substances and natural pigments. In (K. Autio, ed.): Fresh novel foods by high pressure. VTT Symposium 186, Technical Research Center of Finland, ESPOO 1998, pp. 83–95.

33. May, T. and Tauscher, B.: Influence of pressure and temperature on chlorophyll a inalcoholic and aqueous solutions. In (J.C. Olivera and F.A.R. Olivera, eds.): Process optimization and minimal processing of foods. Copernicus Programme Proceedings of the Third Main Meeting Vol 4: High Pressure, 1998, pp. 57–59.

34. Van Loey, A.; Ooms, V.; Weemaes, C.; Van den Broeck, I.; Ludikhuyze, L.; Denys, S.; Hendrickx, M.: Thermal and pressure-temperature degradation of chlorophyll in Broccoli (Brassica oleracea L. italica) juice: A kinetic study. J. Agric. Food Chem. **46**, 5289–5294 (1998).

35. Butz, P.; Fernandez Garcia, A.; Fister, H.; Tauscher, B.: Influence of high hydrostatic pressure on Aspartame: Instability at neutral pH. J. Agric. Food Chem. **45**, 302–303 (1997).

36. Angsupanich, K. and Ledward, D.A.: Effects of high pressure on lipid oxidation in fish. In (N.S. Isaacs, ed.): High pressure food science, bioscience and chemistry. The Royal Society of Chemistry, Cambridge, United Kingdom 1998, pp. 284–288.

37. Cheah, P.B. and Ledward, D.A.: High pressure effects on lipid oxidation. J. Amer. Oil Chemist Soc. **72**, 1059–1063 (1995).

38. Pfister, M.K.-H.; Butz, P.; Heinz, V.; Dehne, L.I.; Knorr, D.; Tauscher, B.: Der Einfluss der Hochdruckbehandlung auf chemische Veränderungen in Lebensmitteln. Eine Literaturstudie. Bundesinstitut für gesundheitlichen Verbraucherschutz und Veterinärmedizin. Berlin (BgVV-Hefte) 3, 2000, S. 17–22.

39. Butz, P.; Fernandez, A.; Schneider, T.; Stärke, J.; Tauscher, B.; Trierweiler, B.: The influence of high pressure on the formation of diketopiperazine and pyroglutamate rings. High Pressure Research 22, 697–700 (2002).

40. Schneider, T.; Butz, P.; Ludwig, H.; Tauscher, B.: Pressure induced formation of pyroglutamic acid from glutamine in neutral and alkaline solutions. Lebensm.-Wiss. U. Technol. **36**, 365–367 (2003).

41. Fernandez, A.; Butz. P.; Trierweiler, B.; Zöller, H.; Stärke, J.; Pfaff, E.; Tauscher, B.: Pressure/temperature combined treatments of precursors yield hormone-like peptides with pyroglutamate at the N terminus. J. Agric. Food Chem. **51**, 8093–8097 (2003).

42. Fernandez Garcia, A.; Heindl, P.; Voigt, H.; Büttner, M.; Wienhold, D.; Butz, P.; Stärke, J.; Tauscher, B.; Pfaff, F.: Reduced proteinase K resis-

tance and infectivity of prions after pressure treatments at 60 °C. Journal of General Virology **85**, 261–264 (2004).

43. Heinz, V. and Kortschack, F.: Method for modyfying the protein structure of PrP(sc) in a targeted manner, Patent WO 02/49460 (2002).

44. Tauscher, B.: personal communication 2004, Bundesforschungsanstalt für Ernährung (BfE), Karlsruhe.

45. Fernandez Garcia, A.; Butz, P.; Tauscher, B.: Mechanism-based irreversible inactivation of horseradish peroxidase at 500 MPa. Biotechnol. Prog. **18**, 1076–1081 (2002).

46. Fernandez Garcia, A.; Butz, P.; Lindauer R.; Tauscher, B.: Enzyme-substrate specific interactions: In situ assessments under high pressure. In: R. Hayashi (ed.): Trends in High Pressure Bioscience and Biotechnology: Proceedings First International Conference on High Pressure Bioscience and Biotechnology, ISBN: 0444509968 Publisher: Elsevier Science Ltd Published (2002).

47. Butz, P.; Fernandez Garcia, A.; Lindauer, R.; Dieterich, S.; Bognar, A.; Tauscher, B.: Influence of ultra high pressure processing on fruit and vegetable products. J. Food Eng. **56**, 233–236 (2003).

48. Besler, M.; Steinhart, H.; Paschke, A.: Stability of food allergens and allergenicity of processed foods. J. Chromatogr. B **756**, 207–228 (2001).

49. Jankiewicz, A.; Baltes, W.; Bögl, K. W.; Dehne, L. I.; Jamin, A.; Hoffmann, A.; Haustein, D.; Vieths, S.: Influence of food processing on the immunochemical stability of celery allergens. J. Sci. Food Agric. **75**, 359–370 (1997).

50. Malainin, K.; Lundberg, M.; Johansson, S. G.O.: Anaphylactic reaction caused by neoallergens in heated pecan nut. Allergy **50**, 988–991 (1995).

51. Maleki, S. J.; Chung, S.; Champagne, E. T.; Raufman, J. P.: Effect of roasting on the allergenic properties of peanut protein. J. Allergy Clin. Imunol. **106**, 763–768 (2000).

52. Chung, S. J.; Butts, C. L.; Maleki, S. J.; Champagne, E. T.: Linking peanut allergenicity to the processes of maturation, curing, and roasting. J. Agric. Food Chem. **51**, 4273–4277 (2003).

53. Bleumink, E. and Berrens, L.: Synthetic approaches to the biological activity of β-lactoglobulin in human allergy to cow's milk. Nature **212**, 541–543 (1966).

54. Carrillo, T.; de Castro, R.; Cuevas, M.; Caminero, J.; Cabrera, P.: Allergy to limpet. Allergy **46**, 515–519 (1991).

55. Kato, T.; Katayama, E.; Matsubara, S.; Omi, Y.; Matsuda, T.: Release of allergic proteins from rice grains induced by high hydrostatic pressure. J. Agric. Food Chem. **48**, 3124–3129 (2000).

56. Grimm, V.; Scheibenzuber, M.; Rakoski, J.; Behrendt, H.; Blümelhuber, G.; Meyer-Pittroff, R.; Ring J.: Ultra-high pressure treatment of foods in the prevention of food allergy. In: Allergy Suppl. 73, Vol. 57, p. 102 (2002).

57. Mertens, B.: Packaging aspects of high pressure food processing Technologie. Packaging Technology and Science Vol. 6, 31–36 (1993).
58. Kohno, M. and Nakagawa, Y.: Packaging for high pressure food processing. In (R. Hayashi, ed.): Pressure-processed food research and development. Japan, p. 303 (1990).
59. Caner, C.; Hernandez, R. J.; Pascall, M. A.: Effect of high pressure processing on the permeance of selected high-barrier laminated films. Packag. Technol. Sci. 13, 183–195 (2000).
60. Ozen, B. F. and Floros, J. D.: Effects of emerging food processing techniques on the packaging materials. Trends in Food Science and Technology 12, 60–70 (2001).
61. Lambert, Y.; Demazeau, G.; Largeteau, A.; Bouvier, J. M.; Laborde-Croubit, S.; Cabannes, M.: Packaging for high pressure treatments in the food industry. Pack. Tech. Sci. 13, 63–71 (2000).
62. Kübel, J.; Ludwig, H.; Marx, H.; Tauscher, B.: Diffusion of aroma compounds into packaging films under high pressure. Pack. Tech. Sci. 9, 143–152 (1996).
63. Masuda, M.; Saito, Y. M.; Iwanami, T.; Hirai, Y.: Effects of hydrostatic pressure on packaging materials for food. In (Balny, C.; Heremans, K.; Masson, P.; eds.), High pressure and biotechnnology. Colloque Inserm, John Libbey Eurotext (London) 224, 545–547 (1992).
64. Fernandez, A.; Butz, P.; Bognar, A.; Tauscher, B.: Antioxidative capacity, nutrient content and sensory quality of orange juice and an orange-lemon-carrot juice product after high pressure treatment and storage in different packaging. Eur. Food Res. Technol. 213, 290–296 (2001).
65. Commission decision of 23 May 2001 authorising the placing on the market of pasteurised fruit-based preparations produced using high pressure pasteurisation under Regulation (EC) No 258/97 of the European Parliament and of the Council, Official Journal of the European Communities No L 151, 42–43, 7.6.2001.

8 Opinion of the SKLM on the Use of Phytosterols and Phytosterolesters in Foodstuffs

The SKLM has discussed intensively the use of plant-derived sterols and sterolesters added to foodstuffs with the objective of lowering the plasma levels of LDL-cholesterol. After comprehensive analysis of all available scientific findings and knowledge and after consultations with external scientists and representatives of the manufacturers the SKLM has concluded as follows.

The German version of the opinion was adopted on 21st September 2001, the English version was agreed on 12th November 2002.

The SKLM considers phytosterol- and phytosterolester-supplemented products to be functional foods. In the opinion of the SKLM no adequate data base exists presently which would permit a generally reliable evaluation of foodstuffs supplemented with either phytosterols or phytosterolesters. On the basis of the evaluation of phytosterol-containing fat-spreads the SKLM would wish to emphasize that these products must in every case only contain such preparations of phytosterols which have been examined toxicologically. Every diverging phytosterol preparation or combination must be examined independently for its safety to health. This means that the specifications of the phytosterol preparations present in the product always have to comply in respect of their composition, purity, and source with those employed in the basic toxicological studies for their safety evaluation.

In addition the SKLM expresses its concern, that an extension of the product variety of foodstuffs supplemented with phytosterols and phytosterolesters, particularly into product categories other than fat-spreads could result in an overall intake which is no longer acceptable.

The Commission would also wish to emphasize that foodstuffs supplemented with phytosterol preparations are suitable

 Lebensmittel und Gesundheit II/Food and Health II
DFG, Deutsche Forschungsgemeinschaft

only for those persons which have a raised serum cholesterol level. This should be made clear by an appropriate declaration on the label of these products. The commission emphasizes in this context also the need to explain to the consumer, that a balanced nutrition is best suited to prevent a nutritionally caused hypercholesterolaemia.

More knowledge of the mechanism and extent of the intestinal absorption of sterols and their probable genetically conditioned variability is required for the evaluation of the safety of a high alimentary intake of sterols. In addition, the effects of a high intake of plant-derived sterols on the homoeostasis of lipophilic non-essential and essential nutrients (e.g. carotenoids) require still further investigations.

9 Aspects of Potentially Adverse Effects of Polyphenols/Flavonoids Used in Isolated or Enriched Form

The Senate Commission on Food Safety (SKLM) presents in this Opinion the results of their deliberations on the evaluation of polyphenols/flavonoids (PFs) derived from plant raw materials which may be used in isolated or enriched form in food supplements as well as in so-called "functional foods". Definitions for these two different categories of foodstuffs may be found in the SKLM publication entitled "Criteria for the Scientific Evaluation of Functional Foods" [1]). The English version was agreed on 22nd/23rd September 2003.

PFs are widely distributed in nature and are ingested as part of the diet. Many compounds have already been isolated and identified. Numerous *in vitro* studies point to protective biological effects of these substances (for reviews see [2–6]). This suggests that they may have beneficial effects on the health of humans. Currently, food supplements and so-called "functional foods", containing such substances in an enriched or in isolated form, are being marketed and advertized with health-related claims, for example under the designation "bioflavonoids". There have been few investigations of the potential adverse health effects of these secondary plant constituents. Food supplements and so-called "functional foods" containing isolated or enriched PFs must be safe for health. Therefore, in this opinion the SKLM is concerned less with the multitude of possible positive effects but more with the risk of adverse health effects. This will be shown more clearly by means of selected examples.

Lebensmittel und Gesundheit II/Food and Health II
DFG, Deutsche Forschungsgemeinschaft
Copyright © 2005 WILEY-VCH Verlag GmbH & Co. KGaA, Weinheim
ISBN: 3-527-27519-3

9.1 Classification and Occurrence

The term polyphenols includes besides the flavonoids also hydroxycinnamic acid derivatives, hydroxybenzoic acids and hydroxystilbenes. Flavonoids have a 2-phenylchroman (flavan) basic structure and occur in plants mainly in the form of glycosides. They are further subdivided into the classes of flavanoles, flavanones, flavones, flavonols, flavandiols and flavylium salts depending on the degree of oxidation of the chroman skeleton. The flavonoids include also the isoflavones (compounds with a 3-phenylchroman basic structure) and coumestanes [6–8]. PFs appear in nature as mixtures of substances. Examples of PFs as well as their occurrence are listed in Table 9.1.

Table 9.1: Occurrence of selected PFs [9, 10].

Group	Typical Representative	Occurrence
hydroxycinnamic acids	caffeic acid	coffee, poppy seeds
hydroxybenzoic acids	gallic acid	apple
hydroxystilbenes	resveratrol	grapes
flavones	apigenin	celery, parsley
flavanones	naringenin	citrus fruits
flavanols/catechins	epigallocatechingallate	green tea
flavonols	quercetin	onions, cabbage, apple, tea, berries
isoflavones	genistein	soya
coumestanes	coumestrol	soya
oligomeric procyanidines	catechin tannins	hops, grapes, cocoa, tea
anthocyanidines	cyanidine	berries, cherries, grapes

9.2   Contents and Intake Amounts

The capability of plants to synthesize and accumulate PFs is dependent on species, cultivar, and strain and is affected by genetic factors and also on habitat and environmental conditions such as soil, climate, and seasonal factors. Because of the light dependency of their synthesis, PFs are formed mainly in the surface layers and outer leaves of plants and during the sunlight-rich months. Cabbage lettuce and endives, harvested during August, contain 3 to 5 times as much PFs as when harvested during April [11]. Certain vegetable and fruit varieties contain considerable amounts of PFs, e. g. apples, apricots, broccoli, strawberries, green beans, green cabbage, celery, and onions. Quercetin commonly occurs in vegetable and fruit varieties but the content can vary tremendously. For onions contents of about 200 to over 600 µg/g fresh material have been reported [12]. In berries such as aronia, elder berries, black currants, blueberries, blackberries and in red grapes one finds increased levels of certain anthocyanines. The content of grapes or black currants varies from 1.5 to 3 mg/g fresh fruit. Aronia contains up to 8 mg/g fresh material [13].

The amounts of PFs taken in from natural vegetable foodstuffs vary considerably, depending on individual eating habits and can be estimated only with large uncertainties because of the inadequate database. An estimate in the 1970s assumed that an average daily intake was about 1 g/day [14]. More recent estimates of the mean daily intake of the predominant PFs (calculated as aglycones) for Denmark, the Netherlands, Finland, and Japan were only 50 mg/day, while the total intake was assumed to be more than 100 mg/day [9]. In the Bavarian part of the survey of the National Food Consumption Study in Germany the average intake of total flavonoids amounted to 54 mg/day with a range of 7–202 mg. The predominant representatives were flavanones (13.2 mg/day), flavonols (12 mg/day), catechins (8.3 mg/day), anthocyanidines (2.7 mg/day) and proanthocyanines (3.7 mg/day) [15]. In the Netherlands the average intake of quercetin, myricetin, kaempherol, luteolin and apigenin is estimated to total 23 mg/day, of which about 70 % (16 mg/day) is accounted for by quercetin [16]. In Denmark an average of 12 mg quercetin per day is being ingested [17].

Additionally, PFs are offered increasingly in isolated form or as enriched mixtures as food supplements. For example, complex combinations of extracts of green tea, grapefruit seeds, grape seeds or skins, red wine as well as many other fruit and vegetable varieties are offered for sale. The exact composition of these enriched mixtures is often unknown, so that estimation of the intake is impossible.

9.3 Health Aspects

The safety to health of PFs in natural foodstuffs, in which these substances occur mostly in minor amounts and as complex mixtures, is generally beyond question. Their use in isolated, high-dose or enriched form requires, however, a systematic scientific evaluation of the effects not only of the single substances but also of the mixtures of substances. The possible effects of contaminants need additional consideration.

The differences in plant raw materials, manufacturing, and enrichment processes lead one to expect a considerable variability in the chemical composition of PF-containing products. For the evaluation of their safety to health an accurate knowledge of the composition and the effect of such products is essential. In addition, a distinction must be made between their intake through the consumption of natural foodstuffs and their intake in an isolated, high-dose or enriched form. The use of isolated substances or mixtures in an enriched form has become the subject of intense discussion particularly as a result of the "case of β-carotene".

Prospective epidemiological studies in man had pointed to a positive correlation between an increased intake of β-carotene-rich fruits and vegetables and a reduced cancer risk. On the basis of these observations it was assumed that an increased intake of β-carotene might result in a reduction of the cancer risk, even though a more exact knowledge of the basic mechanistic processes involved did not exist at that time. Therefore, to confirm the protective effect of β-carotene, a controlled intervention study was designed using smokers as representing a particularly cancer-prone population group. Contrary to expectations, the increased β-carotene intake in isolated form was associated in these studies with an increased lung cancer rate and an increased mortality in smokers (for further information on this see the annex).

Although chemically there is no direct relationship between β-carotene and PFs, this example nevertheless demonstrates clearly a basic problem. It indicates that an increased intake, in an enriched form, of food ingredients assumed to be protective does not necessarily provide increased protection but may, on the contrary, have a deleterious effect.

9.3.1 Biological Effects

Currently, the claimed advantageous effects of PFs in isolated, high-dose or enriched form are inadequately supported by scientific evidence. Similarly, their potential for causing adverse health effects and the dose dependency of such effects has so far been examined insufficiently.

An appropriate evaluation of the safety to health is also made more difficult because these substances can cause numerous dose-dependent biological effects which arise from action on a large variety of cellular systems [5]. For example:

- the influence on elements of signal transduction pathways such as numerous receptors, kinases, enzymes of the lipid-, carbohydrate- and protein-metabolism as well as secondary messengers and transcription factors [18, 19]
- the influence on elements of the pathways of xenobiotic metabolism such as the induction or inhibition of phase I- or phase II-enzymes [20, 21]
- the influence on elements of transport mechanisms such as ABC-export pumps, peptide transporters and glucose transporters [22–24]
- the influence on the integrity of the DNA through direct genotoxicity and indirectly through DNA-processing enzymes, repair systems or topoisomerases [25–27]

- the influence on the function of cells of the immune system such as T- and B-lymphocytes, macrophages, killer cells [28, 29]
- the influence on the endocrine system, e. g. on steroid hormone receptors, other hormone-binding proteins and the enzymes of the hormone metabolism [30, 31]
- the influence on the homoeostasis between pro-/antioxidative effects [32–34]

This multiplicity in biological points of attack partly explains the wide spectrum of activity. Furthermore, effects are usually dose- or concentration-dependent and can, for some substances, be reversed depending on the concentration at the respective target site, so that it is not always possible to establish for a given substance a clear association with beneficial or adverse effects on health. A dose-related analysis of the mechanism of action is therefore essential for a science-based safety evaluation of individual substances. The requirements for the evaluation of so-called "functional foods" have already been recommended by the SKLM and published in "Criteria for the Scientific Evaluation of Functional Food" [1]. A corresponding summary of requirements for food supplements is not yet available.

Selected incidences of possible adverse health effects of individual substances are mentioned below as examples.

Influences on Xenobiotic Metabolism and Transport. PFs can affect the cytochrome P450 (CYP)-monooxygenase system which represents one of the most important enzyme systems in the organism for phase I-reactions of the xenobiotic metabolism. In certain circumstances, the metabolism of drugs by this system can be affected to such an extent that adverse effects become apparent. The flavonoid naringin, for instance, inhibits the enzyme CYP 3A4 which is quantitatively the most important of the CYP-enzymes in the liver and which is responsible for the metabolism of many drugs [21]. In addition, flavonoids may affect phase II-reactions of the xenobiotic metabolism [5].

The effects of PFs on cellular transport processes through membranes are numerous. An influence on membrane-located transporters such as the induction of the multidrug-resistant protein MRP1 by quercetin [20] as well as the dose-dependent regulation of P-glycoprotein by various flavonoids [35] have been reported. Furthermore, quercetin may inhibit, for example, glucose transporters and thereby indirectly cause an increase in intestinal amino acid absorption through peptide transporters [23, 24].

Genotoxicity. The genotoxicity of a compound can manifest itself in DNA-strand breaks and the appearance of micronuclei and chromosome mutations. Treatment of cultured lung fibroblast cells of the Chinese hamster with genistein (10 µM) causes DNA-strand breaks, micronuclei and mutations at the hprt-genelocus [26]. Genistein furthermore induces structural chromosomal aberrations in cultured human blood lymphocytes at concentrations from 25 µM upwards [36].

DNA-strand breaks and chromosomal aberrations may be induced by inhibitors of the eukaryotic topoisomerase II, because these substances stabilize the developing intermediary complex of DNA with covalently bound topoisomerase II. When tested *in vitro*, PFs belonging to different chemical classes cause an inhibition of topoisomerase II [25].

It is not known whether the consumption of foodstuffs rich in polyphenols actually correlates with a significant inhibition of topoisomerase II *in vivo*. The hypothesis that there is an increased risk of developing acute myeloid leukaemia (AML) in the children of mothers exposed to diets containing inhibitors of topoisomerase II during pregnancy has been investigated to a limited extent using questionnaire-supported interviews of mothers. Childhood AML cases are very rare, so that a biological mechanism, dependent on maternal nutrition, would itself operate only rarely [37, 38]. The *in vitro* incubation of primary human haematopoeietic stem cells with micromolar concentrations of certain flavones, flavonols, and isoflavones have resulted in damage in the gene region responsible for AML [27]. Additional detailed studies are necessary on the relevance of these findings for the aetiology of childhood leukaemia and for a possible influence of maternal nutrition, particularly through the consumption of PFs-containing so-called "functional foods" or food supplements.

For consumer protection the Italian health authorities have, as a precautionary measure, requested that a warning label "not to be consumed during pregnancy" is applied to "bioflavonoid"-containing food supplements (http://www.gazettaufficiale.it).

Carcinogenicity. A significantly increased appearance of renal tumours in male rats was found in a dietary feeding study with quercetin at the highest dose (40 g/kg feed) after 104 weeks treatment [39]. Oral administration of quercetin (20 g/kg feed) to mice resulted in the appearance of pre-tumour stages in the gut [40]. According to an evaluation by IARC (International Agency for Research on Cancer, [41]) there is limited evidence for the carcinogenicity of quercetin in animals, while the evidence for man is classified as inadequate. Quercetin combined with known carcinogens has been described as both cancer promoting and cancer inhibiting [41, 42]

The exposure of rats to genistein during pregnancy resulted in a dose-dependent rise in the incidence of postnatally induced mammary cancer in their offspring after administration of the carcinogen DMBA (7,12-dimethyl-benz[a]anthracene) [43]. The administration of genistein or genistein-rich soya extract to rats promoted the induction of pre-tumour stages in the gut by the carcinogen 1,2-dimethylhydrazine [44].

Immunomodulatory Effects. Several *in vitro* studies point to an immunomodulatory effect of certain PFs, mostly in the sense of immunosuppression. Mechanisms of action described for quercetin include, among others, an inhibition of cell growth or of the activity of immune cells e. g. T-lymphocytes, macrophages and natural killer cells as well as an inhibition of the release of mediators of the immune response [29, 45]. An increased lymphocytic proliferative response as well as an increase in the IL-2 secretion after lymphocyte activation and an increased lytic activity of killer cells was observed *ex vivo* following administration of a fruit juice (330 ml/d with 236 mg polyphenols or 226 mg epigallocatechingallate) to healthy volunteers for 2 weeks [28].

Endocrine Effects. Food supplements which are advertized because of their claimed effects on the endocrine system are already on the market. A disturbance of the hormonal balance can, in principle, contribute to an increased risk for certain types of cancer, e. g. breast, endometrial, prostate or thyroid cancer. Furthermore, the possibility of adverse effects on the development and on sex differentiation may be of concern [30, 46]. Whether such effects can be expected with PFs at corresponding intake levels requires clarification.

Certain PFs, frequently designated as phytooestrogens, such as the isoflavones genistein and daidzein, resveratrol and some lignanes can interfere with the hormonal balance. They exert oestrogenic or antioestrogenic effects through interaction with various transporter proteins, enzymes, and receptors which are involved directly or indirectly in the transfer of oestrogenic signals [47]. Many phytooestrogens show partial agonistic behaviour at oestrogen receptors, that is at low doses their action is more antioestrogenic but they have an oestrogenic activity at higher doses. Resveratrol, for example, shows oestrogenic activity in cell systems at the higher concentration range (10 µM) but antioestrogenic activity at the lower range (100 nM to 1 µM) [48–50]. Which effects are produced at intakes corresponding to the ingestion of enriched food supplements therefore requires a case-by-case investigation.

An inhibition of the enzyme aromatase, which catalyses the conversion of androgens into oestrogens, by some PFs such as chrysin has been demonstrated *in vitro* [31, 51]. However, neither aromatase-inhibiting non-oestrogenic flavonoids such as chrysin nor those with oestrogenic activity such as naringenin and apigenin have shown any effects on uterine growth after oral administration of 50 mg/kg bodyweight to rats [31].

The possibility that, in rats, certain PFs at low concentrations may influence thyroid hormone balance through interaction with thyroid hormone-binding proteins is also being discussed [52].

Pro-/Antioxidative Effects. The formation of reactive oxygen species may be promoted as well as inhibited by PFs [33]. The question, as to whether an influence on oxidative processes may produce a negative or positive effect, cannot always be clearly answered. The balance between pro- and antioxidative effects is subject to complex influences *in vivo* [53]. Unequivocal dose-effect relationships do not usually exist, because in addition to antioxidative also prooxidative effects appear depending on concentrations. For example, PFs with catechol or hydroquinone structural elements can be subject to redox cycling and may initiate oxidative reaction cascades through the formation of superoxide radical anions [32, 34]. In addition, quinoid oxidation products may occasionally by themselves initiate adverse biological effects, for instance through binding to certain proteins or peptides such as glutathione [54, 55].

There exists overall a considerable need for clarification regarding the relevance for human health of pro-/antioxidative effects of PFs. In particular there is a need to investigate, whether and under what conditions the effects, mostly observed *in vitro*, are transferable to man.

9.3.2 Bioavailability

Bioavailability is determined not only by the amount ingested but also by absorption, distribution, metabolism, and excretion and thereby determines the concentration of the substance at the target site. Individual factors of influence such as genetic or functional polymorphisms as well as age, sex, and nutritional status are also important. Other factors, independent of the individual, such as the kinetics of the release of the substance from the matrix of the foodstuff or the interaction with other foodstuff ingredients or with certain drugs additionally require consideration [1].

The bioavailability of PFs in man has hitherto been examined only cursorily, with a few exceptions such as quercetin [16, 56, 57].

Bioavailability studies have nevertheless shown that the concentrations of PFs in human plasma after single administration of the usual amounts rarely exceed micromolar concentrations for a single substance. Peak values in the plasma are usually reached within 1–2 h after oral administration. The excretion occurs similarly with halflifes of the order of 1–2 h [10]. In order to maintain a constant blood plasma level for such PFs repeated administrations over prolonged periods are necessary. The repeated intake of tea (8 x 150 ml/day corresponding to 400 mg tea-catechins/day) at intervals of 2 h over one to three days resulted in an approximately constant plasma level of total tea-catechins of 1 µM [59]. For quercetin however a relatively long elimination half-life time of about 24 h has been reported [58].

Recent findings on the bioavailability of quercetin in foodstuffs containing quercetin glycosides or enriched with quercetin indicate that only the conjugate but not the free aglycone is measurable in the plasma [56, 57, 60, 61]. Quercetin-3'-glucuronide, 3'-methylquercetin-3-glucuronide and quercetin-3'-sulphate have been identified as the main components (apart from minor amounts of diglucuronides or glucuronide sulphates) in human plasma after the ingestion of onions [56]. Little is known presently about the biological activity of these conjugated derivatives. This demonstrates the necessity for the determination of the individual conjugated PFs in plasma and for investigation of their biological activity.

Studies involving a daily consumption of up to 100 mg quercetin have revealed that excretion via the urine is only a minor route of elimination. The consumption of up to 10 mg/day resulted in a mean excretion rate of 0.47 % which increased slightly up to the third/fourth day [58, 62].

Additional metabolic conversions such as methylation through catechol-O-methyltransferases need also to be considered [63, 64].

9.3.3 Conclusions

For almost all PFs data are missing on their bioavailability and on the biological effects of single substances or mixtures and extracts. An accurate knowledge of the composition of products used as dietary supplements, for enrichment or as functional foods is indispensable to allow scientifically based conclusions about potentially health promoting or adverse effects of defined intakes to be drawn. An evaluation of the safety to health of individual PFs can only be made on the basis of an adequate database using a case-by-case approach.

9.4 Final Recommendations

- The intake of PFs in the form of isolated single substances or as strongly enriched mixtures cannot be equated with the intake from foodstuffs in the natural diet.
- One cannot assume a priori the general safety of an intake of higher amounts of PFs in isolated or enriched form which by far exceed the amounts of PFs taken in from the normal diet.
- Before such substances are used in an isolated or enriched form in foodstuffs it is necessary to provide sufficient evidence for their safety to health.
- Each individual case requires a safety evaluation according to recognized standards, for example, as have been formulated by the SKLM, in "Criteria for the Scientific Evaluation of Functional Foods" [1].

Appendix

The so-called ATBC study carried out in Finland has shown, contrary to expectations, that supplementation with 20 mg β-carotene alone or in combination with 50 I. U. α-tocopherol per day was associated in smokers with an increased lung cancer rate and an increased mortality [65, 66]. This corresponds to an approximate 10- or 5-fold increased intake of β-carotene or vitamin E respectively, compared to the normal dietary intake. Another clinical study in the USA, the so-called CARET study (30 mg β-carotene and 25000 I. U. vitamin A), also showed a clear association of a β-carotene/retinal supplementation with an increased lung cancer risk. In addition, an increase in mortality from cardiovascular disease was observed with β-carotene/retinal supplementation [67–69].

More recent studies in ferrets, which are comparable to humans with regard to enteral absorption and metabolism of β-carotene, might provide, for the first time, a mechanistic explanation for these findings. At higher doses of β-carotene (corresponding to about 30 mg/person) a decrease in the retinoic acid level of the lung tissue was discovered, probably due to an increased catabolism of retinoic acid mediated by cytochrome P 450, among others. This caused a reduced expression of the retinoic acid-receptor β, which is defined as a tumour suppressor. Consequently metaplasia and obvious proliferation was observed in lung tissues, which might be interpreted as signs of early preneoplastic changes. A lower dose (corresponding to about 6 mg/person), however, had no adverse effects but rather appeared to exert a weak protective effect [70].

References

1. Eisenbrand et al., eds. (2004) Report No. 6: „Criteria for the Evaluation of Functional Foods" Wiley-VCH, ISBN 3-527-27515-0.
2. Bravo L (1998) Polyphenols: Chemistry, dietary sources, metabolism, and nutritional significance. *Nutrition Reviews* **56** (11), 317–333.
3. Harborne JB, Williams CA (2000) Advances in flavonoid research since 1992. *Phytochemistry* **55**, 481–504.
4. Hollman PC (2001) Evidence for health benefits of plant phenols: local or systemic effects? *J. Sci. Food Agric.* **81** (9), 842–852.
5. Middleton E Jr, Kandaswami C, Theoharides CT (2000) The effects of plant flavonoids on mammalian cells: implications for inflammation, heart disease, and cancer. *Pharmacol Rev* **52**, 673–751.
6. Nijveldt RJ, van Nood E, van Hoorn DEC, Boelens PG, van Norren K, van Leeuwen PAM (2001) Flavonoids: a review of probable mechanism of action and potential applications. *Am J Clin Nutr* **74**, 418–425.
7. Galati G, Teng S, Moridani MY, Chan TS, O'Brien PJ (2000) Cancer chemoprevention and apoptosis mechanisms induced by dietary polyphenolics. *Drug Metabol Drug Interact* **17** (1–4), 311–349.
8. Skibola CF, Smith MT (2000) Potential health impacts of excessive flavonoid intake. *Free Radical Biology and Medicine* **29** (3/4), 375–383.
9. Nielsen SE (2001) Bioavailability of flavonoids. 14th International ISFE Symposium 2001.
10. Scalbert A, Williamson G (2000) Dietary intake and bioavailability of polyphenols. *J Nutr.* **130** (8S Suppl), 2073S–2085S.
11. Watzl B, Rechkemmer G (2001) Flavonoide. *Ernährungs-Umschau* **48** (12), 498–502.
12. Crozier A, Lean MEJ, McDonald MS, Black C (1997) Quantitative analysis of the flavonoid content of commercial tomatoes, onions, lettuce, and celery. *J. Agric. Food Chem.* **45** (3), 509–595.

References

13. Böhm H, Boeing H, Hempel J, Raab B, Kroke A (1998) Flavonole, Flavone und Anthocyane als natürliche Antioxidantien der Nahrung und ihre mögliche Rolle bei der Prävention chronischer Erkrankungen. *Z. Ernährungswiss* **37**, 147–163.
14. Kühnau J (1976) The flavonoids. A class of semi-essential food components: their role in human nutrition. *World Review of Nutrition and Dietetics* **24**, 117–191.
15. Linseisen J, Radtke J, Wolfram G (1997) Flavonoid intake of adults in a Bavarian wubgroup of the national food consumpton survey. *Z Ernahrungswiss* **36** (4), 403–12.
16. Hollman PC, Katan MB (1999) Health effects and bioavailability of dietary flavonols. *Free Rad Res* **31**, S75–80.
17. Justesen U, Knuthsen P, Leth T (1997) Determination of plant polyphenols in Danish foodstuffs by HPLC-UV and LC-MS detection. *Cancer Lett* **114**,165–167.
18. Manthey JA, Guthrie N, Grohmann K (2001) Biological properties of citrus flavonoids pertaining to cancer and inflammation. *Current Medicinal Chemistry* **8**, 135–153.
19. Meiers S, Kemény M, Weyand U, Gastpar R, von Angerer E, Marko D (2001) The anthocyanidins cyanidin and delphinidin are potent inhibitors of the epidermal growth-factor. *J Agric Food Chem* **49**(2), 958–962.
20. Kauffmann H-M, Pfannschmidt S, Zöller H, Benz A, Vorderstemann B, Webster JI, Schrenk D (2002) Influence of redox-active compounds and PXR-activators on human MRP1 and MRP2 gene expression. *Toxicology* **171**, 137–146.
21. Zhang H, Wong CW, Coville PF, Wanwimolruk S (2000) Effect of the grapefruit flavonoid naringin on pharmacokinetics of quinine in rats. *Drug Metabol Drug Interact* **17** (1–4), 351–363.
22. Leslie EM, Mao Q, Oleschuk CJ, Deeley RG, Cole SPC (2001) Modulation of multidrug resistance protein 1 (MRP1/ABCC1) transport and ATPase activities by interaction with dietary flavonoids. *Mol Pharmacol* **59**, 1171–1180.
23. Song J, Kwon O, Chen S, Daruwala R, Eck P, Park JB, Levine M (2002) Flavonoid inhibition of sodium-dependent vitamin C transporter 1 (SVCT1) and glucose transporter isoform 2 (GLUT2), intestinal transporters for vitamin C and Glucose. *J Biol Chem* **277**, 15252–15260.
24. Wenzel U, Kuntz S, Daniel H (2001) Flavonoids with epidermal growth factor-receptor tyrosine kinase inhibitory activity stimulate PEPT1-mediated cefixime uptake into human intestinal epithelial cells. *J Pharmacol Exp Ther* **299** (1), 351–357.
25. Constantinou A, Mehta R, Runyan C (1995) Flavonoids as DNA-topoisomerase antagonists and poisons: structure-activity relationships. *Journal of Natural Products* **58** (2), 217–225.

26. Kulling SE, Metzler M (1997) Induction of micronuclei, DNA strand breaks and HPRT mutations in cultured Chinese hamster V79 cells by the phytoestrogen coumestrol. *Food Chem Toxicol* **35** (6), 605–613.

27. Strick R, Strissel PL, Borgers S, Smith SL, Rowley JD (2000) Dietary bioflavonoids induce cleavage in the MLL gene and may contribute to infant leukemia. *Proc Natl Acad Sci* **97** (9), 4790–4795.

28. Bub A, Watzl B, Blockhaus M, Briviba K, Liegibel U, Müller H, Pool-Zobel BL, Rechkemmer G (2003) Fruit juice consumption modulates antioxidative status, immune status and DNA damage. *Journal of Nutritional Biochemistry* **14**(2), 90–98.

29. Middleton E Jr (1998) Effect of plant flavonoids on immune and inflammatory cell function. Flavonoids in the Living System. Eds.: Manthey and Buslig, Plenum Press, New York.

30. Cassidy A (1998) Risks and benefits of phytoestrogen-rich diets. Hormonally active agents in food: symposium/Deutsche Foschungsgemeinschaft. Eds.: Gerhard Eisenbrand et al., Wiley-VCH, Weinheim, 91–120.

31. Saarinen N, Joshi SC, Ahotupa M, Li X, Ammala J, Makela S, Santti R (2001) No evidence for the *in vivo* activity of aromatase-inhibiting flavonoids. *J Steroid Biochem Mol Biol* **78** (3), 231–239.

32. Metodiewa D, Jaiswal AK, Cenas N, Dickancaite E, Segura-Aguilar J (1999) Quercetin may act as a cytotoxic prooxidant after its metabolic activation to semiquinone and quinoidal product. *Free Radic Biol Med* **26** (1–2), 107–116.

33. Miura YH, Tomita I, Watanabe T, Hirayama T, Fukui S (1998) Active oxygens generation by flavonoids. *Biol Pharm Bull* **21** (2), 93–96.

34. Wätjen W, Chovolou Y, Niering P, Kampkötter A, Tran-Thi Q-H, Kahl R "Pro- and antiopoptotic effects of flavonoids in H4IIE-cells: implication of oxidative stress", In: Senate Commission on Food Safety SKLM (ed.): Functional Food: Safety Aspects, Symposium (ISBN 3-527-27765-X) Wiley-VCH, Weinheim (2004).

35. Mitsunaga Y, Takanaga H, Matsuo H, Noito M, Tsuruo T, Ohtani H, Sawada Y (2000) Effect of bioflavonoids on vincristine transport across blood-brain barrier. *Eur J Pharmacol* **395** (3), 193–201.

36. Kulling SE, Rosenberg B, Jacobs E, Metzler M (1999) The phytoestrogens coumestrol and genistein induce structural chromosomal abberrations in cultured human peripheral blood lymphocytes. *Arch Toxicol* **73**, 50–54.

37. Ross JA, Potter JD, Reaman GH, Pendergrass TW, Robison LL (1996) Maternal exposure to potential inhibitors of DNA topoisomerase II and infant leukemia (United States): a report from the children's cancer group. *Cancer Causes Control* **7** (6), 581–590.

38. Ross JA (1998) Maternal diet and infant leukemia: a role for DNA topoisomerase II inhibitors? *Int J Cancer Suppl* **11**, 26–28.

39. Dunnick JK, Hailey JR (1992) Toxicity and carcinogenicity studies of quercetin, a natural component of foods. *Fundam Appl Toxicol* **19**, 423–431.

40. Yang K, Lamprecht SA, Liu Y, Shinozaki H, Fan K, Leung D, Newmark H, Steele VE, Kelloff GJ, Lipkin M (2000) Chemoprevention studies of the flavonoids quercetin and rutin in normal and azoxymethane-treated mouse colon. *Carcinogenesis* **21** (9), 1655–1660.

41. IARC (1999) Some chemicals that cause tumours of the kidney or urinary bladder in rodents and some other substances. *Monographs on the evaluation of carcinogenic risks to humans* **73**, IARC Press, 497–515.

42. Eisenbrand G, Tang W (1997) Nutzen und Grenzen von Mutagenitäts- und Kanzerogenitätsstudien. Phytopharmaka III, Steinkopf Verlag, Darmstadt.

43. Hilakivi-Clarke L, Cho E, Onojafe I, Raygada M, Clarke R (1999) Maternal exposure to genistein during pregnancy increases carcinogen-induced mammary tumorigenesis in female rat offspring. *Oncol Rep* **6** (5), 1089–1095.

44. Gee JM, Noteborn HP, Polley AC, Johnson IT (2000) Increased induction of aberrant crypt foci by 1,2-dimethylhydrazine in rats fed diets containing purified genistein or genistein-rich soya protein. *Carcinogenesis* **21** (12), 2255–2259.

45. Watzl B, Leitzmann C (1999) Bioaktive Substanzen in Lebensmitteln. 2nd ed. (revised and extended). Hippokrates Verlag GmbH, Stuttgart. 149–151.

46. Portier CJ (2002) Endocrine dismodulation and cancer. *Neuroendocrinol Lett* **23**, Suppl 2, 43–47.

47. Benassayag C, Perrot-Applanat M, Ferre F (2002) Phytoestrogens as modulators of steroid action in target cells. *J Chromatogr Analyt Technol Biomed Life Sci* **777** (1–2), 233–48.

48. Gehm BD, McAndrews JM, Chien P.-Y., Jameson JL (1997) Resveratrol, a polyphenolic compound found in grapes and wine, is an agonist for the estrogen receptor. *Proc Natl Acad Sci* **94**, 14138–14143.

49. Höll A (2002) Einfluss des Metabolismus auf die hormonelle bzw. anti-hormonelle Aktivität von endokrinen Disruptoren an ausgewählten Beispielen. Doctoral thesis, Universität Kaiserslautern.

50. Lu R, Serrero G (1999) Resveratrol, a natural product derived from grape, exhibits antiestrogenic activity and inhibits the growth of human breast cancer cells. *Journal of Cellular Physiology* **179**, 297–304.

51. Jeong HJ, Shin YG, Kim IH, Pezzuto JM (1999) Inhibition of aromatase activity by flavonoids. *Arch Pharm Res* **22** (3), 309–312.

52. Köhrle J, Fang SL, Yang Y, Irmscher K, Hesch RD, Pino S, Alex S, Braverman LE (1989) Rapid effects of the flavonoid EMD 21388 on serum thyroid hormone binding and thyrotropin regulation in the rat. *Endocrinology* **125** (1), 532–537.

53. Bast A, Hänen GRMM: Dose-response relationships with special reference to antioxidants, In: Senate Commission on Food Safety SKLM (ed.): Functional Food: Safety Aspects, Symposium (ISBN 3-527-27765-X) Wiley-VCH, Weinheim (2004).
54. Awad HM, Boersma MG, Boeren S, van Bladeren PJ, Vervoort J, Rietjens IM (2001) Structure-activity study on the quinone/quinone methide chemistry of flavonoids. *Chem Res Toxicol* **14** (4), 398–408.
55. Awad HM, Boersma MG, Boeren S, van Bladeren PJ, Vervoort J, Rietjens IM (2002) The regioselectivity of glutathione adduct formation with flavonoid quinone/quinone methides is pH-dependent. *Chem Res Toxicol* **15** (3), 343–51.
56. Day AJ, Mellon F, Barron D, Sarrazin G, Morgan MRA, Williamson G (2001) Human metabobism of dietary flavonoids: identification of plasma metabolites of quercetin. *Free Radicals Research* **35**, 941–952.
57. Gräfe EU, Wittig J, Müller S, Riethling A-K, Ühleke B, Drewelow B, Pforte H, Jacobasch G, Derendorf H, Veit M (2001) Pharmacokinetics and Bioavailability of Quercetin Glycosides in Humans. *J Clin Parmacol* **41**, 492–499.
58. Hollman PC, van Trijp JM, Buysman MN, van der Gaag MS, Mengelers MJ, de Vries JH, Katan MB (1997) Relative bioavailability of the antioxidant flavonoid quercetin from various foods in man. *FEBS Lett.* **418** (1–2), 152–156.
59. Van het Hof KH, Wiseman SA, YangCS, Tijburg LBM (1999) Plasma and lipoprotein levels of tea catechins following repeated tea consumption. *Proc Soc Exp Biol Med* **220**, 203–209.
60. Gee JM, DuPont MS, Day AJ, Plumb GW, Williamson G, Johnson IT (2000) Intestinal transport of quercetin glycosides in rats involves both deglycosylation and interaction with hexose transport pathway. *Journal of Nutrition* **130**, 2765–2771.
61. Sesink ALA, O'Leary KA, Hollman PCH (2001) Quercetin glucuronides but not glucosides are present in human plasma after consumption of quercetin-3-glucoside or quercetin-4'-glucoside. *J Nutr* **131** (7), 1938–1941.
62. Young JF, Nielsen SE, Haraldsdóttir J, Daneshvar B, Lauridsen ST, Knuthsen P, Crozier A, Sandström B, Dragsted L O (1999) Effect of fruit juice intake on urinary quercetin excretion and biomarkers of antioxidative status. *Am J Clin Nutr* **69**, 87–94.
63. Kuhnle G, Spencer JP, Schroeter H, Shenoy B, Debnam ES, Srai SK, Rice-Evans C, Hahn U (2000) Epicatechin and catechin are O-methylated and glucuronidated in the small intestine. *Biochem Biophys Res Commun* **277** (2), 507–512.
64. Zhu BT, Patel UK, Cai MX, Conney AH (2000) O-Methylation of tea polyphenols catalyzed by human placental cytosolic catechol-O-methyltransferase. *Drug Metab Dispos* **28** (9), 1024–1030.

65. ATBC Study Group (The alpha-tocopherol, beta-carotene cancer prevention study group) (1994) The effects of vitamin E and β-carotene on the incidence of lung cancer and other cancers in male smokers. *N Engl J Med* **330**, 1029–1356.

66. Albanes D, Heinonen OP, Taylor PR, Virtamo J, Edwards BK (1996) α-Tocopherol and β-carotene supplementation and lung cancer incidence in the alpha-Tocopherol, beta-carotene cancer prevention study: effect of base-line characteristics and study compliance. *J Natl Cancer Inst* **88**, 1560–1570.

67. Omenn GS, Goodman GE, Thornquist M, Balmes J, Cullen MR (1996) Effects of a combination of β-carotene and vitamin A on lung cancer incidence, total mortality, and cardiovascular mortality in smokers and asbestos-exposed workers. *N Engl J Med* **334**, 1150–1155.

68. Omenn GS, Goodman GE, Thornquist M, Balmes J, Cullen MR (1996) Risk factors for lung cancer and for intervention effects in CARET, the beta-carotene and retinol efficacy trial. *J Natl Cancer Inst* **88**, 1550–1566.

69. Omenn GS. (1998). Chemoprevention of lung cancer: the rise and demise of β-carotene. *Ann Rev public Health* **19**, 73–99.

70. Liu C, Wang XD, Bronson RT, Smith DE, Krinsky NI, Russell RM (2000) Effects of physiological versus pharmacological beta-carotene supplementation on cell proliferation on cell proliferation and histopathological changes in the lungs of cigarette smoke-exposed ferrets. *Carcinogenesis* **21** (12), 2245–2253.

10 Opinion of the SKLM on Pyrrolizidin Alkaloids in Honeys, Bee-Keeper Products, and Pollen Products

The SKLM has been considering the implications of the presence of pyrrolizidin alkaloids (PA) in honeys and the potential problems which may arise from a contamination of honeys, bee-keeper products, and pollen products with pyrrolizidin alkaloids. The German version of the opinion was adopted on 8th November 2002, the English version was agreed on 8th Mai 2003.

The existing data base relating to the contents of PAs in honeys derived from PA-containing plants (e. g. *Echium* spp. honey or *Senecio* spp. honey) as well as the data base relating to the exposure of consumers to PAs is presently judged to be inadequate. Similarly, the data base for the toxicology of these PAs and on their human metabolism is still incomplete, so that at present a final risk evaluation cannot be performed.

The entry pathway of PAs into honey has not yet been clearly established. Initial experimental findings point to a correlation between PA content and pollen content of honeys, so that entry via pollen could possibly occur. To confirm this view additional investigations are needed which should also include the nectar. The SKLM recommends to direct particular attention to those products produced by using the pollen of PA-containing plants. These products are marketed as food supplements and are therefore likely to be consumed in larger amounts.

The main goal of future research should be directed toward the careful analytical determination of the PA contents of honeys and pollens. There is an additional need to investigate, how the choice of the physical location of bee populations and of appropriate procedures for obtaining honey could reduce the PA contents of honeys to the lowest possible level.

Lebensmittel und Gesundheit II/Food and Health II
DFG, Deutsche Forschungsgemeinschaft
Copyright © 2005 WILEY-VCH Verlag GmbH & Co. KGaA, Weinheim
ISBN: 3-527-27519-3

11 Toxicological Evaluation of Red Mould Rice

At present red mould rice is offered for sale under various trade names*) primarily through the internet, mainly as a nutritional supplement with a cholesterol-lowering action, i. e. without legal approval as a drug. The DFG-Senate Commission on food safety (SKLM) has used this development as a reason for a first evaluation of red mould rice from the point of view of its safety to health. The German version of the opinion was adopted on 26th October 2004, the English version was accepted on 8th April 2005.

11.1 Introduction

Red mould rice is the fermentation product of ordinary rice with certain mould species of the genus *Monascus*. The use of red mould rice for the colouring, flavouring, and preservation of foods as well as its use as a medicament for the stimulation of the digestion and the circulation of the blood dates back over several centuries in East Asia [1]. In China, in 1982, red mould rice was included in a Directive for Food Additives as a food additive for the colouring of meat, fish, and soya products [2]. In Japan, on the contrary, only the pigments of the red mould rice species *Monascus purpureus* are permitted for use in foodstuffs. There the production of red mould rice already had reached 100 tons/year in the year 1977 [3].

In Europe, the partial substitution of the nitrite-salt cure by red mould rice was being discussed but was refused approval

---

*) among others as red rice, Red yeast rice, red mould rice, Angkak, Hongqu and Red Koji as well as Cholestin™, HypoCol™, Cholestol™, CholesteSure™ and CholestOut™.

Lebensmittel und Gesundheit II/Food and Health II
DFG, Deutsche Forschungsgemeinschaft
Copyright © 2005 WILEY-VCH Verlag GmbH & Co. KGaA, Weinheim
ISBN: 3-527-27519-3

because at that time the existing toxicological data base was inadequate [4, 5]. red mould rice is not permitted as a food additive, yet its use in vegetarian sausage-like products has been detected [6]. Reports of allergic reactions led to the discovery of its illegal use in the production of sausage-type goods [7–9].

In the USA, a red mould rice preparation (cholestin^{TM}) has been marketed as a food supplement [10]. In the year 2000 this was declared by the Food and Drug Authority (FDA) to be an unapproved medicament because of its drug-like action and thus its marketing was prohibited [11].

In the EU, red mould rice is offered as a so-called food supplement for the lowering of the blood cholesterol level. In an official press notice the Federal Institute for Drugs and Medical Devices warned of the consumption of such products [12], because the constituent monacolin K, responsible for this effect, is identical with lovastatin, a potent statin. Statins inhibit the cholesterol synthesis at the stage of the hydroxymethyl-glutaryl co-enzyme A reductase (HMG-CoA). The simultaneous ingestion of red mould rice and statins as drugs can lead to an increase in the inhibitory effect with consequent disadvantageous effects on health.

11.2   Constituents and their Toxicology

Red mould rice is produced through fermentation of ordinary rice with certain mould species of the genus *Monascus* (*M. ruber*, *M. purpureus*, *M. pilosus*, *M. floridanus*) [13]. Taxonomically, *Monascus* species are included in the family of Monascaceae [14, 15]. The terminal kleistothecies, surrounded by hyphae, are characteristic. The main constituents of red mould rice are carbohydrates (25–73 %), proteins (14–31 %), water (2–7 %), and fatty acids (1–5 %) [1, 16]. The contents vary depending on the fermentation procedure. Over several days to weeks, numerous products of the secondary metabolism of moulds are formed during the fermentation process, among them various pigments, pharmacologically active monacolins (HMG-CoA reductase inhibitors) and monancarines (inhibitors of monoamine oxidase), the mycotoxin citrinin as well as other non-colouring substances [17, 13]. Additionally, *Monascus* species from other metabolites which as yet have been identified only partially [18].

11.2.1   Pigments

Monascus species form not only the free pigments but also those bound as complexes with proteins, amino acids, and peptides [19]. Apart from the two red colours rubropunctamine and monascorubramin, the orange-red pigments rubropunctatin and monascorubrin as well as the yellow pigments monascin and ankaflavin are also main colouring components [20–24] (see Fig. 11.1).

The content of pigments in red mould rice varies depending on the culture conditions such as humidity, pH, nutrient supply, and oxygen provision [25, 26]. A red mould rice product manufactured traditionally with *Monascus purpureus* had a pigment content of 0.3 % in rice flour [1]. No data are available on the proportions of individual pigments and the limits of their natural variation in this traditional product.

Pigments purified by chromatography (HPLC) from the mycelium, monascorubrin, rubropunctatin, monascin, and ankaflavin, have caused embryonal malformations respectively embryo lethality after treatment of 3-day old chicken embryos following incubation over 9 days. The doses causing this effect in 50 % of treated embryos (ED 50) were monascorubrin, 4.3 µg/embryo, rubropunctatin, 8.3 µg/embryo, monascin, 9.7 µg/embryo, and ankaflavin, 28 µg/embryo. The C_5H_{11}-sidechain homologues rubropunctatin and monascin, in contrast to the C_7H_{15}-sidechain homologues monascorubrin and ankaflavin, showed teratogenic properties at doses above 3 µg/chicken embryo. Studies on embryotoxicity and teratogenicity in relevant mammalian systems are not available. Reports exist on the antibacterial and fungicidal properties of several pigments [27].

Another yellow pigment (see Fig. 11.2), xanthomonascin A, has been described; however, no toxicological data have been supplied up to the present [28].

Red   Rubropunctamine   Monascorubramin
         ($C_{21}H_{23}NO_4$)   ($C_{23}H_{27}NO_4$)

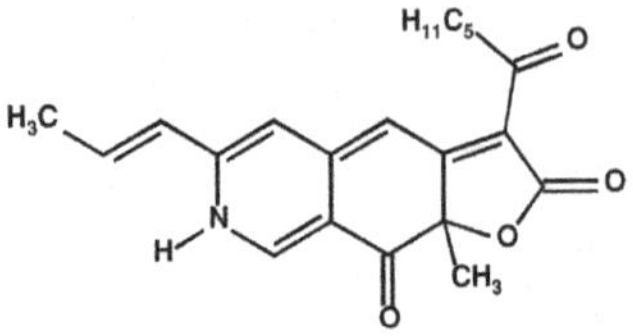

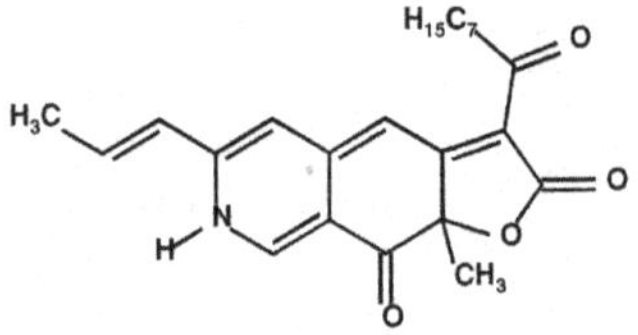

Orange-   Rubropunctatin ($C_{21}H_{22}O_5$)   Monascorubrin ($C_{23}H_{26}O_5$)
red

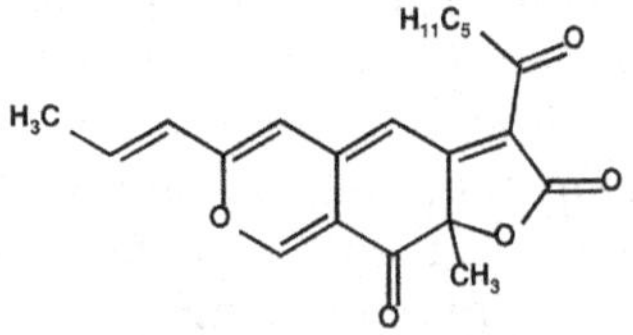

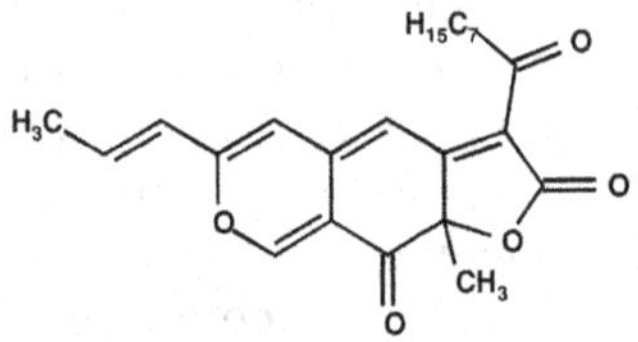

Yellow   Monascin   Ankaflavin ($C_{23}H_{30}O_5$)
          (= Monascoflavin, $C_{21}H_{26}O_5$)

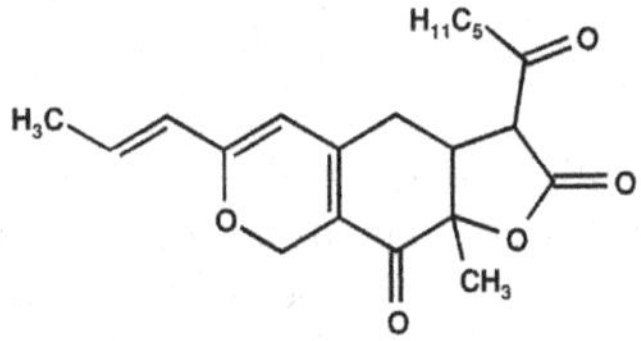

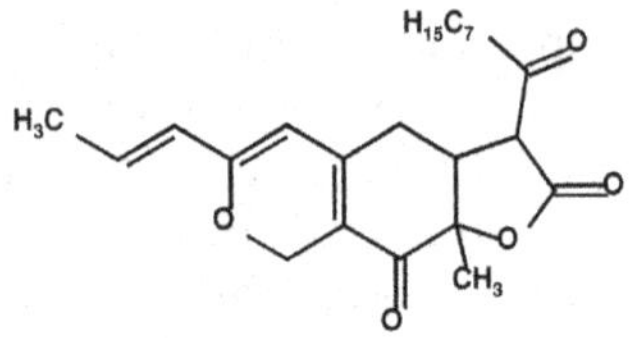

Fig. 11.1: Main pigments of *Monascus* spp. (after [13]).

Yellow   Xanthomonascin A

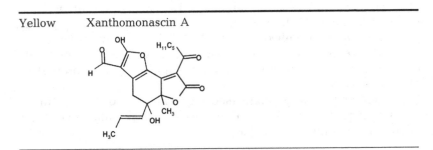

Fig. 11.2: Xanthomonascin A from *Monascus* spp.

11.2.2   Monacolins

Monacolins are polyketides formed, among others, by species of the genus *Monascus* (Fig. 11.3). The biosynthesis of monacolin K proceeds in *Monascus ruber* via the derivatives monacolin L, J, and X. *Monascus* species producing monacolin K are rather poor pigment producers [13].

Numerous monacolins have been identified as inhibitors of cholesterol biosynthesis. The reversible competitive inhibition of the microsomal hydroxymethyl-glutaryl coenzyme A (HMG-CoA) reductase prevents the reduction of HMG-CoA to mevalonic acid and thereby the formation of cholesterol as well as other compounds such as ubiquinones [29–31].

This effect forms the basis for the application of monacolin K as a drug in Japan and in the USA. Today the usual registered name of the active pigment monacolin K is lovastatin. The therapeutic dose of this statin for the treatment of hypercholesterolaemia amounts in adults on average to 40 mg daily with a usual initial dose of 20 mg/day. The oral bioavailability of lovastatin is rather low at 5 % [32]. Lovastatin is metabolized in the liver and the small gut mainly by proteins of the cytochrome P450 (CYP) 3A family and is excreted in the bile [33].

In studies on the subacute toxicity of lovastatin, oral doses of 100–200 mg/kg of bodyweight per day to rabbits were lethal; such doses were tolerated by dogs, rats, and mice. Liver and kidney necrosis were observed which, in rabbits, could be demonstrated

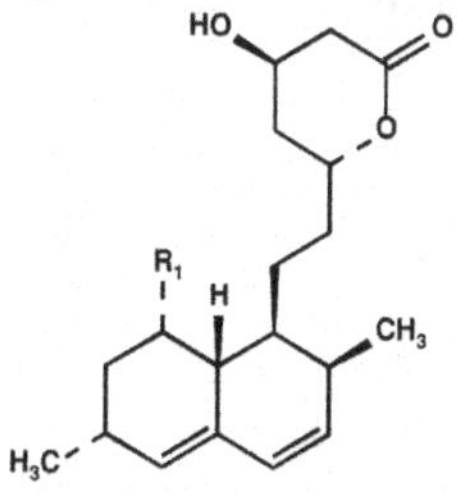

Monacolins	R_1
Monacolin J	OH
Monacolin K	$OOCCH(CH_3)C_2H_5$
Monacolin L	H
Monacolin M	$OOCCH_2C(OH)CH_3$
Monacolin X	$OOCCH(CH_3)(OC)CH_3$

Fig. 11.3: Structure of the monacolins.

to be caused by a specific, extremely powerful inhibition of the mevalonate biosynthesis. This effect could be completely prevented by the administration of the cholesterol precursor mevalonate but not by the administration of cholesterol. From this observation it was concluded that the specific toxicity of lovastatin in rabbits was the result of the depletion of a metabolite of mevalonate which was essential for the survival of cells [34].

In man the most important undesirable effect of lovastatin is its muscle toxicity, which only rarely occurs during a monotherapy but frequently after simultaneous administration of drugs which act either as substrates or inhibitors of CYP3A isoenzymes. To these belong representatives of the class of immunosuppressive agents of the ciclosporin type [35], other statins and other cholesterol-lowering agents such as fibrates (clofibrate), antimycotics like itraconazol [36], certain antibiotics such as erythromycin, clarithromycin, troleandomycin, antidepressants such as nefazodon, anticoagulants of the coumarin type, and certain protease inhibitors. Similarly, the simultaneous intake of grapefruit juice can inhibit the metabolism of lovastatin [37]. The blood levels of lovastatin and its active metabolite lovastatinic acid rise considerably through blockage of the CYP-mediated degradation of statins [37, 38]. In several cases this has resulted in a rhabdomyolysis (serious muscle damage) with lethal outcome [39].

Food supplements derived from red mould rice contain monacolins at concentrations of up to 0.5 % [40]. Up to 75 % of the total amount of monacolins is represented by monacolin K. red mould rice products in capsular form contain 0.15 to 3.37 mg monacolin K/capsule. At a capsule filling of 600 mg and a mean monacolin content of 0.4 % the typical recommended dose of 4 capsules per day [63] would result in a daily consumption of 10 mg monacolin [1]. (http://www.pdrhealth.com/druginfo/nmdrugprofiles/nutsupdrugs/red0329.shtml)

11.2.3 Citrinin

The mycotoxin citrinin (Fig. 11.4) is formed by various *Penicillium,*
Aspergillus, and Monascus species (*M. purpureus, M. ruber*) [41].
The formation of citrinin (identical with monascidine A) by *Mon-*
ascus species depends on the culture conditions [26], for example,
the fermentation of foodstuff-relevant *Monascus* species on rice
produces citrinin contents up to about 2.5 g/kg dry matter, while
liquid cultures have reached values up to 56 mg/kg dry matter
[42, 17].

In commercial samples of *Monascus* fermentation products,
such as red mould rice, up to 17 µg citrinin/g dry matter have
been detected [43], in the usual marketed food supplements up
to 65 µg/capsule [40] and in vegetarian sausages up to 105 µg/
kg [44]. Citrinin has also been found in silage [45].

Citrinin was found to be nephrotoxic by repeated administration to various animal species. Administration of 0.1 % citrinin in
the diet of male Fischer-344 rats (equivalent to 50 mg/kg of
body weight/day) resulted in the appearance of focal hyperplasias
of the renal tubular epithelium and of adenomas at 40 weeks in all
treated animals. Benign renal tumours were observed after 60
weeks, which were described histopathologically as clear cell adenomas. After administration to male Sprague-Dawley rats of up to
0.05 % citrinin in the diet (equivalent to 25 mg/kg of body weight/
day) for 48 weeks all animals were killed for histopathological
examination. At that time only damage to the epithelial cells of
the renal tubules, without any tumour formation, was observed.
None of the studies permitted the derivation of a dose without
effect (NOEL). Citrinin is classified by the International Agency

Citrinin/Monascidine A

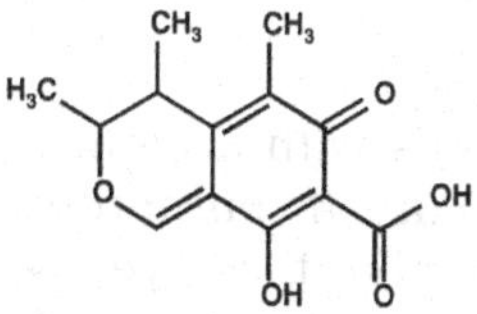

Fig. 11.4: Structure of Citrinin.

for Research on Cancer (IARC) in Group 3 (Definition according IARC: Group 3. The agent is not classifiable as to its carcinogenicity to humans. This category is used most commonly for agents, mixtures and exposure circumstances for which the *evidence of carcinogenicity is inadequate* in humans and *inadequate or limited* in experimental animals) [46–48]. A potential role is being discussed for citrinin and ochratoxin A, respectively for their interaction in the aetiology of the so-called endemic Balkan nephropathy, in which fibrosis of the renal cortex, necrosis of the tubular epithelium, and tumours of the descending urinary tract occur. The consumption of mouldy cereals in endemic areas has been considered as possibly causative of this mycotoxin-induced nephropathy [49–51].

No mutagenic activity of citrinin was found in the Ames test with *Salmonella typhimurium* either with or without the presence of S9 mix. In the so-called *Salmonella* hepatocyte assay, in which the cell-free culture supernatant of an incubation of rat hepatocytes with citrinin is incubated with *Salmonella typhimurium* (TA 98 and TA 100), there was, in the course of the subsequent culturing of the treated bacteria, a concentration-dependent mutagenic activity. CYP3A4-dependent phase-I metabolism, with a possible subsequent biotransformation by phase-II enzymes, is being discussed as an activation process [43]. In transgenic NIH-3T3 cells expressing CYP3A4 in contrast to wild-type cells a dose-dependent rise in mutation frequency could be demonstrated. Citrinin shows an aneuploidogenic effect in Chinese hamster V-79 cells [52]. Teratogenic effects in chicken embryos have also been described with a teratogenicity percentage of 46 % in survivors at doses of 50 µg/embryo and higher [53].

11.2.4 Other Products of the Secondary Metabolism of *Monascus* Species

The **monankarins** A–F (Fig. 11.5) are compounds with a pyrano-coumarin structure produced by *Monascus anka* (*M. purpureus*) that are not considered to be pigments despite their yellow colouration. From the mycelium some 0.003 % monankarin A, 0.0005 % monankarin B, 0.003 % monankarin C, and 0.0007 %

Monankarins		R_1	R_2	R_3	R_4	R_5
	Monankarin A und B	CH_3	OH	H	CH_3	OH
	Monankarin C und D	CH_3	OH	CH_3	CH_3	OH
	Monankarin E	H	OH	CH_3	H	OH
	Monankarin F	CH_3	OH	CH_3	H	OH

Fig. 11.5: Structure of monankarins A–F.

monankarin D can be extracted. No data are available on the concentrations of monankarins in red mould rice. The diastereomeric monankarins A and B as well as C and D are inhibitory to the monoamineoxidase of mouse brain and liver preparations at micromolar concentrations [54]. Monankarin C possesses the highest activity with an IC_{50} value of 11 µM.

Monascodilone (Fig. 11.6) has been demonstrated to be present in 6 out of 12 untreated samples of red mould rice at concentrations up to 0.4 mg/g. Additional amounts are formed during heating, in this process the so-far unidentified precursors are neither pigments nor citrinin. Under the conditions chosen in the laboratory (121 °C, 20 min) contents of up to 5 mg/g were detected in red mould rice [18]. So-far nothing is known about its pharmacological or toxic properties.

The colourless **monascopyridines** A and B (Fig. 11.7) were discovered at concentrations of up to 6 mg/g in preparations of red mould rice after the fermentation with *Monascus purpureus* DSM 1379 and DSM 1603 [55]. Here also there are as yet no data on their pharmacological or toxicological properties.

Monascodilone

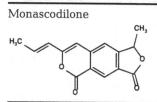

Fig. 11.6: Structure of monascodilone.

303

Monascopyridine A

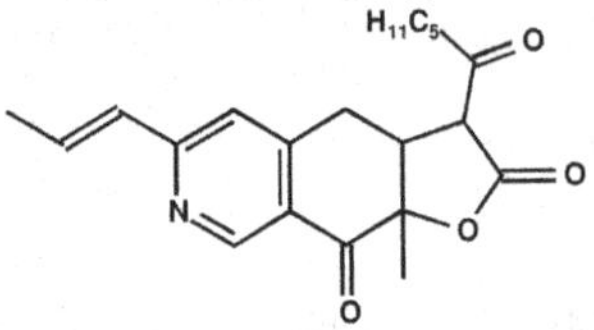

Monascopyridine B

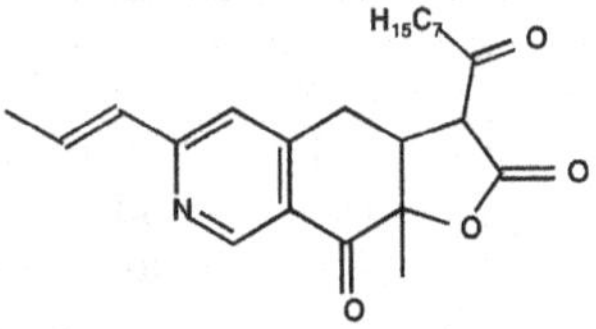

Fig. 11.7: Structures of monascopyridines A and B [55].

Up to 1.5 g/kg of **γ-aminobutyric acid** (4-aminobutanoic acid, **GABA**, Fig. 11.8) are formed during the fermentation of *Monascus purpureus* CCRC 31615 in rice [56]. GABA has several physiological functions, e. g. as neurotransmitter in inhibitory neurones of the brain and spinal cord, and also produces blood pressure lowering and diuretic effects [57]. Intravenous administration of 250 μg/kg of body weight of GABA, isolated by HPLC from red mould rice, resulted in a lowering of the blood pressure in rats with spontaneous high blood pressure [58]. Further data are not yet available.

The colourless **ankalactone** (Fig. 11.9) from *Monascus anka* (*M. purpureus*) inhibits the growth of *Escherichia coli* and *Bacillus subtilis* [59]. So-far there is no additional data on its pharmacological or toxicological properties.

γ-Aminobutyric acid

$H_2N-CH_2\text{-}CH_2\text{-}CH_2-COOH$

Fig. 11.8: Structure of GABA.

Ankalactone

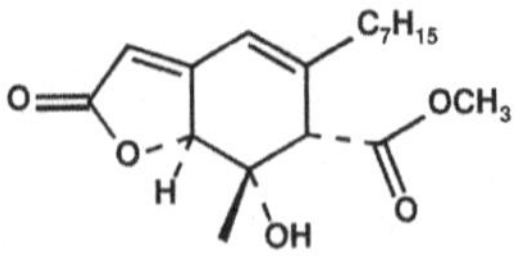

Fig. 11.9: Structure of ankalactone.

11.3 Toxicological Studies with red mould rice

Studies on the toxicity of red mould rice in relevant systems have not yet been provided. Tests for embryotoxicity of red mould rice extracts in chicken embryos showed a much weaker teratogenic and lethal effect than would be expected on the basis of the pigment concentration. This was thought to be due to the fact that the more strongly embryotoxic orange-red pigments react during the fermentation process with amino groups in the matrix, while the weakly embryotoxic yellow pigments monascin and ankaflavin remain intact. A comparison of the effect of red mould extract with that of citrinin on chicken embryos has not been carried out. However, a concentration-dependent mutagenic action of *Monascus* extract in the *Salmonella* hepatocyte assay has been reported in connection with the testing for citrinin.

In connection with tests on the blood pressure-lowering effect of intravenously administered GABA a similar effect has been reported after oral administration to rats of wheat fermented by *Monascus pilosus* [60].

Studies have been described on the clinical effectiveness of monacolin K-containing red mould rice in patients suffering from hypercholesterolaemia. The concentration of total cholesterol as well as those of low-density lipoprotein (LDL) cholesterol and triglycerides were distinctly reduced after 12 weeks of daily consumption of 2.4 g red mould rice (corresponding to a daily dose of 10 mg total monacolins or 5 mg monacolin K), while the level of high-density lipoprotein (HDL) cholesterol remained significantly unchanged [61].

Toxic effects on muscles can occur during the consumption of red mould rice together with the simultaneous ingestion of drugs having CYP3A inhibitory properties. The ingestion of a red mould rice-containing product caused rhabdomyolysis in one patient treated with ciclosporin after a renal transplantation [62].

Furthermore, there exist individual reports of allergic reactions after contact with red mould rice during the manufacture of sausage products. The exposure occurred via the respiratory tract as well as through the skin and expressed itself in symptoms such as rhinitis, conjunctivitis, asthma, and dermal eczema. Investigations on patients demonstrated a reaction to *Monascus purpureus* mediated through immunoglobulin E [7–9]. Systematic studies on the allergenic potential of red mould rice are not available.

11.4 Summary

Besides a series of known biologically active substances, red mould rice also contains other hitherto little or uninvestigated constituents. Depending on the genus and the chosen production conditions variable contents of the individual constituents are to be expected. For marketed red mould rice products (e. g. loose goods, products in capsules) there exist neither data on identity and content of constituents nor product specifications and purity criteria. Basic toxicological data are not available for a scientifically-based safety evaluation of red mould rice.

A typical recommended dose as a food supplement based on red mould rice consists of 4 capsules, each of 600 mg, per day which provides an uptake of 2.4 g/day. The consumption of larger amounts is, however, feasible, e. g. through consumption of loose products.

On the basis of the known constituents there is a need for the critical evaluation of, primarily, citrinin and monacolin K as well as the pigments.

Citrinin is described as nephrotoxic and teratogenic and produces renal tumours in chronic toxicity studies in rats at a dosage of 50 mg/kg of body weight/day after 60 weeks in 100 % of the test animals. Citrinin can be formed by all foodstuff-relevant *Monascus* species. Contents up to 17 mg/kg dry matter were found in commercial samples of red mould rice. In marketed food supplements 65 µg/capsule were found. At a typical dosage of 4 capsules of 600 mg/day citrinin exposure amounts to 260 µg/day or 4.3 µg/kg of body weight/day (based on 60 kg of body weight).

The monacolins that have been identified as inhibitors of cholesterol biosynthesis were found in marketed food supplements in concentrations up to about 0.6 %, of which monacolin K (lovastatin) represented up to 75 % of the total monacolin. Contents of up to 3.37 mg/capsule were found. The recommended consumption of up to 4 capsules/day could, in certain circumstances, approach the therapeutic dose range for lovastatin. An increased risk for muscle toxicity exists if there is a simultaneous intake of substances with CYP-inhibitory effects.

The orange-red pigments rubropunctatin and monascorubrin as well as the yellow pigments monascin and ankaflavin caused embryotoxic respectively teratogenic effects in chick embryos in the lower micromolar dose range. There are no data on possible teratogenic action in mammalian species. The pigment content of red mould rice is about 0.3 % in dry products but varies with the culture conditions. With a typical dosage one can assume an ingestion of about 7 mg/day corresponding to 120 µg/kg of body weight.

11.5 Final Evaluation

red mould rice contains the constituents monacolin K (lovastatin) and citrinin of particular toxicological relevance, in addition to a large number of other constituents of which the toxicological relevance is only inadequately known. Monacolin K is a potent agent in medicines for the lowering of blood cholesterol levels, it should only be administered under medical supervision. According IARC, there is limited evidence for the carcinogenicity of citrinin to experimental animals. Citrinin was adequately tested for carcinogenicity in one strain of male rats by oral administration in the diet; it produced renal tumours. In another experiment in rats, citrinin was administered in the diet after N-nitrosodimenthylamine or N-(3,5-dichlorophenyl)succinimide; an increased incidence of renal tumours was observed as compared to that in animals receiving N-nitrosodimenthylamine or N-(3,5-dichlorophenyl)succinimide alone [46]. Generally, basic toxicological data for a safety evaluation of red mould rice or its constituents are missing. Standards and specifications to ensure purity and identity as well as the absence of toxic constituents are completely missing. For the above reasons red mould rice is therefore not suitable for use as a foodstuff/food supplement.

References

1. Ma J, Li Y, Ye Q, Li J, Hua Y, Ju D, Zhang D, Cooper R, Chang M (2000) Constituents of Red Yeast Rice, a Traditional Chinese Food and Medicine. *J Agric Food Chem* **48**, 5220–5.
2. Modern Food Additive Standards of the Chinese Ministry of Public Health (1982) National Standard GB 27078-27063-81, cited in [1].
3. Sweeny JG, Estrada-Valdes M, Iacobucci GA, Sato H, Sakamura S (1981) Photoprotection of the red pigments of Monascus anka in aqueous media by 1,4,6-trihydroxynaphthalene. *J Agric Food Chem* **29**, 1189–93.
4. Fabre CE, Santerre AL, Loret MO, Baberian R, Pareilleux A, Goma G, Blanc PJ (1993) Production and food application of the red pigments of Monascus ruber. *J Food Sci* **59**, 1099–103.
5. Fink-Gremmels J, Dresel J, Leistner L (1991) Einsatz von Monascus-Extrakten als Nitrit-Alternative bei Fleischerzeugnissen. *Fleischwirtschaft* **71**, 329–331.
6. Wild D (2000) Rotschimmelreis: Inhaltstoffe und Anwendung in Fleischerzeugnissen. *BAFF Mitteilungsblatt* **148**(39), 701–6.
7. Wigger-Alberti W, Bauer A, Hipler UC, Elsner P (1999) Anaphylaxis due to Monascus purpureus-fermented rice (red yeast rice). *Allergy* **54**(12), 1330–1.
8. Vandenplas O, Caroyer J-M, Binard-van Cangh F, Delwiche J-P, Symoens F, Nolard N (2000) Occupational asthma caused by a natural food colorant derived from Monascus ruber. *J Allergy Clin Immunol* **105**, 1241–2.
9. Hipler U-C, Wigger-Alberti W, Bauer A, Elsner P (2002) Case report: Monascus purpureus-a new fungus of allergologic relevance. *Mycoses* **45**(1–2), 58–60.
10. Heber D (1999) Dietary supplement or drug? The case for cholestin. *Am J Clin Nutr* **70**(1), 106–8.
11. SoRelle R (2000) Appeals Court says Food and Drug Administration can regulate cholestin. *Circulation* **102**(7), E9012–3.
12. Bundesinstitut für Arzneimittel und Medizinprodukte (2002) BfArM warnt vor Red Rice-Produkten. *Pressemitteilung 17/2002*
13. Jůzlová P, Martínková L, Kren V (1996) Secondary metabolites of the fungus Monascus: a review. *J Industrial Microbiol* **16**, 163–70.
14. Hawksworth DL, Pitt JI (1983) A new taxonomy for Monascus species based on cultural and microscopical characters. *Austr J Bot* **31**, 51–61.
15. Bridge P, Hawksworth DL (1985) Biochemical tests as an aid to the identification of Monascus species. *Letters in Applied Microbiology* **1**, 25–9.

16. Wissenschaftliche Information für Ärzte und Apotheker, Monascus purpureus fermentierter Reis. Monascus Science and Technology Development Company of Chengdu Vertretung Europa, Bratislava (2002).
17. Li F, Xu G, Li Y, Chen Y (2003) Study on the production of citrinin by Monascus strains used in food industry. *Wei Sheng Yan Jiu* **32**(6), 602–5.
18. Wild D, Toth G, Humpf HU (2002) New monascus metabolite isolated from red yeast rice (angkak, red koji). *J Agric Food Chem* **50**(14), 3999–4002.
19. Blanc PJ, Loret MO, Santerre AL, Pareilleux A, Prome D, Prome JC, Laussac JP, Goma G (1994) Pigments of Monascus. *J Food Sci* **59**(4), 862–5.
20. Hadfield JR, Holker JSE, Stanway DN (1967) The biosynthesis of fungal metabolites. Part II. The β-oxolactone equivalents in rubropunctatin and monascorubramin. *J Chem Soc* (C) 751–55.
21. Haws EJ, Holker JSE, Kelly A, Powell ADG, Robertson A (1959) The chemistry of fungi. Part 37. The structure of rubropunctatin. *J Chem Soc* **70**, 3598–610.
22. Kumasaki S, Nakanishi K, Nishikawa E, Ohashi M (1962) Structure of monascorubrin. *Tetrahedron* **18**, 1195–203.
23. Inouye Y, Nakanishi K, Nishikawa H, Ohashi M, Terahara A, Yamamura S (1962) Structure of monascoflavin. *Tetrahedron* **18**, 1195–203.
24. Manchand PS, Whally WB, Chen FC (1973) Isolation and structure of ankaflavin; a new pigment from Monascus anka. *Phytochemistry* **12**, 2531–2.
25. Johns MR, Stuart DM (1991) Production of pigments by Monascus purpureus in solid culture. *J Industr Microbiol* **8**, 23–8.
26. Hajjaj H, Klaebe A, Goma G, Blanc PJ, Barbier E, Francois J (2000) Medium-chain fatty acids affect citrinin production in the filamentous fungus Monascus ruber. *Appl Environ Microbiol* **66**(3), 1120–5.
27. Martínková L, Patáková-Jůzlová, Kren V, Kucerová Z, Havlícek V, Olsovsky P, Hovorka O, Ríhová B, Vesely D, Veselá D, Ulrichová J, Prikrylová V (1999) Biological activities of oligoketide pigments of Monacus purpureus. *Food Additives Contaminants* **16**(1), 15–24.
28. Sato K, Goda Y, Sakamoto SS, Shibata H, Maitani T, Yamada T (1997) Identification of major pigments containing D-amino acid units in commercial Monascus pigments. *Chem Pharm Bull* **45**, 227–9, Zit. aus [18].
29. Alberts AW, Chen J, Kuron G, Hunt V, Huff J, Hoffman C, Rothrock J, Lopez M, Joshua H, Harris E, Patchett A, Monaghan R, Currie S, Stapley E, Albers-Schonberg G, Hensens O, Hirshfield J, Hoogsteen K, Liesch J, Springer J (1980) Mevinolin: a highly potent competitive inhibitor of hydroxymethylglutaryl-coenzyme A reductase and a cholesterol-lowering agent. *Proc Natl Acad Sci USA* **77**(7), 3957–61.

30. Brown MS, Faust JR, Goldstein JL (1978) Induction of 3-hydroxy-3-methylglutaryl coenzyme A reductase activity in human fibroblasts incubated with compactin (ML-236B), a competitive inhibitor of the reductase. *J Biol Chem* **253**(4), 1121–8.

31. Endo A (1988) Chemistry, biochemistry, and pharmacology of HMG-CoA reductase inhibitors. *Klin Wochenschr* **66**, 421–8.

32. Henwood JM, Heel RC (1988) Lovastatin: A preliminary review of its pharmaco-dynamic properties and therapeutic use in hyperlipidaemia. *Drugs* **36**(4), 429–54.

33. Jacobsen W, Kirchner G, Hallensleben K, Mancinelli L, Deters M, Hackbarth I, Benet LZ, Sewing KF, Christians U (1999) Comparison of cytochrome P-450-dependent metabolism and drug interactions of the 3-hydroxy-3-methylglutaryl-CoA reductase inhibitors lovastatin and pravastatin in the liver. *Drug Metab Dispos* **27**(2), 173–9.

34. Kornbrust DJ, MacDonald JS, Peter CP, Duchai DM, Stubbs RJ, Germershausen JI, Alberts AW (1989) Toxicity of the HMG-coenzyme A reductase inhibitor, lovastatin, to rabbits. *J Pharmacol Exp Ther* **248**(2), 498–505.

35. Corpier CL, Jones PH, Suki WN, Lederer ED, Quinones MA, Schmidt SW, Young JB (1988) Rhabdomyolysis and renal injury with lovastatin use report of two cases in cardiac transplant recipients. *Jama* **260**(2), 239–41.

36. Lees R, Lees A (1995) Rhabdomyolysis from the coadministration of lovastatin and the antifungal agent itraconazole. *New Engl J Med* **333**, 664–5.

37. Kantola T, Kivisto KT, Neuvonen PJ (1998) Grapefruit juice greatly increases serum concentrations of lovastatin and lovastatin acid. *Clin Pharmacol Ther* **63**(4), 397–402.

38. Neuvonen PJ, Jalava KM (1996) Itraconazole drastically increases plasma concentrations of lovastatin and lovastatin acid. *Clin Pharmacol Ther* **60**(1), 54–61.

39. Omar MA, Wilson JP (2002) FDA adverse event reports on statin-associated rhabdomyolysis. *Ann Pharmacother* **36**(2), 288–95.

40. Heber D, Lembertas A, Lu QY, Bowerman S, Go VL (2001) An analysis of nine proprietary Chinese red yeast rice dietary supplements: implications of variability in chemical profile and contents. *J Altern Complement Med* **7**(2), 133–9.

41. Rasheva TV, Nedeva TS, Hallet JN, Kujumdzieva AV (2003) Characterization of a non-pigment producing Monascus purpureus mutant strain. *Antonie Van Leuvenhoek. Int J Gen Molec Microbiol* **83**(4), 333–40.

42. Blanc PJ, Laussac JP, Le Bars J, Le Bars P, Loret MO, Pareilleux A, Prome D, Prome JC, Santerre AL, Goma G (1995) Characterization of monascidin A from Monascus as citrinin. *Int J Food Microbiol* **27**(2–3), 201–13.

43. Sabater-Vilar M, Maas RF, Fink-Gremmels J (1999) Mutagenicity of commercial Monascus fermentation products and the role of citrinin contamination. *Mutation Research* **444**, 7–16.

44. Dietrich R, Usleber E, et al. Märtlbauer E, Gareis M: (1999) Nachweis des nephrotoxischen Mykotoxins Citrinin in Lebensmitteln und mit Monascus spp hergestellten Lebensmittelfarbstoffen. *Arch Lebensmittelhygiene* **50**(1), 17–21.

45. Schneweis I, Meyer K, Hormansdorfer S, Bauer J (2001) Metabolites of Monascus ruber in silages. *J Anim Physiol Anim Nutr (Berl)* **85**(1–2), 38–44.

46. IARC (1986) Citrinin. IARC *Monogr Eval Carcinog Risk Chem Hum* **40**, 67–82.

47. Arai M, Hibino T (1983) Tumorigenicity of citrinin in male F344 rats. *Cancer Lett* **17**, 281–7.

48. Shinohara Y, Arai M, Hirao K, Sugihara S, Nakanishi K, Tsonoda H, Ito N (1976) Combination effect of citrinin and other chemicals on rat kidney tumorigenesis. *Gann* **67**, 147–55.

49. Vrabcheva T, Usleber E, Dietrich R, Martlbauer E (2000) Co-occurrence of ochratoxin A and citrinin in cereals from Bulgarian villages with a history of Balkan endemic nephropathy. *J Agric Food Chem* **48**(6), 2483–8.

50. Pfohl-Leszkowicz A, Petkova-Bocharova T, Chernozemsky IN, Castegnaro M (2002) Balkan endemic nephropathy and associated urinary tract tumours: a review on aetiological causes and the potential role of mycotoxins. *Food Addit Contam* **19**(3), 282–302.

51. Lebensmittel und Gesundheit, Mitteilung 3, Deutsche Forschungsgemeinschaft. Eds. Senatskommission zur Beurteilung der gesundheitlichen Unbedenklichkeit von Lebensmitteln (SKLM), Wiley-VCH, Weinheim (1998), ISBN 3-527-27581-9.

52. Pfeiffer E, Gross K, Metzler M (1998) Aneuploidogenic and clastogenic potential of the mycotoxins citrinin and patulin. *Carcinogenesis* **19**(7), 1313–8.

53. Ciegler A, Vesonder RF, Jackson LK (1977) Production and biological activity of patulin and citrinin from Penicillium expansum. *Appl Environ Microbiol* **59**, 1004–6.

54. Hossain CF, Okuyama E, Yamazaki M (1996) A new series of coumarin derivatives having monoamine oxidase inhibitory activity from Monascus anka. *Chem Pharm Bull* **44**(8), 1535–9.

55. Wild D, Toth G, Humpf HU (2003) New Monascus metabolites with a pyridine structure in red fermented rice. *J Agric Food Chem* **51**, 5493–6.

56. Su Y-C, Wang J-J, Lin T-T, Pan T-M (2003) Production of the secondary metabolites gamma-aminobutyric acid and monacolin K by Monascus. *J Ind Microbiol Biotechnol* **30**(1), 41–6.

57. Ueno Y, Hayakawa K, Takahashi S, Oda K (1997) Purification and characterization of glutamate decarboxylase from Lactobacillus brevis IFO 12005. *Biosci Biotechnol Biochem* **61**, 1168–71.

58. Kohama Y, Matsumoto S, Mimura T, Tanabe N, Inada A, Nakanishi T (1987) Isolation and identification of hypotensive principles in red-mold rice. *Chem Pharm Bull (Tokyo)* **35**(6), 2484–9.

59. Nozaki H, Date S, Kondo H, Kiyohara H, Takaoka D, Tada T, Nakayama M (1991) Ankalactone, a new α,β-unsaturated γ-lactone from Monascus anka. *Agric Biol Chem* **55**, 899–900.

60. Tsuji K, Ichikawa T, Tanabe N, Obata H, Abe S, Tarui S, Nakagawa Y (1992) Extraction of hypotensive substances from sheat beni-koji. *Nippon Shokuhin Kogyo Gakkaishi* **39**, 913–8.

61. Heber D, Yip I, Ashley JM, Elashoff DA, Elashoff RM, Go VL (1999) Cholesterol-lowering effects of a proprietary Chinese red-yeast-rice dietary supplement. *Am J Clin Nutr* **69**(2), 231–6.

62. Prasad GV, Wong T, Meliton G, Bhaloo S (2002) Rhabdomyolysis due to red rice (Monascus purpureus) in a renal transplant patient. *Transplantation* **74**(8), 1200–1.

63. (http://www.pdrhealth.com/druginfo/nmdrugprofiles/nutsupdrugs/red0329.shtml)

Annex

Publications of the Commission

Reports

Kommission zur Untersuchung des Bleichens von Lebensmitteln

Report I
Bleichen von Lebensmitteln und Behandlung von Mehl
1955[*]

Report II
Bleichen von Ölen und Fetten
1957[*]

Report III
Nicht duldbare Bleichmittel
1961[*]

Report IV
Vorschläge für die Läuterung von Speisefetten und -ölen
1961[*]

---

[*] exhausted

DFG, Deutsche Forschungsgemeinschaft
Copyright © 2005 WILEY-VCH Verlag GmbH & Co. KGaA, Weinheim
ISBN: 3-527-27519-3

Kommission zur Prüfung von Lebensmittelkonservierung

Report I
Vorläufige Liste duldbarer Konservierungsstoffe
1954*)

Report II
Ergänzungen zu Report I
1956*)

Report III
Duldbare Konservierungsstoffe
(Ersatz für Reporten I und II)
1958*)

Report IV
Reinheitsanforderungen
1959*)

Report V
Ergänzungen und Abänderungen der in Report III
aufgeführten Listen
1961*)

Report VI
Reinheitsanforderungen
(Erweiterung der Report IV)
1962*)

Kommission zur Prüfung fremder Stoffe bei Lebensmitteln

Report I
Stellungnahme zur Verwendung von Emulgatoren und
Stabilisatoren
1964[*)]

Report II
Reinheitsanforderungen zu den in Report I als duldbar
angesehenen Stoffen
1964[*)]

Report III
Stellungnahme zur Verwendung von Emulgatoren
und Stabilisatoren
(Ersatz für Reporten I und II)
1967[*)]

Report IV
Kriterien zur Beurteilung der gesundheitlichen Unbedenklichkeit
bestrahlter Lebensmittel
1968[*)]

Report V
Stellungnahme zur Direkttrocknung von Getreide
1970[*)]

Report VI
Ergänzende Liste für die Stoffe, die für die Verwendung
in Lebensmitteln als duldbar angesehen werden
1970[*)]

Report VII
Räucherung von Lebensmitteln
1972[*)]

Report VIII
Analytik und Entstehung von N-Nitrosoverbindungen
1977[*)]

Kommission für Ernährungsforschung und Kommission
zur Prüfung fremder Stoffe bei Lebensmitteln

Gemeinsame Report
Mikroorganismen für die Lebensmitteltechnik
1974 *⁾

Senatskommission zur Prüfung
von Lebensmittelzusatz- und -inhaltsstoffen

Report IX
Nitrosamin-Forschung
(ISBN 3-527-27321-1)
1983

Report X
Kriterien und Spezifikationen zur Charakterisierung und
Bewertung von Einzelproteinen (Single Cell Proteins) zur
Nutzung in Lebensmitteln für die menschlicheErnährung
(ISBN 3-527-27356-5)
1987

Report XI
Starterkulturen und Enzyme für die Lebensmitteltechnik
(ISBN 2-527-27362-X)
1987

Report XII
Ochratoxin A
(ISBN 3-527-27384-0)
1990

Senate Commission on Food Safety
(Senatskommission zur Beurteilung der gesundheitlichen
Unbedenklichkeit von Lebensmitteln – SKLM)

Report 1
Begriffsbestimmungen im Lebensmittelbereich
(ISBN 3-527-27394-8)
1991

Report 2
Food Allergies and Intolerances
(ISBN 3-527-27574-6)
1996

Report 3
Lebensmittel und Gesundheit, Sammlung der Beschlüsse,
Stellungnahmen und Verlautbarungen aus den Jahren 1984–1996
(ISBN 3-527-27581-9)
1996

Report 4
Hormonell aktive Stoffe in Lebensmitteln
(ISBN 3-527-27582-7)
1998

Report 5
Krebsfördernde und krebshemmende Faktoren in Lebensmitteln
(ISBN 3-527-27597-5)
2000

Report 6
Kriterien zur Beurteilung Funktioneller Lebensmittel und
Symposium/Kurzfassung: Functional Food: Safety Aspects
(ISBN 3-527-27515-0)
2004

Scientific Papers

Chemie der Räucherung
(ISBN 3-527-27501-0)
1982

Bewertung von Lebensmittelzusatz- und -inhaltsstoffen
(ISBN 3-527-27504-5)
1985[*]

Phenole im Räucherraum
(ISBN 3-527-27505-3)
1965[*]

Colloquy

Das Nitrosamin-Problem
(ISBN 3-527-27403-0)
1983

Symposium Volums

Symposium Volume I
Food Allergies and Intolerances
(ISBN 3-527-27409-X)
1996

Symposium Volume II
Hormonally Active Agents in Food
(ISBN 3-527-27139-2)
1998

Symposium Volume III
Carcinogenic/Anticarcinogenic Factors in Food
(ISBN 3-527-27144-9)
2000

Symposium Volume IV
Functional Food: Safety Aspects
(ISBN3-527-27765-X)
2004

Members and Guests of the Senate Commission on Food Safety

2005

Members

Prof. Dr. Gerhard Eisenbrand
– President –
Lebensmittelchemie und Umwelttoxikologie
Technischen Universität Kaiserslautern
Erwin-Schrödinger-Str.
67663 Kaiserslautern

Prof. Dr. Erik Dybing
Norwegian Institute of Public Health
P. O. Box 4404 Nydalen
0403 OSLO, Norway

Prof. Dr. Karl-Heinz Engel
Lehrstuhl für Allgemeine Lebensmitteltechnologie
Technische Universität München
Am Forum 2
85350 Freising-Weihenstephan

Prof. Dr. Andrea Hartwig
Institut für Lebensmitteltechnologie und Lebensmittelchemie
Technische Universität Berlin
Gustav-Meyer-Allee 25
13355 Berlin

Prof. Dr. Thomas Hofmann
Institut für Lebensmittelchemie
Westfälische Wilhelms-Universität Münster
Corrensstr. 45
48149 Münster

Prof. Dr. Hans-Georg Joost
Deutsches Institut für Ernährungsforschung Potsdam-Rehbrücke
Arthur-Scheunert-Allee 114–116
14558 Nuthetal

Prof. Dr. Dietrich Knorr
Institut für Lebensmitteltechnologie
Technischen Universität Berlin (FB 15)
Königin-Luise-Str. 22
14195 Berlin

Prof. Dr. Ib Knudsen
Foedevaredirektoratet
Danish Veteriny and Food Administration
Institut of Food Safety and Toxicology
Morkhoj Bygade 19
2860 Soborg, Danmark

Prof. Dr. Berthold V. Koletzko
Stoffwechselzentrum Kinderklinik
Abt. Stoffwechselkrankheiten and Ernährung
Ludwig-Maximilian-Universität München
Lindwurmstr. 4
80337 München

Prof. Dr. Reinhard Matissek
LCI – Lebensmittelchemisches Institut des Bundesverbandes der
Deutschen Süßwarenindustrie e. V.
Adamsstr. 52–54
51063 Köln

Dr. Josef Schlatter
Bundesamt für Gesundheit
Sektion Lebensmitteltoxikologie
Stauffacherstr. 101
8004 Zürich, Switzerland

Prof. Dr. Peter Schreier
Lehrstuhl für Lebensmittelchemie
Universität Würzburg
Am Hubland
97074 Würzburg

Prof. Dr. Dr. Dieter Schrenk
Lebensmittelchemie and Umwelttoxikologie
Technische Universität Kaiserslautern
Erwin-Schrödinger-Str.
67663 Kaiserslautern

Dr. Gerrit I. A. Speijers
RIVM – Rijksinstituut voor Volksgezondheid en Milieu
Centrum voor Stoffen en Risicobeoordelin (CSR)
Antonie van Leeuwenhoeklaan 9
3720 BA Bilthoven, The Netherlands

Prof. Dr. Pablo Steinberg
Lehrstuhl für Ernährungstoxikologie
Universität Potsdam
Am neuen Palais 10
14469 Potsdam

Prof. Dr. Rudi F. Vogel
Lehrstuhl für Technische Mikrobiologie
Technische Universität München
Weihenstephaner Steig 16
85350 Freising

Permanent Guests

Prof. Dr. Hans-Jürgen Altmann
Bundesinstitut für Risikobewertung
Thielallee 88–92
14195 Berlin

Prof. Dr. Manfred Edelhäuser
Ministerium für Ernährung und Ländlichen Raum
Baden-Württemberg
Kernerplatz 10
70182 Stuttgart

Prof. Dr. Stefan Vieths
Paul-Ehrlich-Institut
Bundesamt für Sera und Impfstoffe, Abteilung Allergologie
Paul-Ehrlich-Str. 51–59
63225 Langen

Further Guests

Prof. Dr. Peter Stefan Elias
Bertha-von-Suttner-Str. 3 A
76139 Karlsruhe

Prof. Dr. Werner Grunow
Bundesinstitut für Risikobewertung
Thieleallee 88–92
14195 Berlin

Prof. em. Dr. med. Dr. h. c. mult. Fritz Kemper
Westfälische Wilhelms-Universität
Umweltprobenbank des Bundes
Teilbank Humanproben und Datenbank
Domagkstr. 11
48149 Münster

Prof. Dr. Gerhard Rechkemmer
Institut für Ernährungswissenschaften
Technische Universität München
Hochfeldweg 2–6
85350 Freising-Weihenstephan

Secretary of the Senate Commission

Dr. Sabine Guth
Dr. Monika Kemény
Dr. Doris Wolf
Dr. M. Habermeyer
SKLM
Technische Universität Kaiserslautern
Gebäude 56 Raum 251
Erwin-Schrödinger-Str.
67663 Kaiserslautern

Responsible at the DFG

Dr. Heike Velke
Deutsche Forschungsgemeinschaft
Kennedyallee 40
53175 Bonn

Members and Guests of the Senate Commission on Food Safety

2000–2003

Members

Prof. Dr. Gerhard Eisenbrand
– President –
Lebensmittelchemie und Umwelttoxikologie
Universität Kaiserslautern
Gebäude 52
Erwin-Schrödinger-Str.
67663 Kaiserslautern

Prof. Dr. Hans Konrad Biesalski
Institut für Biologische Chemie und Ernährungswissenschaft
Universität Hohenheim (140)
Fruwirthstr. 12
70593 Stuttgart

Prof. Dr. Hannelore Daniel
Institut für Ernährungswissenschaften
Technische Universität München
Hochfeldweg 2–6
85350 Freising-Weihenstephan

Prof. Dr. Hans Günter Gassen
Institut für Biochemie
Technische Universität Darmstadt
Petersenstr. 22
64287 Darmstadt

Prof. Dr. Regine Kahl
Institut für Toxikologie
Heinrich-Heine-Universität Düsseldorf
Geb. 22.21, Ebene 02
Universitätsstr. 1
40225 Düsseldorf

Prof. Dr. Dietrich Knorr
Institut für Lebensmitteltechnologie
Technische Universität Berlin (FB 15)
Königin-Luise-Str. 22
14195 Berlin

Prof. Dr. Ib Knudsen
Foedevaredirektoratet
Danish Veteriny and Food Administration
Institut of Food Safety and Toxicology
Morkhoj Bygade 19
2860 Soborg, Danmark

Prof. Dr. Berthold V. Koletzko
Stoffwechselzentrum Kinderklinik
Abt. Stoffwechselkrankheiten und Ernährung
Ludwig-Maximilian-Universität München
Lindwurmstr. 4
80337 München

Prof. Dr. Reinhard Matissek
LCI – Lebensmittelchemisches Institut des Bundesverbandes
der Deutschen Süßwarenindustrie e. V.
Adamsstr. 52–54
51063 Köln

Frau Prof. Dr. Andrea Pfeifer
Nestlé Research Center Lausanne
P. O. Box 44
1000 Lausanne 26, Switzerland

Dr. Josef Schlatter
Bundesamt für Gesundheit
Sektion Lebensmitteltoxikologie
Stauffacherstr. 101
8004 Zürich, Switzerland

Prof. Dr. Peter Schreier
Lehrstuhl für Lebensmittelchemie
Universität Würzburg
Am Hubland
97074 Würzburg

Prof. Dr. Dr. Dieter Schrenk
Lebensmittelchemie und Umwelttoxikologie
Universität Kaiserslautern
Geb. 52/409 B
Erwin-Schödinger-Str.
67663 Kaiserslautern

Dr. Gerrit I. A. Speijers
RIVM – Rijksinstituut voor Volksgezondheid en Milieu
Centrum voor Stoffen en Risicobeoordeling (CSR)
Antonie van Leeuwenhoeklaan 9
3720 BA Bilthoven, The Netherlands

Prof. Dr. Rudi F. Vogel
Lehrstuhl für Technische Mikrobiologie
Technische Universität München
Weihenstephaner Steig 16
85350 Freising

Prof. Dr. A. G. J. Voragen
Food Science Deppartment Wageningen
Agricultural Universität
Sparrenbos 37
6705 BB Wageningen, The Netherlands

Permanent Guests

Prof. Dr. Hans-Jürgen Altmann
Bundesinstitut für Risikobewertung
Thielallee 88–92
14195 Berlin

Prof. Dr. Manfred Edelhäuser
Ministerium Ländlicher Raum
Baden-Württemberg
Kernerplatz 10
70182 Stuttgart

Further Guests

Prof. Dr. Peter Stefan Elias
Bertha-von-Suttner-Str. 3 A
76139 Karlsruhe

Prof. Dr. Werner Grunow
Bundesinstitut für Risikobewertung
Thieleallee 88–92
14195 Berlin

Prof. em. Dr. med. Dr. h. c. mult. Fritz Kemper
Umweltprobenbank des Bundes
Teilbank Humanproben und Datenbank
Westfälische Wilhelms-Universität
Domagkstr. 11
48149 Münster

Prof. Dr. Gerhard Rechkemmer
Institut für Ernährungswissenschaften
Technische Universität München
Hochfeldweg 2–6
85350 Freising-Weihenstephan

Secretary of the Senate Commission

Dr. Matthias Baum
Dr. Sabine Guth
Dr. Monika Kemény
Dr. Doris Wolf
SKLM
Technische Universität Kaiserslautern
Gebäude 56 Raum 251
Erwin-Schrödinger-Str.
67663 Kaiserslautern

Responsible at the DFG

Dr. Heike Velke
Deutsche Forschungsgemeinschaft
Kennedyallee 40
53175 Bonn

Members and Guests of the Senate Commission on Food Safety

1997–2000

Members

Prof. Dr. Gerhard Eisenbrand
– President –
Lebensmittelchemie und Umwelttoxikologie
Universität Kaiserslautern

Prof. Dr. Hannelore Daniel
Institut für Ernährungswissenschaft
Universität Gießen

Prof. Dr. Anthony David Dayan
St. Bartholomew's and the Royal London School of Medicine
and Dentistry
London, Großbritannien

Prof. Dr. Guy Dirheimer
Institut de Biologie Moléculaire et Cellulaire du C.N.R.S.
Straßburg, Frankreich

329

Prof. Dr. Hans Günter Gassen
Institut für Biochemie
Technische Universität
Darmstadt

Prof. Dr. Walter P. Hammes
Institut für Lebensmitteltechnologie
Universität Hohenheim
Stuttgart

Prof. Dr. Johannes Krämer
Abt. Landwirtschaftliche und Lebensmittel-Mikrobiologie
Universität Bonn

Dr. Josef Schlatter
Bundesamt für Gesundheitswesen
Zürich, Schweiz

Prof. Dr. Peter Schreier
Lehrstuhl für Lebensmittelchemie
Universität Würzburg

Permanent Guests

Prof. Dr. Peter Stefan Elias
Ernährungstoxikologie
SCF Brüssel

Prof. Dr. Werner Grunow
Bundesinstitut für gesundheitlichen Verbraucherschutz
und Veterinärmedizin
Berlin

Prof. Dr. Eckhard Löser
Bayer AG
Institut für Toxikologie
Wuppertal

Secretary of the Senate Commission

Dr. Monika Hofer
Dr. Eric Fabian
SKLM
Technische Universität Kaiserslautern
Gebäude 56 Raum 251
Erwin-Schrödinger-Str.
67663 Kaiserslautern

Responsible at the DFG

Dr. Hans-Hasso Lindner
Deutsche Forschungsgemeinschaft
Kennedyallee 40
53175 Bonn